未来城市
THE FUTURE CITY

应对碳、气候和社会危机
ADDRESSING CARBON, CLIMATE & SOCIETAL CRISES

—— 世界高层建筑与都市人居前沿研究与案例解读
FRONTIER RESEARCH AND CASE STUDIES OF WORLD TALL BUILDINGS AND URBAN HABITAT

主 编
杜 鹏 [美] 安东尼·伍德 王桢栋
Chief Editors
Peng Du Antony Wood Zhendong Wang

副主编
王莎莎 瞿佳绮
Associate Editors
Shasha Wang Jiaqi Qu

U0301538

同济大学 出版社
TONGJI UNIVERSITY PRESS
·上海·

图书在版编目（CIP）数据

未来城市：应对碳、气候和社会危机：世界高层建筑与都市人居前沿研究与案例解读/杜鹏，（美）安东尼·伍德（Antony Wood），王桢栋主编；王莎莎，瞿佳绮副主编.—上海：同济大学出版社，2024.5
ISBN 978-7-5765-1006-5

Ⅰ.①未⋯ Ⅱ.①杜⋯ ②安⋯ ③王⋯ ④王⋯ ⑤瞿⋯ Ⅲ.①高层建筑－建筑设计－研究 Ⅳ.①TU972

中国国家版本馆CIP数据核字（2024）第043732号

未来城市：应对碳、气候和社会危机——世界高层建筑与都市人居前沿研究与案例解读

主　编　杜　鹏　［美］安东尼·伍德（Antony Wood）　王桢栋
副主编　王莎莎　瞿佳绮

责任编辑：胡晗欣
责任校对：徐逢乔
封面设计：完　颖
排版制作：嵇海丰

出版发行　同济大学出版社　www.tongjipress.com.cn
　　　　　（地址：上海市四平路1239号　邮编：200092　电话：021-65985622）
经　　销　全国各地新华书店、建筑书店、网络书店
印　　刷　上海安枫印务有限公司
开　　本　889 mm×1194 mm　1/16
印　　张　19.5
字　　数　711 000
版　　次　2024年5月第1版
印　　次　2024年5月第1次印刷
书　　号　ISBN 978-7-5765-1006-5
定　　价　198.00元

内容提要

　　《未来城市：应对碳、气候和社会危机——世界高层建筑与都市人居前沿研究与案例解读》基于世界高层建筑与都市人居学会（CTBUH）最新的学术论坛、全球评奖、期刊出版、科学研究与数据统计分析成果，内容包括年度全球高层建筑建造数据统计、分析与解读，全球最佳高层建筑与都市人居实践，全球最佳高层建筑精选案例解析，以及该领域最新科研成果和创新理念总结、分享。内容丰富，突出创新性、科学性、前沿性，聚焦和服务于城市管理、城市研究、城市开发、工程咨询、建筑设计、建筑施工、物业管理与运营、建筑设备与材料等领域的城市、建筑产学研生态链上的管理者、研究者、设计师、工程师，帮助他们及时了解全球第一手前沿资讯，丰富学识结构，深入理解高层及超高层建筑与都市人居环境的核心所在。

编委会

序

超高层建筑的发展往往是一个城市进化的时代产物，不仅直接代表一个国家、地区、城市的经济发展程度，也对城市空间环境产生深远的影响。城市建设急剧膨胀和城市空间、人口规模的急剧扩张促使超高层建筑开始迅速向"上"发展。超高层建筑在集约利用土地资源、推动建筑工程技术进步、促进城市经济社会发展等方面发挥着积极作用。

20世纪30年代，随着电梯技术的进步和经济的快速发展，芝加哥和纽约成为摩天大楼发展的中心，克莱斯勒大厦和帝国大厦是美国经济发达的标志。虽然受石油危机和通货膨胀的影响，摩天大楼的建设一度放缓，但是随着经济复苏，超高层建筑的竞赛再次兴起。随着全球化和国际化的发展，超高层建筑开始在世界各地的城市中出现。

到了90年代，上海金茂大厦、吉隆坡石油大厦和台北101大厦则是亚洲地区经济成就的标志。随着21世纪新兴经济体的崛起，亚洲成了超高层建筑新的发展区域。例如，亚洲四小龙、中国、印度、东南亚各国、中东等国家和地区先后崛起，共同构建了亚太地区的快速发展态势。在中国，随着改革开放带来的经济发展逐步向大中城市扩展，超高层建筑在节约土地、改善环境、旧城更新等方面发挥了巨大作用，具有强烈标志性和象征城市发展现代化的庞然大物正在不断创造人类建筑工程技术的纪录。

在城市化进程席卷全球时，世界各地的超高层建筑也面临质疑与批判。一些城市脱离实际需求，攀比建设超高层建筑，抬高建设成本，加剧能源消耗，加大安全管理难度，同时也产生了诸多现实问题，如高建筑空置率、环境污染、城市热岛效应、高碳排放量、城市空间的隔离和建筑高度带来的不良心理影响等。因此，贯彻落实新发展理念，统筹发展和安全、科学地规划、建设、管理超高层建筑，促进城市高质量发展，重新审视超高层建筑及其城市空间价值和建造理念是非常有必要的。

由世界高层建筑与都市人居学会主编的《未来城市：应对碳、气候和社会危机——世界高层建筑与都市人居前沿研究与案例解读》作为《高层建筑与都市人居前沿：全球发展解读与案例研究》的第2辑，将全球超高层建筑关于碳排放、运维成本、技术发展、用户体验、公共卫生安全等领域的最新科研成果和创新理念进行总结、分享。这些研究成果聚焦于超高层建筑当前发展的主要矛盾点，有助于深化和完善超高层建筑的评估和论证体系，顺应当前建筑和建筑业发展趋势。通读全书后能拓宽人们对高层建筑的认识和理解。本书具有典型性、科学性和前沿性，能为管理者、设计师、工程师以及相关从业人员提供第一手前沿资料和参考依据。

何镜堂
中国工程院院士
华南理工大学建筑设计研究院首席总建筑师
建筑学院名誉院长

目　录

1

高层建筑建造数据统计与分析

全球高层建筑数据解读：全球200 m以上高度的建筑超过2 000座

摘要

世界高层建筑与都市人居学会（CTBUH）最新统计报告显示，在历经2020年和2021年的低谷后，全球建筑市场自2022年起开始复苏，2022年度有147座200 m以上高度的建筑竣工，已恢复至2019年的常规状态。同时还有一些在建项目持续受到供应链、劳动力、需求量和其他因素的影响，竣工时间仍在推迟。加上近些年高层建筑建设周期的加长，以及更多的项目相继动工，预计未来几年会成为高层建筑行业持续快速发展的阶段，迎来竣工数量的高峰。

注：本报告设定了200 m的高度限定，CTBUH数据库中关于该高度以上建筑的信息相对完整。

1 引言

在新冠疫情暴发几年后，全球高层建筑建造趋势已逐步恢复到疫情前的状态，在过去几年中遇到施工进度不稳定的项目也陆续趋于竣工。200 m以上建筑的年度竣工量

从2019年开始持续下降，到2021年达到近年来的最低点118座（图1）。而拐点出现在2022年，年度竣工数量回升至147座，与2019年基本持平，也是有史以来年度竣工数量的第四名，仅次于2017年至2019年期间。同时到2022

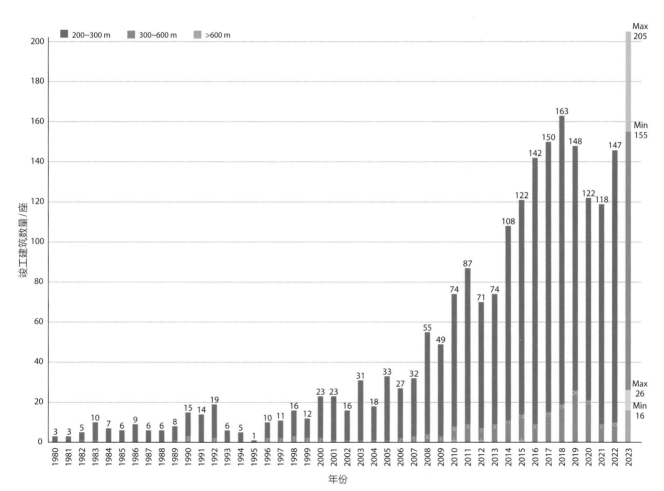

图1 每年竣工的200 m以上建筑的数量

年末也出现了整个高层建筑领域的一个重要里程碑，全球 200 m以上高度的建筑超过了2 000座——共有2 070座。

此外，自2013年以来，连续9年每年都有高度超过 400 m的建筑竣工，直到2022年，这个连续性被打断—— 当时竣工建筑中最高的是深圳城脉中心，高388 m（图2）。 对于深圳而言，这是自平安金融中心以599 m的高度成为 2017年全球竣工的最高建筑后，该城市再次有建筑获得 这一称号。而之后高度679 m的吉隆坡 Merdeka 118在 2023年竣工（图3），成为世界第二高建筑，也是历史上 第四座巨型高层建筑（600 m以上）。

2 全球主要市场掠影

近年数据显示，尽管200 m以上建筑的平均高度保持 稳定，在236.5 m（低点，2022年）和257.1 m（高点， 2019年）之间浮动，但这些建筑的施工周期有所增加。自 2010年以来，200 m以上建筑的平均竣工时间多了18个 月，从4.3年增长到5.8年。造成这种情况的原因尚未明 确，在疫情之前，总体竣工时间已经在逐渐延长。

虽然这几年面临各种挑战，但摩天大楼建设的国家分 布依旧保持多样化。其中，国家数量最低点出现在2020 年，为16个，但到2022年，全球加速恢复建设，创下了

> 自2010年以来，200 m以上建筑的平均竣工时间多 了18个月，从4.3年增长到5.8年。

图2　深圳城脉中心（388 m）© 深圳城脉控股有限公司

图3　吉隆坡Merdeka 118（679 m）© Fender Katsalidis 建筑事务所

26个国家竣工200 m以上建筑的纪录，超过了2017年的23个国家（图4），为历史之最。

亚洲（不包括中东地区）仍持续在每年高层建筑竣工数量方面占据主导地位。虽然从2019年的86座（当年占比68.3%）降至2020年的70座（当年占比66%），但这一数量在2021年即开始回升，为87座（占总数的73%），已与2019年持平，直到2022年贡献了147座建筑中的110座，占比超过75%（图5）。

国家和城市情况

在新冠疫情之前的2019年有11个国家竣工了至少2座200 m以上的建筑，在面临困难的2020年也有11个，在开始恢复的2022年有13个（图6），这几年没有出现巨大变化。

其中，多产摩天大楼的国家的建设规模也在扩大。中国在2022年以86座的竣工数量依旧领跑，远远多于疫情前2019年的57座，甚至接近2018年的92座。自1995年以来，中国每年都保持高层建筑建设量全球第一的纪录。

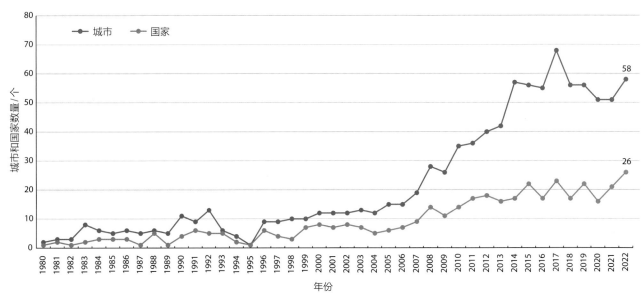

图4　每年竣工200 m以上建筑的城市和国家数量

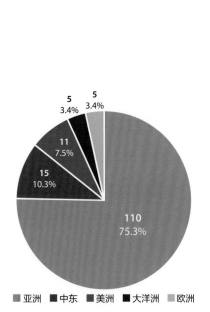

图5　2022年竣工的200 m以上的建筑
（按地区统计）

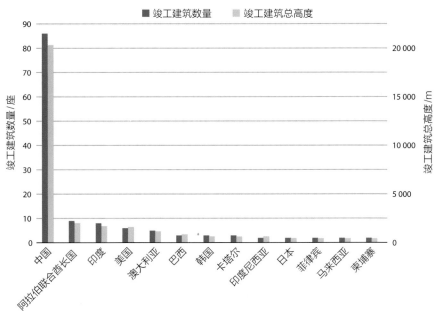

图6　2022年竣工的高度200 m以上的建筑数量及高度总和，按国家分组，并按竣工数量排序。请注意，此图中仅包含至少有2座高层建筑竣工的国家。以下国家也有1座200 m以上建筑的竣工记录：巴林、加拿大、法国、以色列、意大利、哈萨克斯坦、墨西哥、荷兰、朝鲜、波兰、斯里兰卡和瑞士

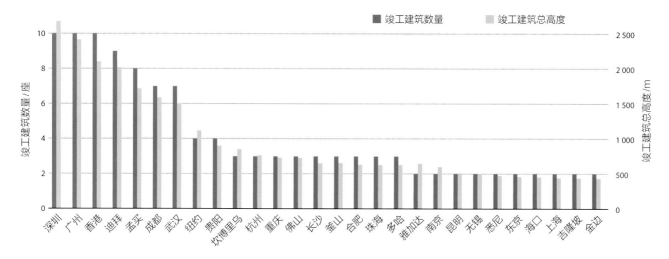

图7　2022年竣工的200 m以上的建筑及高度总和，按城市分组，并按竣工数量排序。请注意，此图中仅包含至少有2座高层建筑竣工的城市。以下城市也有1座200 m以上建筑的竣工记录：阿斯塔纳、巴塞尔、北京、内布拉克、芝加哥、科伦坡、大连、东莞、黄金海岸、济南、兰州、马卡蒂、麦纳麦、马尼拉、墨尔本、墨西哥城、南宁、帕拉马塔、普托、平壤、鹿特丹、阳光海滩、台北、多伦多、都灵、华沙、西安、厦门和湛江

美国在2022年竣工了7座，略少于2019年的10座。巴西当下4座200 m以上的建筑中有3座是在2022年竣工的。

此外，就各城市情况来说，2022年全球有58个城市竣工了200 m以上的建筑，仅次于2017年的68个城市。其中29个城市建成了至少2座。在多产摩天大楼的城市中，2022年中国的深圳、广州和香港三个城市竣工的200 m以上建筑均以10座的竣工数量并列第一（图7）。而这三个城市竣工的200 m以上的建筑数量合占全球总数的约14%（2070座建筑中的283座）。

2020年，迪拜是建成高层建筑数量最多的城市，共有12座，打破了深圳（2020年9座）从2015年到2019年连续四次成为建成最多高层建筑城市的纪录。而自2021年以来，深圳（16座）又恢复了全球竣工数量首位的排名。深圳是至今世界上建成高层建筑数量最多的城市，自1996年"信兴广场"竣工以来，已有超过130座200 m以上的建筑竣工。

打破纪录

自建筑市场逐步恢复以来，全球200 m以上建筑的竣工总量取得了里程碑式的进展，于2022年底超过了2 000座。从地区来看，一些国家和城市在这几年突破了其高层建筑的历史纪录。比如印度在2020年建成了3座200 m以上的建筑，都在孟买，其中"World One"和"World View"这两座位于同一建筑群中，高度都是280 m，是孟买也是印度当时最高的建筑。墨西哥在2020年有2座200 m以上的建筑竣工，其中位于其工业首都蒙特雷的T.Op Torre 1（305 m），是墨西哥完成的第一座超高层（300 m以上）建筑。而在2022年，有3个国家建成了其第一座200 m以上的建筑，分别是哈萨克斯坦、瑞士和荷兰。其中，哈萨克斯坦阿斯塔纳的Abu Dhabi Plaza（311 m），将中亚地区纳入超高层建筑版图。朝鲜平壤

竣工了其最高建筑Songhwa Street Main Tower，高约273 m。巴西的Balneário Camboriú，一个人口数量不足15万的沿海小城市，现在拥有巴西最高建筑排名前10中的7座，且2022年以One Tower（290 m）打破了巴西最高建筑的纪录（图8）。

图8　One Tower（290 m），巴西最高建筑，这一称号以及拉丁美洲最高住宅建筑的称号由CTBUH认证（摄影：Tansri Muliani）

欧洲通常不以打破纪录的摩天大楼而闻名，但这几年许多欧洲城市取得了重大进展。波兰华沙建成了高达310 m的Varso Tower（图9），打破了欧盟最高建筑的纪录，成为欧盟第一座超高层建筑。Varso Tower也是自1955年华沙文化科学宫（231 m）建成以来的波兰最高建筑。在欧洲其他地方，鹿特丹（荷兰）、都灵（意大利）、普托（法国）和巴塞尔（瑞士）都建成了城市第一座200 m以上的建筑，分别是De Zalmhaven I Building（215 m）、Regione Piemonte Headquarters（205 m）、HEKLA（220 m）和Roche Turm Bau 2（205 m）。

伦敦这几年也在打破城市纪录，于2020年完成了四座200 m以上的建筑（图10—图13），是历年来最多的一次。这四座建筑中有三座是住宅或综合住宅/酒店，均位于金丝雀码头（Canary Wharf）。该金融区旨在启动20世纪80年代中期伦敦金融放松管制的"大爆炸"，将其变成金融界面向欧洲的大门。另外一栋Twentytwo则是位于伦敦传统金融中心的办公楼。

对于一个城市来说，拥有全球当年竣工建筑中高度前

二名的建筑（且都在200 m以上）是相当罕见的。纽约市在2020年建成了全球当年竣工建筑中高度排名前二名的建筑，分别是472 m的中央公园大厦和427 m的范德比尔特1号楼（图14和图15），并且这已经是纽约市第四次经历此种情况。第一次在1930年，曼哈顿银行大厦（283 m）和克莱斯勒大厦（319 m）建成。第二次是在随后的1931年，帝国大厦（381 m）和Twenty Exchange（The City Bank Farmers Trust Building）（226 m）建成。第三次是在1963年，大都会人寿（泛美）大厦（246 m）和公园大道277号（209 m）竣工。

在摩天大楼建造的历史中，同一城市拥有全球当年竣工建筑中高度前二名建筑的情况仅发生过10次。除了四次在纽约，其他分别是：芝加哥（两次，分别在1969年和1989年），休斯敦（两次，分别在1982年和1983年），吉隆坡（一次，1998年），迪拜（一次，2000年）。

当年竣工的最高20座建筑

当年竣工建筑中最高的20座都是超高层建筑（300 m以上）的情况第一次出现于2019年，其中1座超过500 m，为天津周大福金融中心（530 m），另有5座高度超过400 m。随后2020年也经历了竣工的最高20座都是超高层建筑的情况，其中4座超过400 m，但未有达到500 m的，最高的为纽约中央公园大厦（472 m）。而在2015年至2019年间，每年竣工的最高建筑都超过了500 m，并且都位于中国。到2022年，年度最高20座建筑中只有10座是超高层建筑，且没有项目达到400 m。

每年竣工的最高20座建筑的平均高度，从历史峰值——2019年的377 m以来持续下降，已跌破过去10年以来的最低值（图16）。鉴于竣工总数每年持续增加，同时考虑到中国（现代摩天大楼建设的中心）对高层项目的严格限制，可以预见未来数年高层建筑的重点将围绕在200~400 m。

3 对全球最高100座建筑的影响

与年度竣工最高20座建筑情况相对应的，当年竣工建筑中跻身全球最高100座建筑的数量自2019年（近年峰值，17座）以来也连续陡降（图17）。入选该名单的门槛现在已经达到335 m，这个高度比2012年的284 m增长了18%，比2002年的241 m增长了39%。随着全球越来越多的超高层建筑（目前有210座）不断涌现，位列世界高度前100的门槛将越来越高。CTBUH研究了全球最高100座建筑的趋势，以及每年新增建筑对该名单的影响。

按地区统计

从地区来看，全球最高100座建筑自2020年以来仅略有变化，中东减少了一座，北美增加了一座，欧洲和亚洲占比保持不变，且未有其他地区的建筑进入这个行列。

图9　华沙的Varso Tower（310 m）（摄影：Aaron Hargreaves）

图10 Twentytwo（278 m）（摄影：Matt Brown）

图11 Landmark Pinnacle（233 m）© 金丝雀码头集团

图12 Newfoundland（218 m）© 金丝雀码头集团

图13 Valiant Tower（215 m）© 福斯特建筑事务所

全球最高100座建筑中，中东和亚洲共有80座（图18），其中仅中国就有52座。美国和阿联酋仍然不分伯仲，分别有15座和16座。

就新增建筑而言，印度尼西亚凭借雅加达的Autograph Tower（383 m）再次出现在超高层建筑版图上（图21）。此前，印度尼西亚从1996年到2010年只有一座建筑Wisma 46（262 m）位列全球最高100座建筑名单中。高层建筑的建设速度之快，以至于Wisma 46在目前的全

图14 中央公园大厦（472 m）（摄影：Lester Ali）

图15 范德比尔特1号（427 m）（摄影：Lester Ali）

> 2019年之后，每年完工的最高20座建筑的平均高度持续下降，同时考虑到中国对高层项目的严格限制，可以预见未来数年高层建筑的重点将围绕在200~400 m。

球高度排名已退到第450名。

按功能统计

全球最高100座建筑的功能比重自2020年以来保持平稳，仅略有变化。纯办公建筑数量在经历了约40年的下降后略有回升，占全球最高100座建筑中的36座（图

19），但对比2010年的61座，近10年来大幅下降。与之形成明显反差的是混合使用建筑，10年来增长超过了100%，以51座稳居最大比重。而2022年新晋全球最高100座建筑名单的三座建筑中有两座均为混合使用建筑（深圳城脉中心和Autograph Tower），一座为纯办公建筑

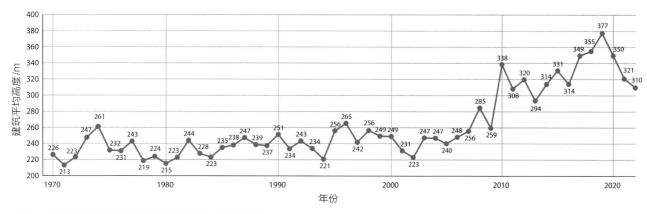

图16 每年竣工的最高20座建筑的平均高度（按年份统计）

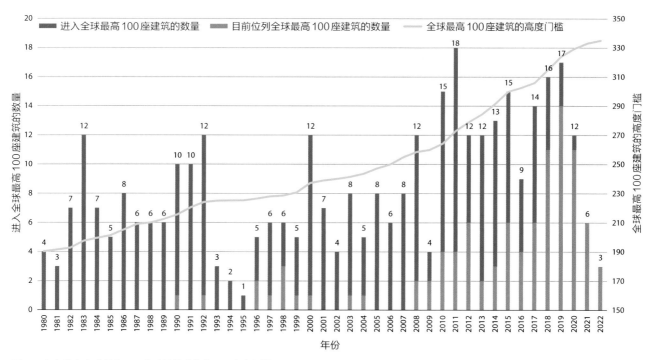

图17 每年进入全球最高100座建筑的建筑数量和高度门槛

（国瑞·西安国际金融中心，图22）。可以合理地推断，业主/开发商将高层建筑的功能规划为混合用途的意愿随着建筑高度的增加而显著增加。毕竟高度越高，建设和金融市场的成本风险就越大，规划高层建筑多样化的混合用途有助于降低风险。

按结构材料统计

近年，在全球最高100座建筑中，采用多种材料构建的结构系统占据着主导地位，截至2022年末，复合结构和混合结构占66%，其中复合结构自2010年以来达到了近100%的增长率。这几年各材料占比变化不大，而占据绝对主力的混凝土和复合结构的总量未有变化（88%）（图20）。全混凝土结构数年来虽有所减少，但仍是一种常见的解决方案。全钢结构已明显大幅减少，回望1960年，全

钢结构支撑着全球最高100座建筑中的93座，但现在，这个数量已跌至个位数。

按建筑高度统计

数据显示，进入21世纪以来，全球最高100座建筑的平均高度持续增长，但近几年的增长速度相对平缓。截至2021年是一个节点，全球超高层建筑达到了200座，最高100座建筑的平均高度超过了400 m。而之后2022年竣工的项目只有3座进入最高100座建筑名单，且高度都在400 m以下，使得最高100座建筑的平均高度只略有增加（图23）。

4 结论与展望

全球高层建筑建设虽然在项目进度、设计和功能等方

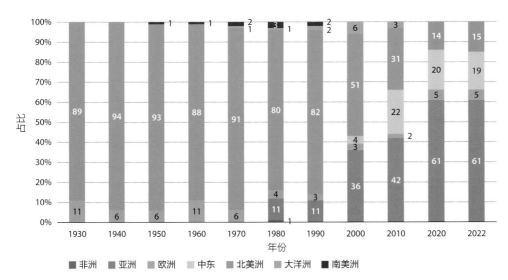

图18　全球最高100座建筑（按地区统计）

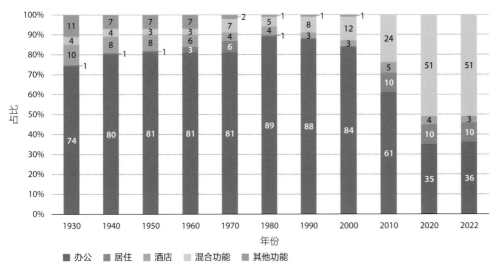

图19　全球最高100座建筑（按功能统计）

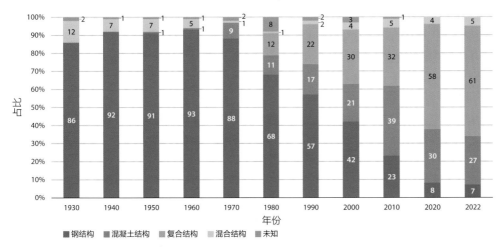

图20　全球最高100座建筑（按结构材料统计）

图21 雅加达的 Autograph Tower（383 m）（摄影：Tansri Muliani）

图22 国瑞·西安国际金融中心（350 m）© 北京市建筑设计研究院有限公司

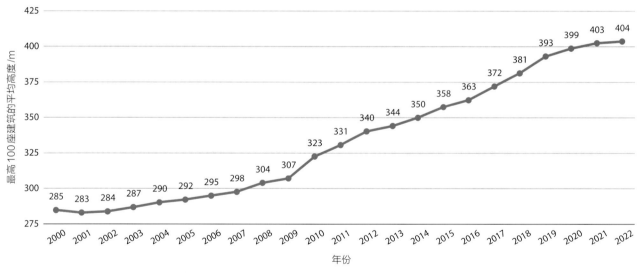

图23 全球最高100座建筑的平均高度（按年份统计）

面经历着前所未有的变化，但其趋势已逐渐恢复至疫情前的加速增长状态。就如中国和美国这两个摩天大楼数量最多的国家，经历了竣工数量的大幅度减少，目前正在全面恢复中。

　　鉴于200 m以上高度建筑的平均总施工时间增加到了5.8年，一部分在2019年前后已经开始施工的项目，在经历了几年的停滞和放缓后，目前也在不断取得重大进展，将在未来两三年内完工，有望形成一波竣工高峰。而随着中国的建设步伐不断加快，中国将很快拥有全球超过一半的200 m以上的建筑，这是自1999年（当时美国拥有全球236座摩天大楼中的124座）以来其他国家从未有过的情况。■

（翻译：孔庆秋；审校：王莎莎）

2

案例精解

三一大厦：衔接社区的桥梁，制造邂逅的建筑

法国，巴黎

文/让·吕克·克罗雄（Jean-Luc Crochon）

让·吕克·克罗雄
Cro&Co建筑设计事务所合伙人

摘要

　　三一大厦位于巴黎拉德芳斯（La Défense）商业区，是一座高140 m的32层塔楼。它的设计独具特色，大厦的主体建在一块混凝土平台之上，整个平台横跨一条七车道的道路，此类型的建筑是法国首例。三一大厦堪称工程奇观，由于整个平台的加入，其营造了一个3 500 m²的公共景观空间，将原本分隔较远的新产业与技术中心（CNIT）同库波勒－雷诺地区连接起来。在城市的尺度上，为了提高建筑使用者的生活质量，它提供了切实的解决方案。此外，三一大厦还是拉德芳斯地区第一座采用偏置核心筒设计的塔楼。玻璃包裹的观光电梯在外立面上凸显出来，建筑内部则形成了一个"生活之心"。区别于传统的办公建筑模式，三一大厦的设计也考虑了如何构建与周边环境的开放性互动、倡导新型工作方式。

　　关键词：高层建筑；办公；城市设计；社会工程；结构工程

1　引言

　　2019年，巴黎拉德芳斯在全球最具吸引力的商业区中排名第四，仅次于伦敦金融城、纽约中城和东京丸之内（莱尔米特等，2017）。拉德芳斯位于巴黎西部边缘，始建于60年前，整体建造在一块人工修建的架空平台上。它享受了多年廉价土地的红利，但如今到了必须重塑模式的时刻。从勒·柯布西耶（Le Corbusier）的伏瓦

　　让·吕克·克罗雄出生于巴黎，毕业于巴黎国立高等美术学院（École Nationale Supérieure des Beaux-Arts）。在以顾问的身份为RFR彼得·赖斯（Peter Rice）事务所工作之余，他也很快成立了自己的事务所。1998年，他又与库诺·布鲁尔曼（Cuno Brullmann）共同成立了合伙事务所。在长达6年的时间里，他参与设计了许多具有极高声望的项目，例如位于拉德芳斯综合体的新产业与技术中心（CNIT）重建工程以及雷斯内斯福煦医院项目。通过广泛参与研究所、住宅、办公及教育建筑等类型的项目，他的事务所也在设计过程中不断发展壮大。2018年，他与奈拉·梅卡塔夫（Nayla Mecattaf）共同创立了CroMe工作室，专门承接国际性项目。他还是法国建筑与大师委员会（Architecture et Maîtres d'Ouvrage，AMO）和法国国际建筑师协会（Architectes Français à L'Export，AFEX）成员。

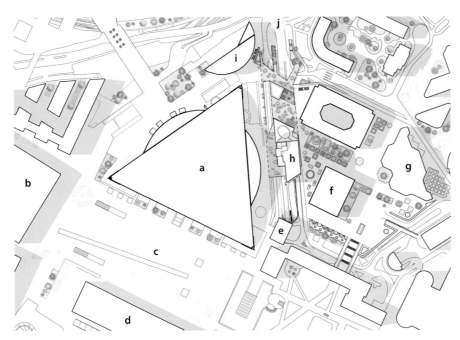

a　新产业与技术中心（CNIT）
b　拉德芳斯大凯旋门
c　拉德芳斯地铁站
d　四季百货公司
e　五旬节圣母教堂
f　阿海珐塔
g　道达尔塔
h　三一大厦
i　红杉大厦
j　勒克莱尔分区大道

图1　基地平面图，展示三一大厦位置以及周围建筑

生规划（Plan Voisin）中获得灵感，拉德芳斯原设计的初衷是在垂直方向上将行人与车辆分离，以此营造一个更具功能性的城市；而现在，拉德芳斯必须克服和重构架空基座带来的形态束缚，因为这个基座经常让使用者迷路（图1）。

近10年来，开发商一直想把拉德芳斯打造得更精致、更以人为本。在此期间，启动的若干项目将拉德芳斯平台的街道更紧密地连接在一起，营造出了一个真正的社区。一直延伸到新凯旋门的它被重新定义成为办公园区的形态，更重要的是，这种设计为整个地区注入了新的功能。

在这个极其现代的新办公塔楼底部，琳琅满目的餐馆、酒吧、商铺及公共空间，为将来拉德芳斯成为全天24 h社区创造了条件，这里将不仅是白领们的工作场所，也会是所有巴黎人在工作日及周末出行的目的地。

如果想变得更"城里"，并一直在大巴黎休闲圣地排行榜上占据席位，拉德芳斯必须一直向"成为欧洲顶级商业中心"的目标前进。它极低的办公室闲置率反映了自身的商业中心活力。

三一大厦被设计成拉德芳斯地区（图2）一个综合性的、高度融入城市语境的项目。为了能成功融入这个非典型场地，它将三条轴线组合到一个单独的建设方案里：垂直向度的高楼、水平向度的城市轴线营造和封闭公路轴线的大规模介入。换句话说，三一大厦既是一座建筑，也是一个代表公共利益的城市建设作品。

2　一个城市项目

三一大厦的设计须满足狭窄的基地和跨越公路的要求，还需考虑周边环境和相邻的地标建筑：新产业与技术中心（CNIT）、阿海珐塔（Tour Areva），以及体量

图2　三一大厦是一个重要的基地重建项目，为行人消化掉了基地高差，并在繁忙的高速路上架设桥梁（摄影：Laurent Zylberman）

相对较小的五旬节圣母教堂和住宅楼。雕塑般的塔楼融入了这个密集的城市语境，它伫立在道达尔塔（Tour Total Coupole）和新产业与技术中心之间，距离阿海珐塔最近只有27 m，给邻居们保留了风景和视野。在整个开发过程中，公众咨询会议和与社区的持续交流使该项目带着居民的期望最终落地。

建造在公路上方的混凝土架空平台为建立城市连接和提高用户生活质量提供了真正的解决方案。它将以前不相连的新产业与技术中心同库波勒–雷诺片区连接起来，将原本功能单一的拉德芳斯商业中心转变为一个综合生活区。此外，这片平台景致优美，在200 m长的公路上，它提供了3 500 m²的景观公共空间。不同楼层通过宽阔的楼梯和公共观光电梯连接。塔楼及其景观设计营造了数条人行通道，它们越过12 m的基地高差，通向拉德芳斯的主要公共广场（图3和图4）。

当地的"伦赫林"石（产自布列塔尼）被用于整个公共区域的地面铺装。60株非致敏性桤木被种植在低层和上层楼板上，它们有助于减小风力作用，提高行人的舒适度。地面层的树木在垂直方向上与近20个绿植露台相呼应。通过木制铺装覆盖泥土的方式，这些区域种有40余种不同植物，所选植物种类全部来自山地植被。塔楼的顶端有一个尖顶，象征着被项目修复的城市接缝。

用户被置于三一大厦这个新城市绿洲的中心位置。行人从通向高低两个公共楼层的入口进入建筑；下层通向库波勒社区，上层通向新产业与技术中心。设立人行通道能够辅助提升拉德芳斯最大交通枢纽的可达性，也为用户的日常通行提供了绿意盎然的环境。

> 人行通道的设立，对拉德芳斯最大交通枢纽的通达性起到了辅助和提升的作用。

与城市的连接也同样使周边社区的居民受益。楼梯、小品和种满绿植的空间，将原本拥挤、嘈杂的路边景象变成了宜人的环境，打造了一处适合散步的清新天堂。除了人行通道，项目还为市政管理的社区服务及面向大众开放的餐厅提供了极具可能性的空间。

3 无中生有之地

法国最高的20座建筑，其中16座位于拉德芳斯，在这样一个密度高、限制多的环境里，可用来建造新建筑的空间所剩无几。该项目面临的第一个挑战为：如何凭空拥有一片可供塔楼落脚的土地。后来的解决方案堪称土木工程领域的一大壮举：一座地面高层建筑，耸立在勒克莱尔分区大道的7条车道上方浇筑的混凝土架空平台的土地上。

为了解决这个挑战，项目业主、建筑师、工程师、城市及国家政府部门从项目伊始就展开了通力合作。继之前在拉德芳斯新产业与技术中心改造项目中合作之后，开发商尤尼百·洛当科与韦斯特菲尔德公司（Unibail Rodamco Westfield）再次委托Cro & Co建筑设计事务所设计这个位于公路之上的特殊项目。基于信任与坦诚交

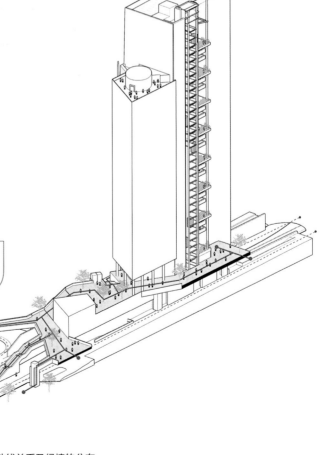

图3 三一大厦轴测图，显示了动线关系及绿植的分布

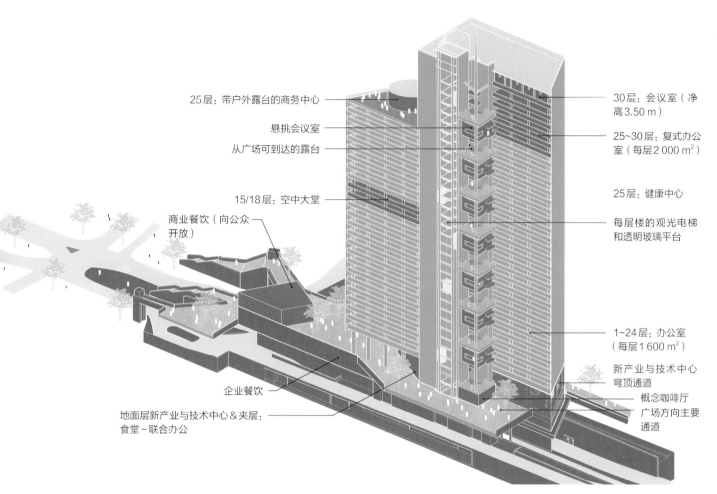

25层：带户外露台的商务中心

悬挑会议室

从广场可到达的露台

15/18层：空中大堂

商业餐饮（向公众开放）

企业餐饮

地面层新产业与技术中心＆夹层：食堂−联合办公

30层：会议室（净高3.50 m）

25~30层：复式办公室（每层2 000 m²）

25层：健康中心

每层楼的观光电梯和透明玻璃平台

1~24层：办公室（每层1 600 m²）

新产业与技术中心穹顶通道

概念咖啡厅

广场方向主要通道

图4　三一大厦功能分区图

流所建立的良好关系促成了这个特殊项目的完成。业主操盘重量级项目的能力与建筑师的想象力完美结合，双方还迅速引入了工程师来共同探讨这个极度复杂的项目。受为社区作出重大贡献这个共同的愿望驱使，当地开发商、巴黎拉德芳斯社区以及国家政府随后也加入此项目。

　　在多元化团队的通力合作下，一座建在原本"不存在"的基地上的塔楼就此落成，这在法国尚属首次。它需要一家私营公司在国有道路上方修建一条隧道，且全程保持车道畅通（图5）。复杂的分期规划保障了整个社区在工程期间正常运转。

　　三一大厦的最终实现也是与居民保持积极对话的结果，开发商和建筑师会定期主持项目汇报会，他

图5　在塔楼建设期间，公路始终保持开放（摄影：Laurent Zylberman）

图6　分离式核心筒实现了独特的设计元素——露台和悬挑会议室系统，以及透明的电梯井（摄影：Hugo Hebrard）

图7　每个四层模块中的室内公共区域都向外延伸到露台上（摄影：Laurent Zylberman）

们收集意见和建议，并保证这些意见和建议得到响应。成功的合作关系使项目在巴黎及邻近城镇皮托和库尔贝瓦市政处获得了无任何索赔的建设许可。

项目采用了许多特殊的技术措施来应对基地的限制。框架设计让设计团队能够保证道路一直处在开放服务的状态。覆盖道路的结构由砖砌（850块直径250 mm的微型砖）混凝土边墙组成，该结构固定在一块非常有限的基础区域内。高层建筑组合楼面系统的设计旨在最小化基础部分需要承担的总重量，因为它承重能力有限：塔楼的核心筒和柱子由钢筋混凝土浇筑而成，而核心筒的外围板由钢梁组成，以便容纳管道系统和通信系统光缆，并且最大限度地保证办公空间的高度。核心筒上方是混凝土浇筑的波纹钢材铺装。

通常分开建设的基础设施和建筑上部结构在本次项目中采用了共同设计，这极大地优化了建筑方案，为整个项目节约了一大笔造价：隧道施工减少了50%的混凝土使用量，高层建筑则减少了7%。这相当于每平方米减少二氧化碳排放量100 kg，同时还为业主增加了三层的办公空间。

4　分离式核心筒

三一大厦是一栋"活"的建筑，表达了其融于周边环境的意愿。它的分离式核心筒为拉德芳斯地区带来一座全新的建筑。建筑的核心筒通常位于楼板的中间位置，这会不利于展开平面布局，但在三一大厦中，核心筒不仅采用了开放的形式，也成为项目独特的表达性元素。

用户的活动，像动画一样映在玻璃立面上：可上下移动的观光电梯（采用红色与黄色涂装，向埃菲尔铁塔电梯的外观致敬）、露台、悬挑的会议室、动态的立面，这些元素都给项目增添了活力（图6和图7）。

内与外的对话营造了与周边环境的互动，带活了周边社区和建筑本身。

偏置的核心筒及观光玻璃电梯井，让电梯平台沐浴在自然光线中。开放式的处理给建筑带来了使用上的舒适感及导向上的便利，提供了非常人性化的建筑体验。通过大面积的玻璃开窗还能一览拉德芳斯的景观（尤其是新凯旋门）（图8）。

为了增加建筑的净使用面积，电梯采用了双轿厢系统，这一做法能够优化电梯井数量。两组电梯共计16个轿厢，这些轿厢分别在8个电梯井中循环（每个电梯井内有2个轿厢）。整个系统采用了多种荷载及运行速度设置，每个轿厢限重1 600 kg或定员21人，运行速度在2.5~4.0 m/s，优化了垂直交通系统的能耗。

核心部位室内设计的处理具体包括宽阔的走道，大双开门，豪华的地板、吊顶及墙壁材质，柔和的灯光设计，使人置身其中的时候，并不会觉得是在"服务区"。十字交叉形状的动线区域同时联通着露台、悬挑会议室或厨房（图9）。

每层办公空间拥有1 300 m² 的净使用面积和2.8 m的净高。主办公区域被分成两个进深27 m的空间（这种划分是为了符合防火分区规范），每个分区都有三个朝向，并且与核心筒相连。

5 工作新方式：偶然性、灵活性和汇集性

三一大厦的设计考虑了现代办公场所正在发生的一系列变化，满足了当前及未来的需求。不论是在空间还是在时间维度上，这个设计方案都推翻了曾经盛行的传统工作观念，摆脱了标准化的单一功能空间形式，创造出具有偶然性、灵活性和汇集性的新办公场所。

"人的流动引发想法的流动"，正是基于这个概念，成功营造出人

图8 得益于透明的电梯井壁和分离式核心筒的设计，电梯大堂沐浴在自然光线中（摄影：Gaston Bergeret）

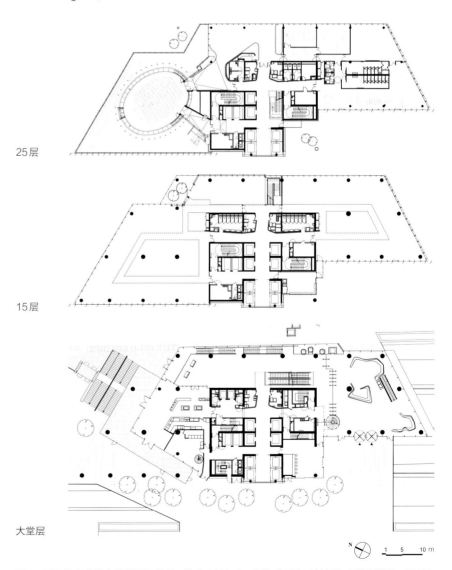

25层

15层

大堂层

图9 采用分离式核心筒的平面获得了许多设计机会，例如全景办公楼板和电梯大堂以及屋顶功能规划

们相遇并交流的场所。在三一大厦构想的办公和生产空间中，不同层级的人们实现了物理意义和象征意义的双重相遇：如果"自上而下"被视为创新的障碍，那么"垂直性"则为倾斜平面、连续坡道、壁龛和内部夹层提供了空间。工作场所成为人们见面和交流的"漂浮城市"，人们穿梭在工作场所内外，以睿智优雅的姿态进行生产活动。

紧邻电梯平台的是一系列四层高的模块单元，它与一个双层通高的露台（即两个带阳台的悬挑房间）相连。这里可以用作临时会议室，也可以由租户改造成厨房。

考虑到业主的计划，四层整租可收取更理想的租金，各租户都能享用共享单元：露台、阳台、会议室和（或）厨房。这种配置有利于激发创造性，展现了新的功能，同时也满足了租户对于平面布局灵活性的要求（图10）。

甚至连楼梯也能成为欢乐的场所。大厦的顶端六层为三个复式结构，采用开放的连通楼梯贯穿双层通高的区域。

大厦拥有8个葱郁的露台、12个绿植凉廊和23个阳台。它们共同组成了1 500 m²的室外空间，保证了东面或西面每层都能连接室外空间（图11）。

6 可持续性

新型的现代办公场所还和可持续性及环境问题密切相关。通过采用较高的环境标准，三一大厦先后获得了法国绿色建筑评价体系（Haute Qualité Environnementale，HQE）高性能级别和英国建筑研究院环境评估方法（BREEAM）优异等级证书。除了获得认证之外，"常识"意义上的可持续性，始终是设计开发不可分割的一部分。

在可持续性方面，三一大厦的第一个设计回应就藏在它的基地底下。因为它是建立在一条机动车道上方，实现了对基地的双重利用，而高层建筑的空间使用密度正是体现可持续性的诸多因素之一。再往上，建筑立面全部采用玻璃幕墙，这最大限度地优化了自然光线和视野。建筑立面由许多1.35 m宽的模块单元组成，为符合法国的办公场所标准，所有的立面元件都为工厂预制，然后通过吊装到达相应楼层，从室内进行安装，每个模块都由两点固定。特定的组合层能够限制热辐射，提高立面的能耗效率。在西侧立面上，由垂直玻璃叶片制成的遮光装置也有助于防晒，同时它还有另一个作用：在视觉上中和了水平方向耐火带的线条（图12）。立面上，每隔一个立面网格设有可开

> 覆盖道路的平台结构由混凝土侧壁支撑，侧壁建立在850个直径250 mm的微桩上，使得占用的基础面积可以最小化。

图10 沿核心筒的每一个四层模块中都配有两个悬挑公共休息室，租户可以将其转换为厨房（摄影：Laurent Zylberman）

图11 绿植露台（摄影：Laurent Zylberman）

启窗口，因此每个办公室都可以听到外部的声音或开窗换气。窗口采用了狭窄的垂直受电弓元件，可以避免安全问题。

三一大厦使用了许多最先进的技术，包括每层都有的分散式空气处理装置（AHUS）、热能恢复系统、储水池、一般泄漏检测、二氧化碳报警装置、可调节光源、光感器、存在检测以及全自动建筑管理系统。而且得益于其邻近拉德芳斯交通枢纽的绝佳地理位置，开发商选择不设置停车场（只有货运车辆可以进入地下室），而是提供了自行车存放设施，以此鼓励非机动交通在当地的使用。葱郁的露台、便捷的公共连接以及平台下面的连续土井形成了可渗透地面，通过它可以收集雨水，一定程度上可以改善当地气候。

7 结论和展望

拉德芳斯已经持续不断地感受到来自同一建筑师及业主团队的影响力。在2009年，设计团队曾为业主操刀了地标建筑新产业与技术中心复兴工程，将它变为一个真正的城市广场，如今它已经成为一个24 h开放、四通八达的场所，聚集了办公、商场、餐厅，以及国会中心和高端酒店等设施。而它的故事在这里远没有结束，因为在三一大厦几步之遥的地方，新产业与技术中心即将开始新的转变，一条地铁线路将被整合到整个地区中，并通过新建的零售长廊与广场相连。

2019年，在拉德芳斯的另外一边，凯莉·米凯莱大厦迎来了重大翻新工程。这是一座占地3 750 m²的办公楼，参照三一大厦的造价进行设计，包括1 400 m²的露台和绿地，办公空间及动线区域的设计旨在鼓励交流和非正式会议，尤其因为采用了大型玻璃幕墙和中庭，整个楼面的全部进深都能实现自然光线照明，四通八达的人行通道也为分离的社区建立了连接。

三一大厦的设计、开发和建造历时十余年，这是一段长期的冒险，但也是一个可以奠定超越单体建筑概念的绝佳机会，这样的概念以后可以被复制和使用到附近的其他项目中，以支持建设一个更加融合、更加平衡的社区。■

参考文献

CTBUH Skyscraper Center. Trinity. 2020. http://www.skyscrapercenter.com/building/trinity-tower/22902

EY. The Attractiveness of World-Class Business Districts: Paris La Défense Vs. Its Global Competitors. 2017. https://www.ey.com/Publication/vwLUAssets/ey-the-attractiveness-of-worldclass-business-districts/$FILE/ey-the-attractiveness-ofworld-class-business-districts.pdf

（翻译：宫本丽；审校：王欣蕊，王莎莎）

图12 立面采用印刷玻璃叶片，弱化分隔线的同时也有助于防晒（摄影：Hugo Hebrard）

项目信息

竣工时间：2020年3月
建筑高度：140 m
建筑层数：32层
建筑面积：49 000 m²
主要功能：办公
开发商：Unibail-Rodamco-Westfield
建筑设计：Cro&Co建筑设计事务所
总承包商：VINCI建筑工程公司
其他CTBUH会员顾问方：Sika Services AG（玻璃密封工程）

新开发银行总部大楼设计：中国当代超高层建筑的本土实践

中国，上海

文/黄秋平，王桢栋，陈有菲，韩　阳

黄秋平
　　华东建筑设计研究院有限公司总建筑师

王桢栋
　　同济大学建筑与城市规划学院教授、博士生导师；世界高层建筑与都市人居学会（CTBUH）亚洲总部办公室副主任

陈有菲
　　同济大学建筑与城市规划学院博士研究生

韩　阳
　　同济大学建筑与城市规划学院硕士研究生

摘要

　　中国是世界超高层建筑实践的重要阵地。在应对可持续发展议题方面，超高层建筑本土化设计的重要性日渐凸显。本文以华东建筑设计研究院有限公司（以下简称"华东院"）主导设计并完成的新开发银行总部大楼为案例，阐述了在"天人合一"这一充满生态智慧的中国传统哲学指导下，设计团队以和谐融合、高效灵活、绿色健康为设计目标，通过推动理念、制度和技术自主创新，展开了一次超高层设计的本土化探索。

　　关键词：中国当代超高层建筑；本土化设计；中式哲学；天人合一；自主创新

1　回溯：中国超高层建筑实践历程

　　超高层建筑是经济发展和城市化进程的产物，也是人类历史上使用先进建造技术不断挑战重力和显示财富实力的象征。自1930年克莱斯勒大厦的高度超过埃菲尔铁塔，将世界第一高楼的桂冠从欧洲带到北美洲以后，超高层建筑如雨后春笋般在世界各地被快速建设。进入21世纪，经济腾飞的中国成为世界上超高层建筑实践最活跃的地区。根据CTBUH[1] 2020年统计数据：2020年度全球新建200 m及以上的超高层建筑共106座，其中的56座分布在中国，占全球总数的52.8%、亚洲总数的80.0%；另外，中国在全球最高的20座建筑中保有11座，还曾在2015—2019年连续5年建成了全球年度最高建筑（Anon，2021）。无论是从数量还是从标志性来看，未来几十年内中国仍将是世界超高层建筑实践的重要阵地。

　　在这个欣欣向荣的超高层建筑舞台上活跃着全球最顶尖的设计力量。自1986年国家出台《中外合作设计工程项目暂行规定》以来，大批境外知名设计单位涌入中国市场，让中国本土的建筑师直面竞争的压力。以上海地区为例，截至2022年1月1日，在有明确记录的129座超过150 m的超高层建筑中：93座采用国外设计单位原创方案，占总数的72.1%；36座由国内设计单位原创完成，占总数的27.9%。值得注意的是，在2010年1月1日以后建成的项目中，中国自主原创的项目仅有7个，同期建成项目占比下降到14.9%[2]。

　　与此同时，在"双碳"目标的背景下，中国当代超高层建筑如何更契合人与环境的需要成为可持续发展的重要议题（王桢栋等，2019），立足时代性与地域性的本土化设计策略（崔愷等，2010）是应对关键。自20世纪30年代以来，中国本土建筑师就开始了在高层建筑设计中融入本土化要素的尝试。从1937年建成被誉为"China Deco"风格的外滩中国银行大楼[3]开始，再到后来的华东电力大楼、上海电

---

① 世界高层建筑与都市人居学会（Council on Tall Buildings and Urban Habitat，CTBUH）是专注于高层建筑和未来城市的概念、设计、建设与运营的全球领先非营利性机构。学会成立于1969年，总部位于芝加哥，在意大利设有研究办公室。2015年，CTBUH 亚洲总部办公室在同济大学建筑与城市规划学院正式成立，进一步推动亚洲垂直城市的可持续发展。

② 由王桢栋研究团队基于CTBUH数据库统计。

③ 建筑师陆谦受将大楼屋顶改为平缓的中式攒尖顶，以铜绿色琉璃瓦覆盖，并在大楼正立面设计中融入了中国元素和文化典故。

信大楼等项目，中国建筑师对高层建筑的本土化设计探索从未停止。

2 契机：新开发银行总部大楼建设

在充满机遇和挑战的实践环境中，华东院一直走在超高层建筑本土实践的前列（图1和图2）。在上海超高层建筑中，有11个项目是完全由华东院原创设计并最终落地的，于2021年底交付使用的新开发银行总部大楼便是其中具有标志性意义的项目。

新开发银行总部大楼（图1）作为首个落户上海的国际金融组织总部，是中国作为股东国和东道国支撑"新开发银行"成员国发展和全球经济金融事务顺利进行的重要设施[1]。自此，上海成为继纽约和日内瓦之后，全球第三个拥有国际总部机构的非首都城市。考虑到项目与世界紧密连接的特质，上海市政府最终选取了世博园A11-01地块作为建设基地。建成后的总部大楼塔楼高度为150 m，总建筑面积为126 423 m²，可同时容纳2 500人办公，并与不远处的中华艺术宫（原上海世博会中国馆）和梅赛德斯－奔驰文化中心（原上海世博演艺中心）呈三角之势，共同界定了世博园A片区的边界、功能和定位（图3—图5）。

相比常规的超高层建筑，作为多边国家间的国际金融机构，新开发银行总部大楼造型独特，需解决的问题更为复杂。首先，对标北京的亚洲基础设施投资银行，项目在满足功能的同时，需要通过设计展示新开发银行的形象，传播新开发银行的价值理念，体现东道主城市上海的国际金融中心风貌；其次，全球范围内少有在城市高密度地区设计国际银行总部的先例，该建筑类型与超高层建筑结合，对安保等级和流线组织都提出了全新要求，在没有对标案例的情况下，设计团队需要独自摸索完成设计工作；最后，项目基地位于世博园A片区的"生态功能带"内（图6），该生态功能带作为开放的城市空间，与国际银行总部高度私密的使用特点存在矛盾，如何协调好二者之间的关系也是一大难题。

图1 新开发银行总部大楼 © Moment

---

[1] 新开发银行是由"金砖五国"发起、创立的政府间国际金融组织。

图2 华东建筑设计研究院超高层建筑设计代表作。资料来源：www.skyscrapercenter.com

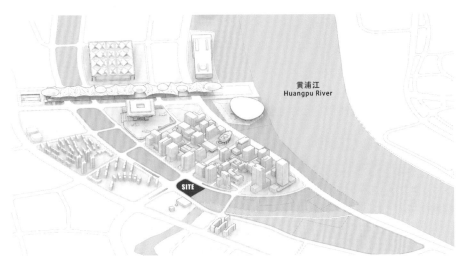

图3 项目区位 © 华东建筑设计研究院有限公司

图4 项目设计理念 ©陈有菲

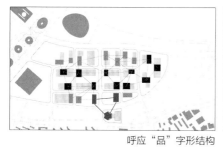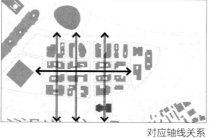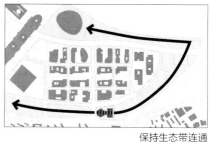

呼应"品"字形结构　　　　　　　　对应轴线关系　　　　　　　　保持生态带连通

图5　场地关系分析 © 华东建筑设计研究院有限公司

图6　世博园A片区 © Moment

2017年原创方案中标后，设计团队全过程、全专业、全流程地参与了新开发银行总部大楼的设计，在以"中式哲学"破解设计难题的同时，也展现出本土建筑师原创设计超高层建筑实践的样本意义。

3　设计：以中式哲学阐释银行价值

新开发银行总部大楼设计以"天人合一"这一充满生态智慧的中式哲学为指导，与时俱进地把"天"解读为与"人"息息相关的自然和社会环境，进而将"天人合一"的二元结构演绎为自然、社会、人的三元结构（图4），实践了新开发银行"创新、平等、透明、可持续"的价值理念。

具体而言，"平等"对应调和人与社会关系的设计原则，强调兼顾使用者个体和集体活动的需求；"透明"对应协调社会与自然关系的设计原则，旨在感悟并延续既有的环境秩序和城市文脉，使项目得以根植其中；"可持续"对应平衡人与自然关系的设计原则，既要减少建筑对环境的负担，还要确保使用者的身心健康；最后以"创新"贯穿全局，从传统哲学中提炼现代方法解决具体问题。

针对自然、社会、人三要素之间的关系，设计团队提出和谐融合、高效灵活、绿色健康的设计目标，以期达到关于人与自然和社会基本关系认知体系的最高境界（邹勋，2007）。

3.1 和谐融合

世博园 A 片区被"生态功能带"所环绕，并规划了"三横一纵"的视线通廊及核心绿谷，项目基地位于生态功能带与一横轴通廊的交汇处。因此，在场地关系处理上，设计团队以和谐融合为设计目标，审慎周密地考察项目所处的自然环境与城市环境，协调建筑与它们的关系。在承担关键节点职能的同时，减少超高层建筑庞大体量对周边景观和视线的影响，并通过项目来推动自然生态系统的修复和社会精神内核的生长，最终实现建筑与自然社会环境的和谐共存。

和谐融合的设计目标首先体现在分隔塔楼裙房的"礼仪大道"和裙房底层架空形成的"礼仪广场"这两个重要的近地公共空间的设计上（图7和图8）。前者延续了垂直于江景的视觉通廊，后者则与生态绿带相互渗透，使其向上延伸，进而与塔楼空中花园和屋顶绿化一起构成完整、立体的垂直绿化体系。

设计团队对市民空间权利的尊重在设计方案中被贯彻始终。以围墙设计为例，新开发银行大楼的"使领馆"级安保要求使其无法向城市开放公共空间，但设计团队坚持将围墙1m以上的部分采用玻璃材质来实现与外界环境的融合。而在形态布局上，鉴于周边各地块的塔楼均采用"品"字形结构错位布置，为保证对北侧黄浦江江景的视线均好性，设计团队在场地西侧布置塔楼，与相邻街区塔楼构成"品"字形结构，融入场所。

面对世博园 A 片区复杂的场地环境，项目在融入场地环境结构的同时，彰显了自身的建筑形象。从银行标志图形抽象出来的重复简约的立面线条肌理（图9），凸显出了生态功能带。在城市天际线高度，项目塔楼凭借其独特的"V"字形顶部造型提高了世博园 A 片区的辨识度，标记了此处的城市空间。

3.2 高效灵活

新开发银行由"金砖五国"发起，强调各成员国紧密团结，共同应对外部不稳定因素，并兼有促进不同文化相互交流的职能。设计团队立足"高效灵活"的设计目标，充分挖掘了"天人合一"中"人"的内涵：对使用个体予以多方位关怀，通过设计满足使用者的功能和情感诉求；为使用群体设计了交流场景，促进建筑内部社会关系和部门文化的和谐发展。

为了打造安全、高效、健康、人性化的办公空间，设计团队通过旋转新开发银行企业的塔楼标准层平面，自然地产生了空中平台，在为每个办公单元提供三面景观和自然采光通风的同时，也以方正格局保证了实际使用率。

设计团队将塔楼在垂直方向分为低、中、高三个安全等级递增的区域：低区以接待、交易、会议、培训等功能为主，并配备辅助设施；中区是各部门使用的办公标准层；高区是管理人员办公空间和董事会议空间。同时，针对项目中各部门规模及其不同空间诉求，该设计提供了三种不同的办公模式，以标准化实现灵活性、普适性，以独立办公、开放式办公、自由式办公为主，设置大量供单人预约使用的临时办公小空间，以确保不同部门和个人需要均能获得满足（图10和图11）。

在满足使用需求的基础上，设计团队通过营造公共空间来促进不同文化背景人群之间的交流互动。项目塔楼上下单元旋转形成了布置绿植的空中景观平台，与每层配置的休闲边庭（图17）、贯通三层的顶部中庭（图18）共同组成了大楼的立体公共空间系统。塔楼低区与裙房相连，集中布置配套辅助设施，以立体回环的线性空间串联了生

图7 "礼仪广场"与生态绿带 © DID Studio

图8 "礼仪大道"与视觉通廊 © Moment

图9 立面效果 © Moment

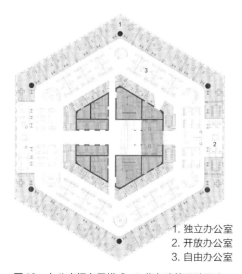

1. 独立办公室
2. 开放办公室
3. 自由办公室

图10 办公空间布局模式 © 华东建筑设计研究
院有限公司

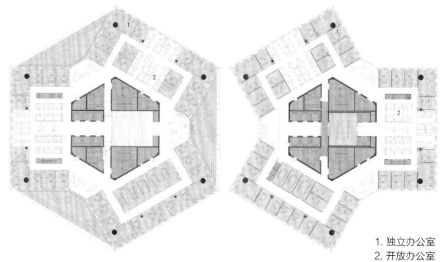

1. 独立办公室
2. 开放办公室

图11 办公标准层平面图 © 华东建筑设计研究院有限公司

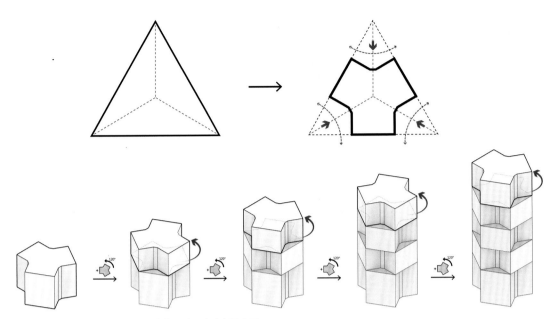

图12 平面和形体概念 © 华东建筑设计研究院有限公司

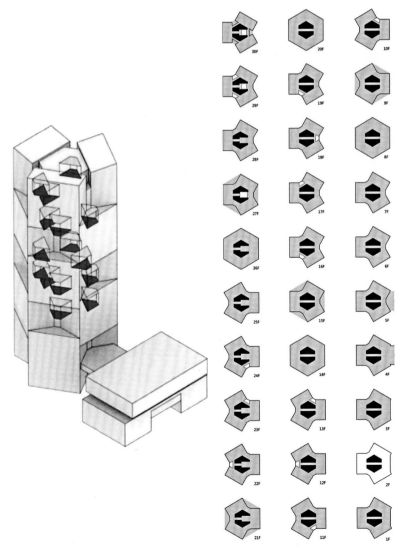

图13 公共空间分布 © 华东建筑设计研究院有限公司

活服务功能齐全的"空中街道"。不同文化背景的员工通过这个公共空间系统，能快捷穿梭于邻近楼层开展工作，同时也能全方位享受优质的空中景观资源，实现"可行、可望、可游、可居"的"山水城市"（王其亨，2005）意象转译（图12—图15）。

3.3 绿色健康

"天地合而万物生"阐述的是人与自然的关系，人的健康生长依赖于与自然的和谐并存。研究表明，自然的绿色健康办公环境有利于办公人员的身心愉悦，从而提高办公效率。绿色健康也是新开发银行可持续价值理念的追求目标。

设计团队在方案阶段利用旋转上升的设计概念，内凹体量形成建筑自遮阳（图16），有效减少了15%以上的立面太阳辐射得热，这也是设计团队在利用形态节能方面的重要研究成果。

在分析了银行办公空间需求后，设计以30 m×13 m为单元进行标准化、模块化组合办公标准层平面，内凹的平面处理，可以使单元三面自然采光通风，进一步改善了单元的性能。经模拟分析，标准层平面中，采光系数达85.6%、换气次数2次/h的功能房间占了80.8%（图19）。

建筑外立面单元式幕墙集成自然采光、遮阳和通风为一体的高性能建筑围

图14 平台花园 © Moment

图15 景观边庭 © DID Studio

图16 建筑自遮阳 © Moment

图17 边庭 © Moment

图18 高区中庭 © Moment

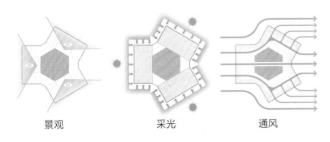

景观　　　　采光　　　　通风

图19 办公单元设计分析 © 华东建筑设计研究院有限公司

护系统，在提高室内舒适度的同时，实现建筑低能耗运营。实体通风单元借助其内表面可开启电动平开窗，能从外表面金属格栅导入柔和的自然风；透明采光单元选用隔声、热工和安全性能优越的SGP双夹胶中空超白钢化双银Low-E玻璃，并自带智能一体化电动遮阳帘，结合日光追踪系统实现智能化运行（图20—图22）。

在材料选择上，从建筑全生命周期及低维护成本角度出发，如：在外立面装饰材料的选择上，放弃了传统的天然石材转而采用釉面陶板，其中的一个因素是天然石材在开采和生产过程中对自然环境会产生破坏和污染，而釉面陶板的耐久性和自洁性能使建筑外墙保持非常低的维护频率。

整个建筑的室内功能空间设置了$PM_{2.5}$及二氧化碳室内空气质量监测器，监测数据在各层电梯厅通过显示屏向所有人公开。项目在建成后已顺利通过了中国绿色建筑三星级、美国LEED铂金级和中国健康建筑三星级认证，并成为国内第一个超高层健康建筑。

4 思考：以本土实践推动自主创新

高速度、大规模城市化进程加之碳达峰碳中和目标，使得中国的城市发展正在为世界构建一个全新样本（李翔宁和莫万莉，2018）。在上述背景下，新开发银行总部大楼项目在继承和发扬传统文化精华的基础上，有效解决了

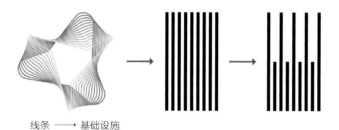

线条 —→ 基础设施

图20　立面概念 © 华东建筑设计研究院有限公司

新时代城市发展的问题。

4.1　理念创新

一直以来，由商业开发推动的超高层建筑表现出自我封闭的倾向，其对城市轮廓、景观和肌理的破坏也一直为人所诟病（伍江，2010）。这是因为在资本逐利的驱使下，建筑师只关注经济价值的创造，而忽视了超高层建筑与城市自然和社会环境之间的关系。新开发银行总部大楼项目则以"天人合一"理念实现了当代超高层建筑演绎的创新。

设计团队以中式哲学支撑现代银行企业价值，以有形的建筑阐述无形的理念。项目从形态布局、体块塑造、功能分区，一直到空间节点的设计都从"天人合一"的设计理念出发，组织自然、社会、人三方的关系，并强调将新开发银行"创新、平等、透明、可持续"的价值理念渗透到项目的各个层面。

以项目立面材料的选择为例，建筑师摒弃了石材而选择了在中国有悠久历史且性能稳定的陶瓷为立面材料。为了实现传统材料的现代表达，建筑师先后与景德镇陶瓷学院、国际釉面配料大师克里斯汀·杰顿（Christine Jetten）等合作，并尝试了多种工艺，最终烧制出"白底银点凹坑釉面"的陶瓷，其肌理与质感兼具了银行庄重雅致的气质与创新和可持续的设计理念（图23）。

在高速的城镇化进程中，中国不同城市特色风貌被干

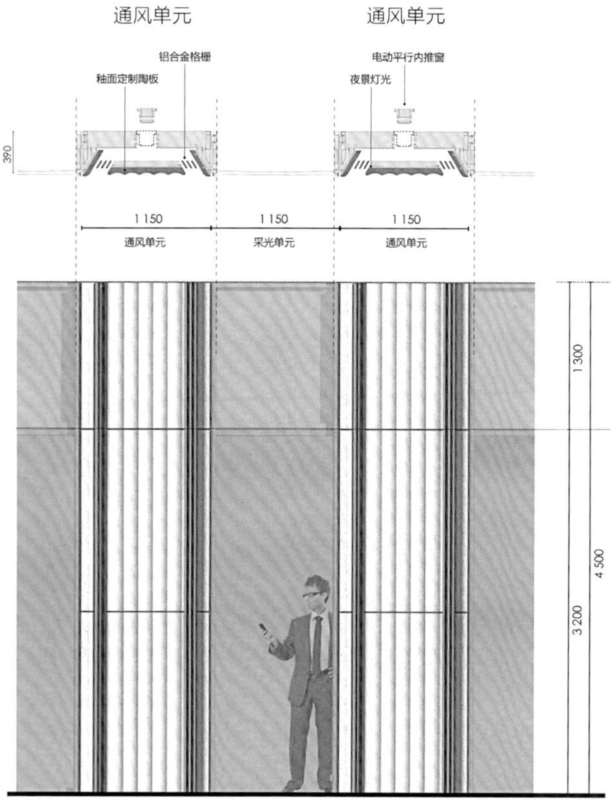

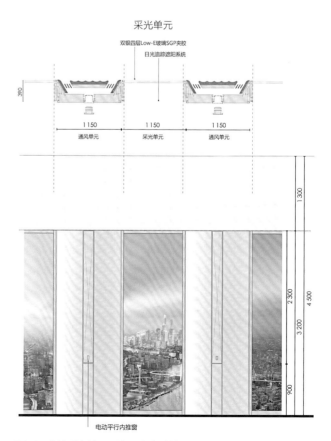

图21　幕墙通风单元设计 © 华东建筑设计研究院有限公司

图22　幕墙采光单元设计 © 华东建筑设计研究院有限公司

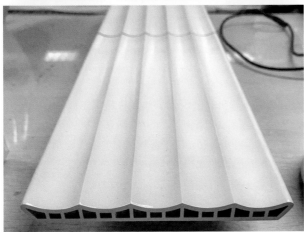

图23　陶板工艺样板与釉面肌理探究 © 华东建筑设计研究院有限公司

篇一律的建筑风格快速蚕食，暴露出严重的文脉割裂问题（李武英和方晔，2018）。建筑设计唯有融合文脉才能在国际化浪潮中推陈出新，而本土建筑师的生活经历和文化记忆既是优势也是责任。

4.2　制度创新

质量控制是项目成功的关键。通过在项目中实行建筑师负责制，设计团队在建筑落地前充分预演并解决了在设计阶段末期需要考虑的设计细节，如家具组合、隔断形式、材料参数等问题，以确保达到预期的效果。建筑师负责制弥补了普通项目中建筑师只参与方案阶段的短板，强调建筑师的核心地位，使其能与参与项目的业主方、施工方、分包设计方、材料供应方直接对话，在各个环节严格把关。

本项目由建筑师主导明确施工界面、规定施工步骤、确定验收标准等，最终形成了共计18本、20万字的技术规格书。涉及材料生产厂家资质、技术参数、色彩质感等的审核，统一由建筑师签字审批。此外，建筑师还加强了与施工单位和监理方的沟通，从源头确保图纸质量，并在各阶段参与检查施工质量，以质量周报的形式向下反馈，严格控制项目质量。

目前，本土建筑设计与建筑建造存在衔接薄弱和发展脱节的问题。具体表现在：一方面，由于本土建筑师经验欠缺，对下游配套产业了解不足，同时，因制度原因难以参与项目实施阶段，导致很多项目的设计完成度不足；另一方面，相比"中国建造"，各方对"中国设计"的认可度存在明显滞后（李武英和方晔，2018）。而本土建筑师天然拥有整合本土技术资源的优势，由其主导的本土实践将增进国内建筑行业上下游间的良性互动和共同成长，对本土建筑师的设计完成度和项目把控力提升也大有裨益。

4.3　技术创新

上海市政府将新开发银行总部大楼定位为"世界一流办公总部大楼"，这也是中国首例超高层银行总部建筑。由于没有设计规范可供参考，设计团队通过实地考察、咨询专家等方式，在设计过程中对标国外银行总部建筑、参考国际标准、结合国内相关标准，通过主动研究最终形成了约5万字的设计标准并提交至银行使用方批复，填补了国内空白。

在方案设计与实施阶段，设计团队充分调动建筑行业上下游每个环节，充分整合各方技术资源，实现"内外兼修"：对内，设计团队各专业人员依托正向BIM数字模型协同工作①提升效率，意见落实快捷准确，充分释放各方潜能，项目工期和投资也得到了有效控制；对外，设计团队与业主方、分包设计方、施工方、材料供应方以及运营方基于BIM数字模型紧密配合，在各个阶段均能随机应变及时调整。

在项目设计阶段，设计团队与华建集团上海建筑科创

---

① 正向BIM（Building Information Modeling，建筑信息模型）协同工作指在方案设计阶段就采用三维建模，BIM信息不断传递，下游单位将模型作为生产和施工的依据一直延续到交付阶段。

中心、上海建筑科学研究院协作开展《基于健康建筑的高品质室内环境营造技术研究及应用示范》①，全方位研究高品质室内环境的各项影响要素，建成后对项目室内外PM₂.₅、风速、光照等数据进行跟踪实测，研究成果将用于优化生态幕墙设计技术和标准。

未来，中国建筑设计的专项标准体系还有待完善。在本土建筑师主导的实践项目中，建立包含从设计技术应用到建成数据采集，再到使用评价反馈的完整研究路径成为可能。因此，本土建筑师在实践过程中更应当重视产研结合，可通过推动有价值、成体系的科研课题来促进更加完善的技术规范和评价标准形成。

5　展望：立足本土市场迈向国际舞台

在可持续发展已经成为全人类社会发展基本共识和共同选择的背景下，2020年中国政府向世界承诺"双碳"目标，为新时代可持续建筑发展指明了方向。在竞争日趋白热化的本土超高层建筑市场，新开发银行总部大楼项目在如何立足本土文化，完成既利于使用者和业主，又能够对社会有所贡献的设计方面给出了答案。

设计团队融合"天人合一"的中国传统哲学与新开发银行企业价值观，贯彻人本思想来尽力满足人的需求、自然和社会环境的需要，并积极推动理念、技术和制度的创新。"天人合一"这一具有中国文明、古老又有东方特质的生态智慧，不仅为超高层建筑生态适应性创新提供系统的理论、方法和实践，也充分展现了设计团队的文化自信。

未来，笔者期待在更多的中国当代超高层建筑本土实践中，实现技术硬实力和文化软实力的同频共振，从而推动"中国设计"走向世界。■

参考文献

Anon. Tall Buildings in 2020: COVID-19 Contributes To Dip in Year-On-Year Completions. CTBUH Journal, 2021(1): 40-47.

王桢栋，田慧琼，杨鹏宇，等. 从私有迈向公共：重塑高层建筑的城市性[J]. 时代建筑，2019（6）：146-151.

崔愷，王明贤，刘克成，等. 何为本土设计？[J]. 城市环境设计，2010（Z2）：20-27.

邹勋. 文化竞夺的空间象征：外滩中国银行大楼历史解读[D]. 上海：同济大学，2007.

王其亨. 风水理论研究[M]. 天津：天津大学出版社，2005：107-128.

李翔宁，莫万莉. 全球视野中的"当代中国建筑"[J]. 时代建筑，2018（2）：15-19.

伍江. 中国特色城市化发展模式的问题与思考[J]. 中国科学院院刊，2010，25（3）：258-263.

李武英，方晔. 再谈中国建筑设计企业"走出去"与国际化[J]. 时代建筑，2018（2）：46-49.

本文选自《时代建筑》2022年第3期。

项目概况

项目名称：新开发银行总部大楼

建设单位：上海市机关事务管理局

建设地点：上海市浦东新区世博园A11-01地块

用地面积：12 076.4 m²

建筑面积：126 423.1 m²

建筑高度/层数：150 m/地上30层，地下4层

结构形式：巨型框架混凝土核心筒结构

设计/竣工时间：2016年/2020年

方案设计：华东建筑设计研究院有限公司

建筑设计：华东建筑设计研究院有限公司

结构设计：华东建筑设计研究院有限公司

机电设计：华东建筑设计研究院有限公司

设计总包：华东建筑设计研究院有限公司

室内设计：华建集团建筑装饰环境设计研究院有限公司；HPP；Gensler

景观设计：泛亚景观设计（上海）有限公司；华建集团建筑装饰环境设计研究院有限公司

健康建筑顾问：华建集团上海建筑科创中心

LEED及绿色建筑顾问：上海市建筑科学研究院有限公司

幕墙顾问：创羿（上海）建筑工程咨询有限公司

灯光顾问：上海景悉跃照明设计有限公司

---

① 2019年度上海市"科技创新行动计划"社会发展科技领域项目。

大疆天空之城：高科技总部双塔

中国，深圳

文/格兰特·布鲁克（Grant Brooker），林海

摘要

机器人公司大疆创新的新总部于2022年9月在深圳落成。在两座塔楼间，办公和研究空间以漂浮的形式呈现，通过巨型桁架和圆形异型钢吊杆（Circular profiled steel suspension rods）从中央核心筒悬挑出来。项目在这种规模的高层塔楼中首次使用非对称悬吊钢结构，这种创新结构减少了对柱子的需求，从而创造出不被打断的完整的办公和研究空间，令人印象深刻，同时它还保证了大疆独有的四倍高无人机飞行测试实验室。这些实验室通过独特的V形桁架在外部得以表现，在城市天际线的映衬下，赋予塔楼独特的身份。

关键词：无人机；总部；研发；机器人；空中连廊

1 引言

无人机、相机和其他机器人设备的制造商大疆创新（DJI）的新总部位于深圳西南侧的南山区（图1）。大疆天空之城由福斯特建筑设计事务所进行建筑设计，由奥雅纳提供工程设计，是公司创新的核心，它颠覆了传统的办公空间理念，在空中形成一个创意社区。建筑功能包括办公室、研发实验室，以及为员工提供的便利设施。

该建筑是大疆公司精神的体现，推动了创新的边界。在启用仪式上，公司创始人兼首席执行官汪滔将这座建筑与其创新产品进行了比较，并称其为"真正的家"，大疆热衷于创造一个"既实用又令人愉快的工作环境"，使他们能够"共同努力，追求进步、智慧和可能性的新高度，造福社会"。

在谈到这座建筑时，诺曼·福斯特勋爵提到了"无人机技术改变了我们体验周围世界的方式，同时突破了空中可能性的界限"。作为"研究和创新的首要中心"，大疆已准备好在公司历史上书写新的篇章。

建筑和工程团队密切合作设计了这座建筑，其中有一座不对称的钢拉索桥，这在这种规模的高层塔楼中尚属首例。本案例研究概述了该项目的综合建筑和结构特征，重点介绍了创新的结构设计，以及项目如何结合预制工艺以加快施工速度和提高质量的策略。

2 独特的建筑体量和功能空间

该场地是新城市综合体的一部分，为大疆员工提供了理想的工作环境。建筑被架空，腾出了地面，并与周围的绿地和场地内的口袋公园融为一体（图2）。在地面层，裙楼设有一系列花园，这些花园被设计为沉思区，大疆的创意人才可以在这里恢复精力、重新焕发活力（图3）。

地面上方两座塔楼的办公区和研究区以悬挑漂浮的形式呈现。其内部无柱，从而创造出不被打断的完整的使用空间，令人印象深刻。这也保证了大疆独有的四倍高无

格兰特·布鲁克
福斯特建筑设计事务所高级执行合伙人，设计组长

格兰特·布鲁克是福斯特建筑设计事务所的设计组组长。他在坎特伯雷艺术学院学习建筑学，于1988年加入公司。他住在伦敦，但在香港机场项目期间，经常出差，并在香港生活了六年。他领导着一支极富创造力的建筑师和设计师团队，他们共同负责了欧洲、中国、中东、北美和中美洲的一系列获奖项目。

林海
奥雅纳（Arup）副董事

林海是奥雅纳深圳结构团队的负责人。他参与并领导了多个中国内地和香港的高品质设计项目，包括高层建筑、混合功能开发、剧院、学校、体育设施等。在各种类型的项目上，他一直与世界各地的建筑师、客户、顾问、本地设计院和承包商合作。他深刻理解结构设计方法和技术，并强调创新设计应与数字和高科技实践相结合，为更好的项目和可持续的未来增加价值。

图1 深圳大疆天空城是南山区的一座双塔办公楼，设有机器人测试实验室，以及连接两栋建筑的标志性空中连廊 © SFAP

图2 架空的办公单元为员工提供了休闲绿地（摄影：Chao Zhang）

图3 基座的顶部是几个沉思花园空间，员工可以在那里游憩 © SFAP

图4 位于建筑20层的四倍高无人机测试空间之一的室内 © ACF

人机飞行测试实验室（图4）。在城市天际线的映衬下，独特的空间布局赋予了塔楼独有的魅力。

空中花园位于漂浮空间的顶部，为大疆员工提供私密的休闲空间（图5）。空中连廊与空中花园一起成为展示最新无人机技术的另一个平台（图6）。空中连廊是一个轻巧的元素，巧妙而优雅地连接了两个空间，创造了一种微妙的联系，突出了两座塔楼的重要性。

3 创新的结构设计

创新的结构重新定义了高层建筑的设计，创造了一个突出的新地标，彰显了深圳作为联合国教科文组织设计之都的地位。

3.1 不对称的体量

这两座塔楼的特点是通过巨型桁架和圆形异型钢吊架从中央核心筒悬挑出建筑体量。垂直荷载从吊架转移到巨型桁架，再通过核心筒向下转移到地基。每个巨型桁架定义了一个四层楼高的体量，用作无人机测试区。

设计团队建立了一个带有悬挂楼板的支撑框架核心稳定系统。地震和风力通过悬挑楼板传递到加固的核心筒。楼板梁跨度为16.5~18.5 m不等，高度为900 mm，上方有120 mm厚的混凝土板（图7）。

由于不对称的悬挂体量，结构在正常重力荷载下会水平偏转。该偏差保持在50 mm的公差范围内，以确保立面能够安装，电梯能够安全运行。随着塔架的升高，横向刚度降低，挠度显著增加。团队加强了局部支撑，使西塔的最大水平挠度为28 mm，东塔的最大水平挠度为30 mm（图8）。

3.2 抗震设计

该设计通过非线性时程法对2500年一遇的地震事件进行了测试。分析表明，东塔的最大层间位移为1/110，西塔为1/150，因此

图5 空中花园位于建筑特有的多层体量之上，为员工提供了额外的休闲空间，而无需返回地面（摄影：田方方）

图6 一座拉索式空中连廊连接着两座塔楼的24层，戏剧性地连接了这一缺口，并落在每座塔楼的凹口内，同时倒影在屋顶水池中（摄影：田方方）

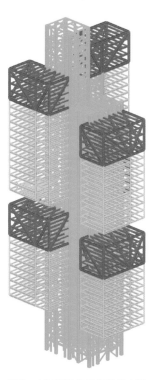

图7 大疆塔楼的结构系统由带有悬挂楼板的核心支撑框架组成

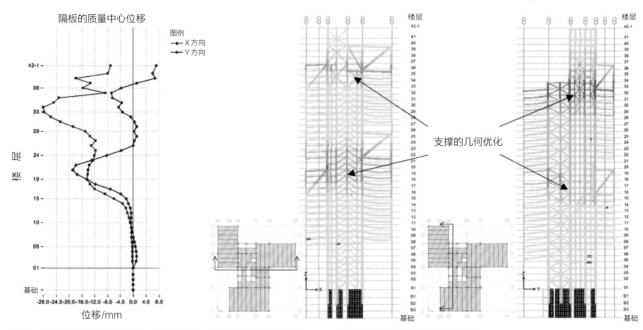

图8 团队设计加强了局部支撑，以将西塔的水平偏转保持在最大28 mm，将东塔的水平偏转保持在最大30 mm

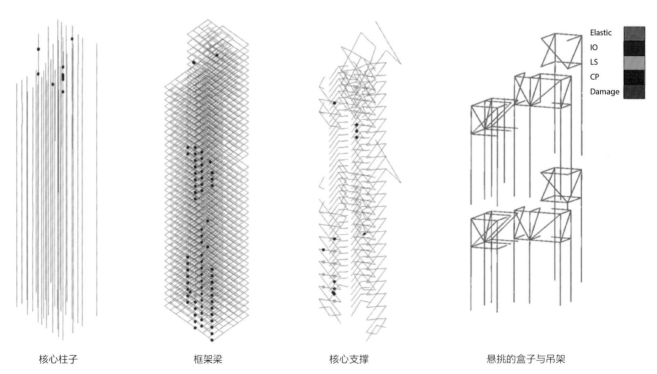

核心柱子　　　　　　框架梁　　　　　　核心支撑　　　　　　悬挑的盒子与吊架

图9 当针对2500年一遇的地震事件进行测试时，大疆塔楼中结构构件的性能

塔楼具有较好的抗震性能。研究发现，支撑将具有有限的屈曲，塔上部区域的柱将出现表面损伤，而巨型桁架和吊架没有损伤（图9）。

3.3 巨型桁架箱体

巨型桁架箱体对于在悬挂楼板上传递重力荷载至关重要（图10）。该团队设计了具有适当承载力和刚度的主桁架以及次弯矩框架，以保持整体强度和延展性。

巨型桁架箱体上方和下方的楼板具有较大的面内力（In-plane forces），因此隔板经过精心设计，以确保混凝土中没有可能影响楼板刚度的裂缝。楼板的设计不仅考虑到了这些受力，还考虑了其刚度对控制悬挑区域的挠度方面的影响。设计将厚度增加到200 mm，并增加了平面交叉桁架，最终在钢结构完成并承受荷载后浇筑混凝土。

创新的悬挂结构使办公室楼层没有室内立柱。空间由

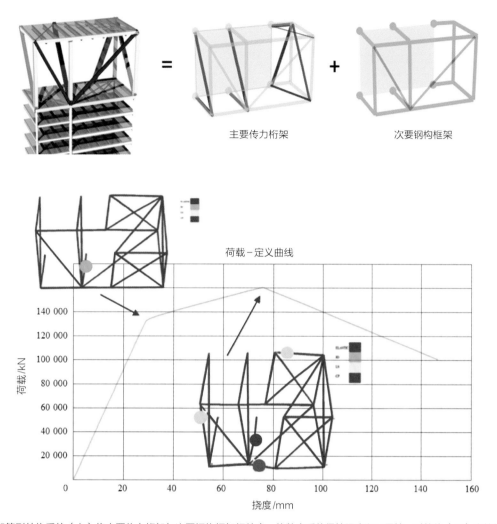

主要传力桁架 　　　次要钢构框架

荷载－定义曲线

荷载/kN

挠度/mm

图10 巨型桁架箱形结构系统（上）将主要传力桁架与次要钢构框架相结合，使整个系统保持强度和延展性。对箱体（下）失效机制的研究有助于优化设计

> 桥梁的创新结构允许一端水平移动，有效地让塔楼作为两个分离的建筑独立工作，而没有复杂的相互作用。

独特的Ⅴ形桁架支撑，明确表达了结构逻辑，加强了工业美学。

3.4 空中连廊工程

设计团队对空中连廊的多种方案进行了研究，并花了一年时间完成了轻型拉索设计（图11）。空中连廊安装了10个调谐质量阻尼器（Tuned Mass Dampers，TMD），以减少人流量引起的振动，并为行人提供极高的舒适度。

桥面沿纵向呈现浅拱形，跨中微微隆起。

桥的创新结构允许一端水平移动，有效地让塔楼作为两个分离的建筑独立工作，而没有复杂的相互作用。鉴于深圳的风力条件，将空气动力学和计算流体动力学（Computational Fluid Dynamics，CFD）模拟用于设计横梁和扶手上的导流孔。即使在极端天气下，桥梁也能保持稳定。

设计摒弃了额外的装饰层，真实地表达了钢结构元

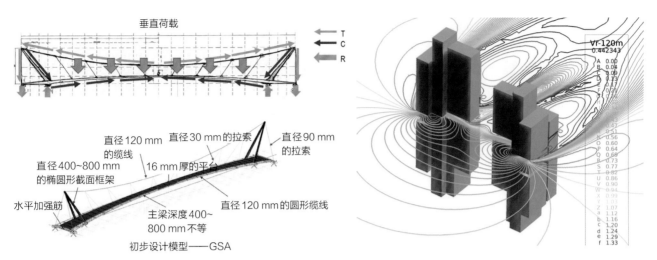

图11 使用计算流体动力学（CFD）技术（右）对空中连廊的数字模型（左）进行了大量的测试，从而实行了质量阻尼器和导流孔等干预措施，以防止过量风，保持桥梁始终稳定且使用舒适

> 裙楼外立面花岗岩面板经过精准预制后，分配了一个独特的二维码标签，以跟踪每个面板并确保其安装正确。

素。多层漆面包括防锈环氧底漆、中间层和防风雨面漆。2.7 mm厚的漆面既防火又耐候。基于性能的先进防火结构设计保证了其安全性和耐用性。钢构件由专门设计的钢节点连接，保证了精准性和建筑表现力。

4 精准高效安装的预制构件

设计团队在早期仔细规划了施工顺序，这是重要的环节，从而也使团队对设计解决方案的可行性充满信心。预制方式在整个设计过程中起着至关重要的作用。建筑中有几种预制件系统，包括幕墙系统、裙楼立面上的花岗岩面板以及两座塔楼之间的空中连廊。

预制单元式幕墙系统由多个相同的单元组成。每个单元都在工厂预制并安装玻璃，之后在现场组装。预制是首选的，因为这些单元组件可以在工厂内进行双重密封，以达到高标准的水密性和气密性，同时将在玻璃内集成隔热层。

裙楼外立面花岗岩面板经过精准预制后，被分配一个独特的二维码标签，以跟踪每块面板并确保其安装正确。BIM云服务被用于引导立面系统的安装，提供实时反馈。

连廊在两座塔楼之间的跨度有90 m，预制时分为三个独立的部分，并在现场组装，高出地面105 m。设计团队通过光滑的表面解决其复杂的几何形状，并将公差降低到

几毫米。

预制减少了现场建筑工人的数量，从而实现了更好的地面管理。立面系统的安装也与钢结构的施工同时进行，将施工工期缩短了约7个月。

团队一直在寻找创新方法，以在设计阶段和施工阶段实现更高的质量和效率。他们与大疆以及各顾问团队密切合作，合作内容从建筑和室内设计到照明和景观设计等，这种密切的合作也使得在保持施工速度的同时确保了高质量的工作。凭借其独特的设计特点，该建筑成为了未来机器人行业办公楼的代表。

5 可持续特色

团队与大疆密切合作，开发了一个定制的设计解决方案，该解决方案针对他们的运营状况和地球环境进行了优化。

室外幕墙系统的热工性能比国家或行业节能标准高出20%。该开发项目创新的双层电梯系统（TWIN elevator system）需要更少的井道，与传统的单轿厢系统相比，井道面积减少了40%，从而增加了可用的办公楼面积。天空之城的智能控制系统还降低了非高峰时段的能源消耗。建筑收集并储存雨水以供再利用，同时回收灰水用于灌溉。景观区收集雨水并在季风季节起到缓冲作用。

为了最大限度地减少能源使用，预制立面系统单元由擦

窗机（BMU）吊装并由工人在建筑内安装，无需脚手架，且减少了钢材吨位。整个外墙系统和超过70%的内墙系统均不含砖石和灰泥，这二者都是建筑垃圾的主要来源，其对环境有负面影响。避免了现场采用密封剂，最大限度地减少了化学污染物的排放。这些好处是在没有显著增加建筑材料数量或总体成本的情况下实现的，这使得预制的方式成为大疆天空之城项目的首选。

设计提升了员工和访客的福祉。三翼的平面布局旨在最大限度地利用自然光和视野，同时优化舒适度。地面层设有社区诊所和多项公共服务设施。大堂空间如同画廊，设计有"禅宗花园"和夯土特色墙（图12和图13）。地面层开放且吸引人的设计是大疆对城市环境的尊重，代表着它对当地社区的贡献。■

（翻译：李颉歆；审校：王欣蕊，王莎莎）

本文选自*CTBUH Journal* 2022年第4期。除特别注明外，文中所有图片版权归奥雅纳所有。

项目数据：

竣工时间：2022年

建筑高度：1号塔楼（东）：212 m；2号塔楼（西）：194 m

建筑层数：1号塔楼（东）：34层；2号塔楼（西）：31层

建筑面积：242 000 m²

主要功能：办公室/实验室

业主/开发商：大疆创新（DJI）

建筑设计：福斯特建筑设计事务所；深圳市华阳国际工程设计股份有限公司

结构工程师：奥雅纳

机电工程师：奥雅纳

总承包商：中国建筑工程总公司

其他CTBUH会员顾问方：奥雅纳（幕墙工程；垂直交通）；深圳市骏业建筑科技有限公司（绿色建筑咨询）；福斯特建筑设计事务所，深圳洪涛集团股份有限公司（室内设计）；福斯特建筑设计事务所，上海五贝景观设计有限公司，植弥加藤造园株式会社（景观建筑师）；深圳市汉都设计顾问有限公司（照明）；西南交通大学（风洞试验）

材料供应商：中建科工集团有限公司（钢材）

图12　大疆天空之城西塔一楼入口大厅的庭院。大堂设计为一个透明的玻璃盒子，包裹在不锈钢框架中，采用了8 m高的大尺寸超白夹层钢化玻璃幕墙系统 © ACF

图13　西塔的入口大厅有一个"禅宗花园"，里面有一棵黑松和一面自然纹理的夯土墙 © ACF

重庆来福士：三维立体城市主义

中国，重庆

文/克里斯托弗·穆尔维（Christopher Mulvey）

克里斯托弗·穆尔维
萨夫迪建筑事务所（Safdie
Architects）合伙人兼总经理

克里斯托弗·穆尔维，萨夫
迪建筑事务所总经理。他作为公
司核心团队的一员，与摩西·萨
夫迪（Moshe Safdie）密切合作，
领导事务所在全球实践业务管理、
战略规划和运营。他在建筑设计
和项目管理方面均具备资深的经
验和背景，作为项目负责人对实
际项目的各个方面均有高度的了
解和参与。2011年，他来到上
海，花费6年时间建立和管理萨
夫迪建筑事务所中国办公室，并
担任中国项目总监，带领团队完
成了重庆来福士方案阶段的设计。

摘要

重庆来福士如同江面上巨大的城市之帆，暗喻着这座城市的辉煌贸易历史和即
将成为中国经济中心之一的未来。来福士是一个充满活力的综合开发项目，坐落于
嘉陵江和长江的交汇处，位于城市半岛的顶端。该项目占地9.2公顷，包括8个"超
级建筑"，一个带有多式联运枢纽的零售平台，以及一个创新性的交通系统。一座近
300 m长的封闭水晶天桥连接着该项目的四座塔楼，设施面积超过 1.5万 m²。

关键词：综合开发；空中连廊；城市设计

1 引言

重庆有着几千年的历史，现在正飞速地发展和更新着，对超大型、高密度建筑项
目的需求也在日益增加。这座城市的规模和人口巨大，且人文气息浓厚。连绵起伏的
地形创造出了多样化的垂直公共空间，可以俯瞰整座城市。来福士综合开发项目利用
并延续了重庆山城三维立体城市的特点和风格，在整体城市的结构框架体系下创造出
一种新型的城市主义，以"人"为出发点，解决日益增长的高密度人口需求。

8座塔楼分别承担着不同的分区功能，旨在最大限度地获得光照和畅通无阻的视
野。塔楼的位置依据低区零售商业平面布局设计，其高耸于公园和零售商场上，创造
出一系列"城市之窗"，让人可以眺望到远方的山川和河流。

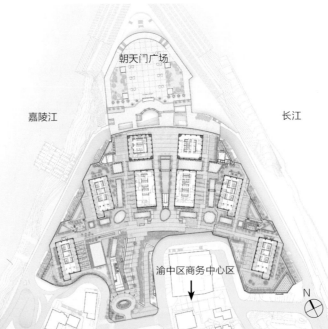

图1　来福士广场背靠朝天门，位于长江和嘉陵江的交汇处，为项目创造多层有机立体交通运输系统提供得天独厚的条件 © 萨夫迪建筑事务所

图2 从南侧看向8座塔楼以及零售商场和屋顶花园 © 存在设计摄影

2 与城市的连接

在无法增加现有道路的宽度或承载力，以及不能新增道路的前提下，重庆来福士通过设计整合出一套创新的综合交通解决方案以应对高密度的城市半岛需求（图1和图2）。设计将原有道路网络分流：一部分连接下层城市道路和滨河道路，车辆可以直接驶入，最大限度地利用滨河道路，减轻城市道路的负担；另一部分连接上层人行道路，设置贯穿整个项目的人行步道，消除30 m的垂直高差，通过立体多维的综合交通系统给城市交通松绑，将这座城市历史悠久的朝天门广场与长江和嘉陵江缝合起来（图3）。

滨河道路的标高定在负一层，除了为四座住宅塔楼提供落客设施外，滨河道路与一条"直通道路"连接，这条

设计对基地周围的原有道路系统进行梳理，利用贯穿整个项目的步行街将城市与历史悠久的朝天门广场连接，同时消除了基地30 m的高差。

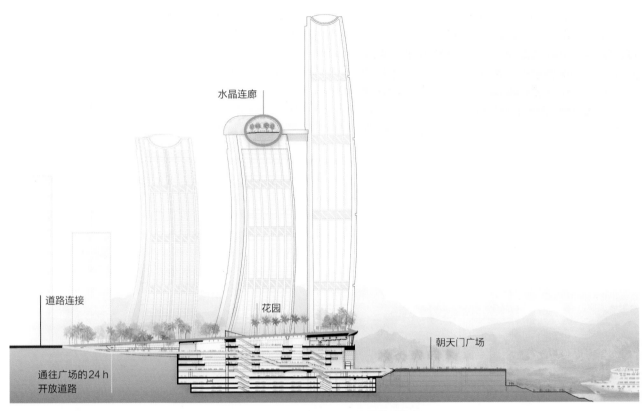

图3　通过剖面图表达24 h人行步道连接城市道路与滨江大道，贯穿整个场地，同时消除场地内30 m的高差 © 萨夫迪建筑事务所

图4　重庆来福士购物中心内部打造通向室外广场的大楼梯 © 凯德中国

道路位于北部东西方向零售商场的正下方。从"直通道路"可以直接到达五个独立的落客区域，分别为办公室、酒店、零售、服务式公寓和住宅。

五层楼高的零售广场被定义为重庆山城的延伸（图4）。来福士位于重庆这座全球发展最快的大都市之一的中心地带，利用城市地形，将零售广场的屋顶打造成城市稀缺的公共花园——在广场上空提供超过45 000 m²的绿色空间、室外设施和社区公共活动场所（图5）。

公共花园和市民广场设有郁郁葱葱的园林，中央瀑布水景，由著名中国艺术家打造的大型公共雕塑，以及可以俯瞰朝天门广场的特色空间。在私人住宅花园的特色露台和无边泳池处，人们可欣赏到两江交汇的壮观全景。住宅塔楼单元独立的花园露台为居民提供了"不出城郭，而获山水之怡"的机会。

一个24 h开放的大型公共楼梯：设计灵感来自重庆市独特的"梯坎"或"梯田"地域特点——穿过五层长廊，直接通往朝天门广场。朝天门，曾是重庆最重要的门户，是古时通往该市的皇家入口，具有重要的历史意义。

在建成之前，重庆来福士就已经成为朝天门片区重现往日繁荣的催化剂。朝天门广场是著名的市中心地标，曾经挤满了游客、居民和购物者，而与城市的重新连接是朝天门广场重获新生非常关键的一步。在项目落成之前，由于周边地区的发展不协调，朝天门广场越来越难以进入，也无法得到充分利用。如今，朝天门广场可直接由重庆来福士的零售裙楼和有机交通枢纽进入，交通枢纽覆盖地铁、公交和轮渡码头，并且拥有超过3 000个新停车位，这使得朝天门广场再次成为城市文脉的延续和充满活力的公共空间。

3 塔楼

8座塔楼包括办公、住宅、酒店和公共设施，其中北侧的两座塔楼最高，超过350 m，可直接俯瞰朝天门广场和河流交汇处，分别为高端住宅和主要办公空间，塔楼直通玻璃封闭的天桥——"水晶连廊"，可直达酒店大堂。四座塔楼在顶部256 m的高度由水晶连廊连接，中间两栋分别为专用办公和办公/服务式公寓，两侧对称布置两栋住宅，加上南侧两座235 m的独立住宅塔楼，构成了整体规划从高到低的弧形天际线（图6）。塔楼的北立面"风帆"形状的屏风构件打造波浪效果，与"朝天扬帆"的整体外立面形成统一造型，也为这里的使用者提供了遮阳的功能。

4 滨江场地

项目位于两江交汇处的独特位置，地势南侧较高，整体土壤条件较差，给施工带来了重大挑战。为了应对每年7—9月地下水位低于洪水水位的洪水季节，施工队需在9个月的有限时间内拆除现有的河滨道路（在开挖期间起着天然防洪屏障的作用），完成防滑桩建设，并建立永久性的地下室防洪墙。为了克服渗水问题，需要采用水下技术来进行一些打桩工作，并且必须使用深层临时挡土墙系统来支撑南岸和地下室最低处之间40 m的高差。

图5 裙房顶部的开放公园在视觉上将城市街区和滨水区域相连融合 © 存在设计摄影

5 水晶连廊

除了街道层面的设计，来福士同时在高空打造引人瞩目的水晶高空连廊，设有空中花园和观景平台等一系列公共空间。这座近300 m长、拥有1.5万 m² 设施的"水平摩天大楼"，横跨4座塔楼，包括花园、餐厅和酒吧、活动空间、住宅俱乐部、无边泳池、酒店大堂和公共观景台等。通过悬挑玻璃底的露天观景台，观者可以饱览嘉陵江与长江交汇的胜景（图7—图10）。

总重达12 000吨（相当于支撑埃菲尔铁塔的重量）的水晶连廊采用连续钢结构设计，由约3 000块玻璃板和近5 000块铝板组成的"手风琴"幕墙围合而成。该项工程是一项艰巨的挑战，这一壮举不仅体现了施工的高超技术和精度，还得益于翔实的前期规划和后期节点深化工作，使得各项关键工程可以在这个具有诸多限制的场地内满足所有项目指标。

为了提高效率，水晶连廊被分为9个部分进行同时组装，幕墙被预先组装在裙房屋顶上以避免在高空安装幕墙，既安全又易于施工。

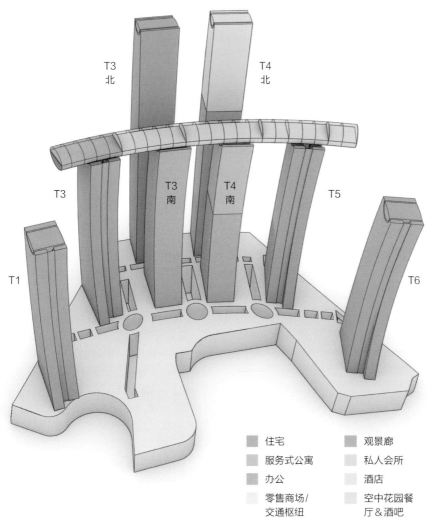

住宅
服务式公寓
办公
零售商场/交通枢纽
观景廊
私人会所
酒店
空中花园餐厅&酒吧

图6　重庆来福士功能分析图 © 萨夫迪建筑事务所

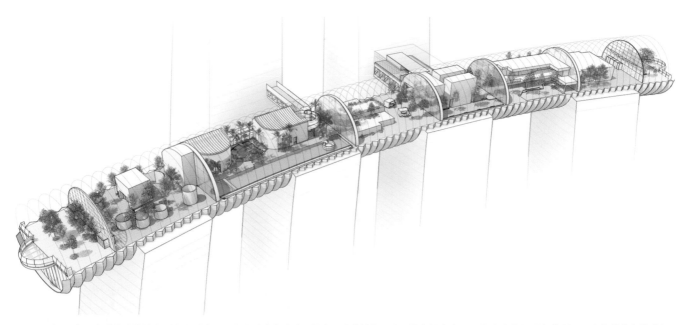

图7　水晶廊道的功能从左到右分别为：一个悬臂式全玻璃观景台；种满树的温室；带有健身房和无边泳池的俱乐部会所；一个有美食车的广场，连接着一座包含酒店大堂的连廊；几家餐厅和休息室；另一个悬臂式全玻璃观景台 © 萨夫迪建筑事务所

图8 水晶廊道西侧尽端连接的2号塔楼顶部区域为大量种植的树木和悬挑的观景平台 © 凯德中国

两塔之间的部分由液压千斤顶吊到准确位置（图11和图12）。

与此同时，在水晶连廊立面围合施工期间，110棵在重庆郊区苗圃中生长了一年多的树木（有些高达9 m）被吊起并移植到连廊的温室部分（图13）。

6 可持续性

重庆来福士从城市尺度实施可持续发展战略，核心战略是通过整合绿色建筑发展方案和可持续发展的实践来处理用水效率、能源优化、材料和室内空气质量等一系列问题。

该项目采用综合雨水管理，将雨水径流减少25%，从而最大限度地减少对自然水文的影响。同时，为了确保能源效率，采用建筑管理系统（Building Management System，BMS）监测和控制设备，进一步降低能源消耗，实施大温差冷冻水回路、暖通热回收和需求控制通风。

项目采用区域制冷和供暖系统，为160万 m² 的空间（酒店、服务式公寓、办公室和零售）提供空调服务。

图9 游客从水晶廊桥西侧的玻璃栈道露台欣赏美景 © 存在设计摄影

图10 水晶廊道内部公共空间 © 存在设计摄影

图11 支撑桁架安装后正在施工中的水晶廊道外壳 © 萨夫迪建筑事务所

图12 玻璃被固定到水晶廊道的曲面屋顶上 © 萨夫迪建筑事务所

项目综合地下管网输送系统与标准制冷系统相比，可节省约50%的能源成本。从长远来看，这将在20年内节省约1亿5 715万元人民币（2 150万美元）的成本，从而将给租户带来长期资金收益。

为改善环境质量，该项目的最低效率报告值（MERV）-13过滤器将$PM_{2.5}$的诱导量降低了75%~90%。此外，通过有效的施工管理策略，与传统方法相比，来福士成功减少了75%以上的建筑垃圾，使用了20%以上的回收材料和30%的当地材料。

7 结论

重庆来福士仅耗时8年便拔地而起，其巨大的规模和

图13 水晶廊道内部，包括无边泳池旁侧，种植有超过100棵树木 © 萨夫迪建筑事务所

复杂性使其成为了一个惊人的案例。该项目总投资240亿元人民币（合约34亿美元），建筑面积110万m²，是凯德置地迄今为止最大的来福士项目。

重庆来福士项目充分考虑当地气候的特殊性，通过三维立体公共空间体验将社区公园、街道和广场进行整合，创造了高密度城市下的宜居城市社区和公共空间的紧密连接。它提出了一种新的城市愿景，找到了21世纪高密度城市下宜居生活的新方式。∎

（翻译：徐婉清；审校：冯田，王莎莎）

本文选自 *CTBUH Journal* 2020年第3期。

> 在水晶连廊立面施工期间，110棵在重庆郊区苗圃中生长了一年多的树木（有些高达9m）被吊起并移植到连廊的温室区域。

项目信息
竣工时间：2020年
建筑高度：
塔楼1：234.5 m
塔楼2：255.6 m
塔楼3北：354.5 m
塔楼3南：255.6 m
塔楼4北：354.5 m
塔楼4南：255.6 m
塔楼5：255.6 m
塔楼6：234.5 m
建筑层数：
塔楼1：58层，地下三层
塔楼2：57层，地下三层

塔楼3北：79层，地下三层
塔楼3南：48层，地下三层
塔楼4北：79层，地下三层
塔楼4南：51层，地下三层
塔楼5：58层，地下三层
塔楼6：58层，地下三层
总用地面积：92 000 m²
总建筑面积：110万m²
功能：
T1、T2、T3北、T5、T6：住宅、零售；
T3南：办公、零售；
T4北、T4南：酒店、办公、零售
业主/开发商：凯德集团
建筑设计：萨夫迪建筑事务所；重庆建筑设计

研究院；P&T集团
结构设计：奥雅纳；重庆建筑设计研究院
机电设计：WSP；P&T集团
总承包商：中建八局；中建三局
其他CTBUH会员顾问方：
ALT Limited（立面工程设计）；奥雅纳（土木，消防，岩土，LEED认证咨询，可持续性设计）；bpi（照明系统）；CL3 Architects Ltd（室内设计）；Rider Levett Bucknall（造价、材料测算）；RWDI（风系统）；萨夫迪建筑事务所（室内设计）；
其他CTBUH会员供应商：佐敦（油漆/涂料）；通力（电梯）

范德比尔特大街1号：宜居的密度——混合功能办公楼

美国，纽约

文/詹姆斯·冯·克伦佩雷尔（James von Klemperer），安德鲁·克利里（Andrew Cleary）

詹姆斯·冯·克伦佩雷尔
KPF 总裁兼设计执行总监

詹姆斯·冯·克伦佩雷尔是KPF的总裁兼设计执行总监，他领导着9个全球办事处的700多名建筑师。他的设计涵盖多种用途和规模，大到城市规划，小到教育类建筑。他的核心策略在于以共享空间来促进社会联系，包括曼哈顿中城最高的办公楼范德比尔特大街1号（One Vanderbilt）的设计。这座办公楼直接连到中央车站的交通枢纽。他以讲课的方式深入挖掘这种想法，这些课程包括研究生设计课程和以设计价值为主题的课程。

摘要

范德比尔特大街1号的竣工使其成为纽约十年来最具雄心的区域规划方案的标杆。占据一整个地块、紧邻中央车站的它是一种创新的公私合作模式的典型案例。开发商（SL Green Realty 公司）、市政府、交通管理部门的密切合作使地块的密度翻倍，且利用度臻于最佳。这个项目既使中央车站（纽约两大交通枢纽之一）受益，又使世界上最有效率的商业办公楼之一和一个公共广场落地。在塔楼顶端，游客们能拥有奇观式的视觉体验，这在世界范围内也并不多见。

关键词：超高层；TOD；区域规划

1 引言：纽约上东区中城区域规划提案

在两次世界大战期间，纽约市的商业办公空间增加了一倍多，其中大部分位于曼哈顿中城。在被称为"终端城市（Terminal City）"的规划方案框架下，中央车站（Grand Central Terminal，GCT）成为了推动周边地区快速发展的媒介。第二次世界大战后的几十年间，从郊区向北的通勤需求的增加让车站区域的城市建设又迎来井喷式的增长。在今天，由于拥堵的现实压力和城市规划者对可持续性的关注，他们非常重视TOD，即以公共交通为导向的开发项目。

中央车站是大都会地区的两大交通枢纽之一，它附近自然形成了一个高密度城区，其中有克莱斯勒大楼（Chrysler Building）、林肯大楼（Lincoln Building，现中央广场一号，One Grand Central Place）和纽约综合大楼（New York General，现大都会人寿大楼，MetLife）等建筑。此外，顶级酒店云集于此，如海军准将酒店（The Commodore）、比尔特莫尔酒店（The Biltmore）和罗斯福酒店（The Roosevelt）。大萧条和第二次世界大战拖慢了车站地区的发展速度。在20世纪50年代末，高密度建设重新开始，西格拉姆大厦（Seagram Building）和杠杆大厦（Lever House）等高层建筑落地，它们都是雄心勃勃的开发计划。随着时间的推移，该地区增现了不那么宽敞的办公楼，主要分布在公园大道一侧，其特点是天花板高度较低，而早期流行的幕墙式外立面逐渐过时。

为了解决高密度的各种弊端，1961年修订的区域规划条例限制了建筑面积和建筑体积。长久以来，这有效地阻止了业主拆掉老旧、较大的建筑并重建更现代的结构。结果，中央车站的区域开发再次停滞，给中城区留下逐渐衰老的建筑存量。

与此同时，20世纪末的全球市场崛起不仅催生了城市对更高密度的追求，也急迫需要能跟上快速发展的国际市场的步伐，加快建设最先进的办公楼。因此，在全球公司纷纷迁往伦敦、香港和上海等城市的压力下，纽约城市规划者们提出东区中城规划。这一区域规划为公私合作伙伴关系创造了一个框架，允许私人开发商大幅提高建筑密度，同时他们也须负责急需的公共设施和基础设施。与终端城市的最初概念相似，在中央车站投入使用的近百年后，这种等价交换让范德比尔特大街1号项目得以面世（图1和图2）。

安德鲁·克利里
KPF 执行总监

安德鲁·克利里是KPF的执行总监，他在复杂的服务工作中的技术协调方面颇为擅长且经验丰富。1997年以来，他的这种能力帮助公司完成了各个领域中最艰巨的工作。他的秘诀是在概念设计阶段就整合技术。对于范德比尔特大街1号，他是这座复杂的、互相连接的建筑的全过程管理者。他强调项目交付的创新与协作，因此领导团队定制了一系列自定义参数工具以实现跨学科工作团队之间的无缝协作。这种做法获得了市议会的一致认可。

图1 范德比尔特大道1号是由一系列复杂的规划和场地要求发展而来，在曼哈顿最密集、最繁忙的地区之一形成了一个关键节点（摄影：Raimund Koch/KPF）

2 政治与经济

范德比尔特大街1号地块之所以能够提高密度，是通过一个名为"统一土地使用审查程序（ULURP）"的公共审查程序来批准的。虽然这最终需要纽约市议会斟酌批准，但初步谈判中的一系列公开审查和研讨会旨在统一各方对大楼的设计目标的认识。项目团队会向诉求各不相同的利益相关者们汇报方案。

东中城新区域规划文本非常强调公开评议的过程，它还要求一些指定项目应是"卓越的设计"。此外，考虑到项目地块紧邻中央车站，地标保护委员会（LPC）要求建筑与中央车站、

图2 范德比尔特大道1号的位置在车站大厅的左侧，它被设计成"终端城市"，即中央车站周边区域的一个组成部分

附近的鲍威里储蓄银行（Bowery Savings Bank）建立"和谐的关系"，因为它们两个都是纽约市颇受珍重的地标。

同样，该地块和中央车站的交通连接促使业主和大都会运输管理局（Metropolitan Transportation Authority, MTA）就通勤铁路、地铁网络的实质性改进进行一系列谈判。最后，公众审查、协商的主题聚焦在开发商需要承担公共设施的数量、价值和形式等方面（图3和图4）。

3　设计策略

3.1　建筑形式

考虑到157 935 m² 体量的超高塔楼的规模和重要性，建筑师采用了"点式塔楼"的方案。这一策略既是延续该市标志性高层建筑的形式传统，又尊重了纽约的建筑高度和区域退界的管控标准。

因此，和直上直下的形式相比，逐渐变细的塔楼形式能让更多日光到达地面。事实上，设计团队仔细地调整这座427 m高的建筑的锥形体量，让更多阳光洒在人行道上。这是之前占据该场地的约61 m高的建筑做不到的。

为了实现这一目标，项目团队编写了一系列参数化设计和分析工具，使设计师能够精确地调整建筑的斜向几何形状，以及与之相关的商业标准，如租赁深度、楼层高度和建筑成本（图5）。建筑最终呈现为四个"捆绑"式互相连接的锥形体量，最大限度地增加了地面采光，并创造了甲级写字楼空间。虽然建造成本更高，但这种策略的补偿优势使建筑向更高处发展。

为了帮助开发商分析这种投资的商业回报，设计团队模拟并展示了整个建筑体量中不同高度的窗外景色。整个城市（以及更远的地方）的360°视野最终让开发商获得了创纪录的租金。

在低层部分，建筑裙房有着斜向的挑檐，它们抬升了一部分建筑体量，让更多人看到中央车站。而原有建筑已经将车站遮蔽了100多年（图6）。要实现这一建筑策略，团队需要与结构工程师和承包商不断协调，因为这需要调整大楼周边的整个框架系统，使23根柱子可以移位落地。

如此设计创造的内部空间，包括大堂、餐厅和交通连接体被高度透明的低铁玻璃立面包裹。室内空间和穿过建筑到中央车站的流线因此一览无余。而旧有建筑的实体体量让中央车站变得不可见。结构的转换创造了位于三层的

> 设计团队仔细地调整这座427 m高的建筑的锥形体量，让更多阳光洒在人行道上。这是之前占据该场地的约61 m高的建筑做不到的。

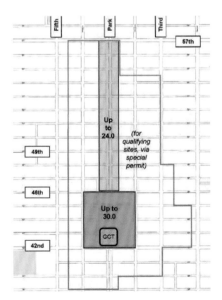

图3　东区中城的新区域规划规定：在中央车站两侧的一个街区内和北面三个街区内的地块的建筑面积比为30:1

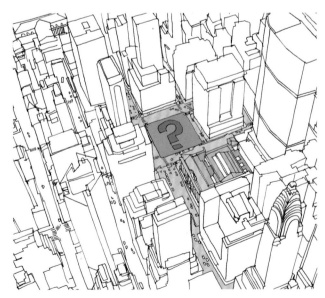

图4　这幅轴测图展示了该建筑在东区中城摩天大楼群中的重要性

灰空间，最妙的就是位于大堂正上方的景观露台，这个空间被用作政府要求的公共设施，所有租户都能享用。

建筑策略上对透明和多孔属性的强调既优化了中央车站和周边街区的公共体验，也使私人开发业主受益。大堂和餐厅的戏剧性空间并不孤立或内向，而是向外开放去拥抱充满活力的城市空中空间。相似的是，三楼的景观露台面向新的步行广场和中央车站等美好景色，也连接着水平地面之上不同的建筑元素和垂直方向上有视觉连续性的塔楼（图7）。

图5 该团队使用参数化设计工具来优化塔楼形状，以满足租赁深度、楼层高度、日光最大化和其他标准

一系列设计操作的高潮位于纽约的主要人行节点之一——42街和范德比尔特步行广场的交叉口，这也是中央车站的主入口、城市的主大门之一。一小时中，有成千上万的行人走过这里。在头顶上，挑檐急剧地向天空转折，引导人的视线向上到达塔楼最美的一角。在这里，建筑底部的人行体验和纽约天际线中的建筑轮廓被联系起来。

这种联系被范德比尔特大街1号的观景平台（SUMMIT One Vanderbilt）强化了，它坐落于建筑最高的楼层，给予公众观景的机会。鉴于塔楼位于城市的中心位置，该空间使公众能够欣赏到大都市地区的深远景色（图8和图9）。反过来，远处人们也可以很容易在天际线上发现这座建筑，并有各种照明灯光效果来庆祝公共节日和活动。

3.2 连接性

建筑和它的邻居们在地下部分以复杂的方式连接着。秉承TOD原则和扩展"终端城市"计划的抱负，范德比尔特大街1号直接连接着地下三层的多个交通基础设施枢纽。在范德比尔特广场东侧，一个新的372 m²的地面中转大厅直接连接了大楼的主大厅和地下一层的中央车站大厅。在大楼的南面，一个新的纽约地铁口通

图6 该建筑的底部有一系列明显抬高的挑檐，打开了100多年来与西侧隔绝的中央车站的视野（摄影：Michael Moran/OTTO）

图7 在第三层，有一个屋顶露台可供所有租户使用，提供新的相邻步行广场和中央车站的全景（摄影：Michael Moran/OTTO）

图8 范德比尔特1号大楼的多层观景台以镜面墙壁为特色，强化了居高临下的视野所带来的景深感（摄影：Wiwit Tjahjana）

图9 观景台的玻璃地板给这个空间增加了额外的震撼（摄影：SL Green）

向42街，还连接着地下二层的地铁人行通道。最后，该建筑新的地下走廊系统直接连到新建的麦迪逊通勤铁路中央大厅，而地下四层连到长岛铁路网络（图10和图11）。

范德比尔特大街1号的活力既源于它提升了城市的步行网络，也源于它和城市两大交通枢纽之一中央车站的连接。

实现这个项目与中央车站的最强连接的方式在于将范德比尔特大道从以前未被充分利用的车行道升级为充满活力的步行广场。与曾经分割地块的道路不同的是，新广场是范德比尔特大街1号项目和中央车站间的"结缔组织"，是繁忙而狂热的车站与高密度新项目之间的缓冲带。虽然中央车站的主立面面对着喧闹拥挤的42街，但新广场是一个更优雅、更自由的场所，在这里人们可以欣赏到这座城市最珍贵的地标之一的宏伟体量。与此同时，范德比尔特大街1号的大厅延伸到广场之上，与优雅矗立在中央车站之后的克莱斯勒大楼相互映照（图12）。

为了满足中央车站连接的愿望、容纳新建筑中更多的人口，设计师精心设计了范德比尔特大街1号的场地以拓宽周边的人行道并让长期隐藏在后的中央车站重新显露在人们的视野中。为此，设计团队定制了一系列参数工具以模拟增加的行人流量和密度。麦迪逊大道上的商业界面也因此后退了2.1 m，这增加了人行道的宽度，而42街一侧的界面向内倾斜，这让人行道在向西布设中央车站时逐渐

变宽。设计师还模拟了整个多层地下交通网络中更复杂的行人模式。因此，设计团队在地下战略性地设置了新的交通连接，既最大限度地减少了拥堵，还提高了现有循环模式的效率。

3.3 材料与工艺的重要性

虽然邻近的中央车站和鲍威里储蓄银行是纽约的地标，但它们绝不是场地周边唯一的文脉。因此，要建立项目与周边城市环境的和谐关系，材料的选择、对细节和工艺的关注对于设计来说尤为重要。

分布于整座建筑上的釉面赤陶板向中央车站和许多邻近建筑所用的瓜斯塔夫瓦拱致敬。在塔楼外围，釉面赤陶板组成的对角线图案在建筑正面投射出珠光一般的光泽。赤陶还用于建筑引人注目的挑檐，它们分割并界定着互相"捆绑"的建筑体量，以创造多孔性和透明度（图13）。

建筑公共空间中广泛使用的青铜材料融入了采用同样做法的相邻地标建筑。限定商业界面的青铜框架覆盖了建筑所有的立面。大厅里，定制铸造的青铜面板给入口和接待处增加了一层肌理，用更亲人的尺度带来舒适体验。覆盖面对两个大厅的核心筒墙的是定制的穿孔青铜槽组件，它们隐藏在玻璃"盒子"中。

一面精妙设计过的青铜装置浮在主接待处上方，成为大厅的焦点。它安装在白色大理石墙的前面，纹理青铜板

> 分布于整座建筑上的釉面赤陶板向中央车站和许多邻近建筑所用的瓜斯塔夫瓦拱致敬。

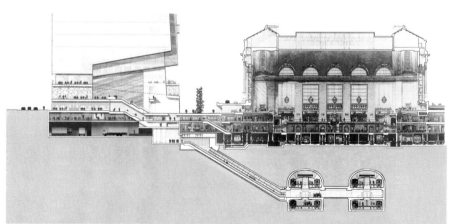

图10 剖面图显示了范德比尔特1号（左）与街道层和三个较低层的中央车站入口（右）之间的路基连接。通过将乘客分流到主大厅（负一层）、主站厅的上层站台（负二层）和新的深层站台（负四层和负五层），避免了任何一个区域过度拥挤

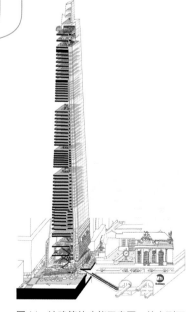

图11 该建筑的功能示意图，从上到下依次为：观景台；办公室；零售和便利设施；大厅；和地下交通的联系层

图12　一楼的广场和大堂是互补的，吸引参观者和用户在空间之间穿梭（摄影：Michael Moran/OTTO）

图13　釉面赤陶板在外部位置的使用，托梁上的对角装饰带和挑檐下侧的凹槽线都有重要作用（摄影：Raimund Koch）

悬挂在一排精致的编织钢缆上（图14）。这些青铜板被精心地排列在墙面上，每块板材的纹理和表面处理都是定制的，在白色大理石墙面上反射出斑驳的光线。

最后，从意大利北部手工挑选的Carrera大理石与整个电梯大厅的青铜色相得益彰。透明白石中固有的精致灰色纹理沿着每块板的对角线方向蔓延，与建筑的对角线主题保持一致。Botticino大理石融入了连接中央车站的整个交通空间，从而延续了100年前由车站最初的建筑师设计的颜色与肌理。

图14　青铜被广泛应用于大堂内部，包括接待处的铸造青铜和定制的穿孔槽，这些槽被包裹在沿核心筒分布的玻璃"盒子"中。这个杰作是由精致的编织钢缆悬挂的纹理青铜板组成的装置（摄影：Michael Moran/OTTO）

3.4　可持续设计与能源效率的承诺

范德比尔特大街1号同时获得了LEED v3和WELL的铂金认证。它采用了许多最新的可持续设计和施工方法，让这座建筑拥有纽约市类似规模的建筑中最低的碳足迹。

该项目对所有主要建筑系统和建筑围护结构进行了强

化调试。在拆除和早期建设期间，75%的废料被从垃圾填埋场转移出来，或者被再利用或回收。塔楼所用的钢筋与钢材含有90%以上的可回收材料。该建筑还采用了众多尖端技术，包括1.2 MW的热电联产系统；用于灌溉和冷却塔补给的454 249 L雨水收集和处理系统；超高效节水装置，它们可以减少40%的用水量；与最低建筑规范相比，节能16.7%的MEP系统；以及可调节加热和具有冷却隔热性能的高性能玻璃。该建筑的设计优化了能源性能，比ASHRAE 90.1—2007 LEED v3白金级基准低32.1%，比ASHRAE 90.1—2010 LEED v4金级基准低22%。

除了LEED v3白金和LEED v4黄金认证外，范德比尔特大街1号还获得了WELL健康安全评级，并有望获得其v2白金认证。

4 项目交付

范德比尔特大街1号的协调和建设过程充满挑战。在受到严格限制的城市场地上建设一座超高层的工作是非常复杂的，它坐落在城市主要交通枢纽旁的区位使复杂度升级了。场地的三面被活跃的铁路和车道基础设施围绕，这些基础设施不能被建设妥协。此外，主要的租户签署了一份完工时间较为苛刻的附加条款。这要求设计团队建立起比常规情况更紧密的跨专业、跨行业的合作关系。在设计过程的早期阶段，在设计范围确定之前，团队就开始与各行业分包商合作。团队通过BIM模型协作，设计协调的沟通周期不同于寻常的以周计算，而是以小时计算。设计团队和施工团队间的"前装式"合作可以实现更高的协调效率，防止施工期间成本更高的现场冲突或者工期被延误。凭借创新的工作方法，项目得以提前交付且大大节省了预算（图15和图16）。

5 结论

随着全球各地面临与高密度需求相关的日益严峻的挑战，范德比尔特大街1号的设计代表了一个新的范式，即如何发展私人建筑可以对公共领域产生深远和积极的影响。虽然公私合作模式并不是一个新的模式，但范德比尔特大街1号的特殊例子表明，一个私人建筑如何通过积极参与其自身地产以外的公共设施的开发，极大地增强其自身的身份、特征和价值。■

（翻译：王欣蕊；审校：王莎莎）

本文选自*CTBUH Journal* 2022年第2期。除特别注明外，文中所有图片版权归KPF所有。

项目信息

竣工时间：2020年9月
建筑高度：427 m
建筑层数：62层
建筑面积：162 600 m²
主要功能：办公
业主/开发商：SL Green Realty Corp.
建筑设计：KPF
结构设计：Severud Associates
机电设计：Jaros，Baum & Bolles
项目经理：Hines
总承包商：AECOM Tishman
其他CTBUH会员顾问方：Cerami & Associates（声学）；Thornton Tomasetti（BIM）；Stantec Ltd.（土木，交通）；Langan Engineering（土木、岩土、土地测量师）；Code Consultants, Inc.（规范）；Metropolitan Walters: A Walters Group Company（阻尼器）；RWDI（阻尼器，风）；Permasteelisa Group（立面）；Jaros，Baum & Bolles（防火）；Gensler（室内）；Van Deusen & Associates（垂直交通）
其他CTBUH会员材料商：A&H Tuned Mass Dampers（阻尼器）；Schindler（电梯）；Doka GmbH（模架）；Nucor（钢筋）；ArcelorMittal（钢材）

图15　施工是在一个交通繁忙的地块赶工进行的，需要设计师、承包商和行业之间的密切和全过程的协调（摄影：Raimund Koch）

图16　在这张靠近塔尖的建筑照片中，钢结构的复杂性一览无余（摄影：Liane Curtis）

前海卓越金融中心：价值链接、科技创新及低碳设计

中国，深圳

文/赵 健

赵 健
CTG城市组联席总设计师

摘要

低碳减排设计是室内设计革新和发展的重要因素之一，是一种以降低能耗、保护生态为目的，同时又不会降低生活品质的设计原则，它致力于创造一个绿色的、可持续发展的室内空间。在这个基础上，我们需要将"低碳"和"减排"的设计思想与现代科技相融合，发挥出新时代的创造力，为人类的美好明天而努力。

超高层建筑空间，不仅是对当下使用需求的回应，更承担着人类未来新场景的探索。前海卓越金融中心的室内公共区域，在精准对应"务实的"使用需求的同时，还需回应人们对美好的憧憬和对梦想的期待。CTG作为致力于探索室内空间的综合价值和多元可能性的试验和先行团队，自然会努力寻求物理空间和精神空间二者相互转换、互为因果的课题。在当下，借助高科技与智能化途径，逐步实践上述探索。

关键词：建筑室内创新；低碳设计；前海卓越金融中心

赵健教授负责CTG高层建筑项目前期的策划及统筹，对项目进行整体理解、系统性综合分析和评估，对项目活动全过程作预先的考量和设想，提供最适合的项目前期策划和设计定位。他作为上海世博局专家，参与2010年上海世博会的筹建过程；作为广州市规划专家，多年参与多项广州市的地块规划及项目筹建。近期，参与上海艺术城板块（原宝钢地块）的规划、研讨及国际招标等工作；参与上合组织重点项目——青岛文创产业园区立项、规划及国际招标；以及2022年杭州亚运会的视觉及文化项目策划等。他丰富的设计学术及专业背景，为CTG设计提供具有前瞻性、学术性、创新性等多维的设计研究策略。

1 引言

本案例位于深圳国际创新金融区——前海桂湾片区。作为前海首拍地块、首席商务门户和首个入市的高端商务综合体，集前海三大第一于一身（图1）。项目共有6栋塔楼、4栋甲级写字楼、2栋高端行政公寓，总建筑面积47万 m² （图2）。本方案设计范围为卓越金融中心一号楼的室内建筑公共空间（图3）。

CTG从1999年至今，始终坚持自己对室内空间的五大研究核心：建筑延伸、场所精神、设计附加值、迭级创新及节能理念。

建筑延伸：建筑设计和室内设计应该遵循同一个理念，演绎共同的空间，共同体现项目价值、社会价值等，以一种桴鼓相应的理念来构思设计。

场所精神：空间背后所蕴含的人文精神及体悟，模糊空间界限，重构场所以人为本的新感受。

设计附加值：设计极力为客户创造价值，深度挖掘和提升项目背后的商业及文化价值，并极致地研究场景的客户体验，赋予作品高级的品相，从而增加附加值。

迭级创新：文化、商业和科技是未来设计的三要素。设计必须与三要素共同构建设计系统，不断迭级创新，科技将是未来设计中创新的钥匙。

节能理念：是设计师应该承担的社会责任，也是设计师的价值观，节能、环保耐用、智能都是设计应该尊崇的底层逻辑。

2 我国建筑室内设计的现状与困惑

我国的快速发展使室内装修产业焕发出勃勃生机，但是在快速发展的过程中也出现了很多新的问题。如今，随着社会与科学技术的发展，人类所依赖的自然与生态环境已经有了巨大的变化。今后超高层建筑的室内公共区域，在精准对应"务实的"使

用需求的同时，还需回应人们对美好的憧憬和对梦想的期待。设计师在探索室内空间的综合价值和多元可能性的试验中，自然会努力寻求物理空间和精神空间二者相互转换、互为因果的课题。在当下，也自然会借助高科技与智能化途径，逐步实践上述探索。

2.1 低碳减排的概念对人类发展的深远影响

据世界上最大的一次全球变暖调查，过去50年全球变暖，这一结论的可靠性高达90%，而人类排放的CO_2、CH_4和N_2O是导致全球变暖的重要原因。全球变暖对人们的生活和城市发展产生了严重的不利影响。在当前世界范围

图1　本案例位于深圳国际创新金融区——前海桂湾片区。作为前海首拍地块、首席商务门户和首个入市的高端商务综合体，集前海三大"第一"于一身

图2　项目共有6栋塔楼、4栋甲级写字楼、2栋高端行政公寓，总建筑面积47万m^2

图3　本方案设计范围为卓越金融中心一号楼的室内建筑公共空间

内，由于人们对能量的过度消费，以及CO_2等温室气体的释放，因此造成了严重的生态污染。目前，低碳减排是我国经济发展中的重要环节，其是通过技术创新和政策措施，构建一种较少排放温室气体的发展模式，以缓解气候变化。

2.2　低碳减排意识是室内创新设计的立足点

以绿色、清洁和低碳为主要特征的"低碳经济"正逐渐成为人们关注的焦点。在室内进行的低碳创意设计，是一种对人类社会生存和生活环境的可持续发展的新方式，它还将对自然能量的使用、循环再生和环保材料的开发、应用进行有效处理，从而对人们的身体健康及安全产生积极的影响。

3　低碳减排意识在室内创新设计中的体现

项目定位及设计理念：大堂设计对原本建筑楼板的阶梯状提出新策略。将天花板与墙身结合并运用曲线切割的手法，形成完整连续的曲面，从而形成崭新的空间氛围；曲面为大堂提供充足的光源——随着现场日照及季节变化，不仅在春夏能减少眩光，在秋冬能使空间温暖和煦。本设计以四季的自然光线，将空间光影变幻的故事娓娓道来。

将"低碳"理念引入建筑内部空间的设计中，拓展了建筑内部空间的设计内容，从而将建筑内部空间的装潢艺术提升到一个新的高度。从实际情况来看，为实现节能降耗，可采取如下措施。

3.1　科学的空间设计确保室内空气的良性循环

要对建筑内部的装修进行科学的规划，不仅要保证建筑的安全，还要保证建筑的通风状况。通过自然的空气流通，能将诸如CO_2、CO、氡气等有毒气体排出室外；释放空气中的甲醛、苯系物等；在夏天，能有效地控制室内的细菌和霉菌的繁殖，从而达到降温的目的。在窗户和窗户的周围不应安装任何的隔断，否则会阻碍室内的空气流动。如果是在经常使用空调的家里，要及时开窗通风，让室内的空气得以充分流动。

3.2　采用生态环保型装修材料

运用环保建筑材料进行建筑装修，其内容主要表现为：建筑材料采用"绿色"技术可以显著地减少传统的能量和资源的使用。一般情况下，其具有质量轻、防火、保湿、保温、隔声的特点，能调节温度，无毒无害，并具有杀菌、防臭等作用。选择能降低游离甲醛、苯、SO_2等有害物质排放的绿色建筑材料。绿色建筑材料正逐渐向清洁生产、生态生产的方向发展，其生产和应用不会对人类和周边环境造成危害。到现在为止，已经开发出来的无毒涂料、回收墙纸等，都在一定程度上达到了环境标准。为了人类的身体和居住条件得到最大程度的提高，应选用绿色装修材料。

对应建筑本体的层叠型收束结构，利用"连续渐开线"原理，以"缝合"墙身与天花板的界面边际；采用"弧面外接"的方式，以达成水平方向的界面连续，最终实现大堂空间"多维度一体化"的崭新形象。

3.3 光媒体设计

天光或者白天的光线有益于身体健康，自然光对于建筑室内光影设计既省钱又省力，还赏心悦目。高效率的照明设备可以节省90%的能源，大堂的主体，沿天花板形成"多曲一体"的连续界面，一反传统而呈现不同凡响的艺术氛围，简洁明快的空间为其他设施和节点创造了更多的可能性，通过光媒手法可多方式渲染空间，呈现出更加丰富的空间效果（图7）。

大堂空间的"多维度一体化"崭新形象，展现了超尺度大视域无边际的巨型信息界面，它可全天候承载由图形、文字及色彩构成的以声光电为介质的视觉信息（图4）。

大堂空间的光环境，依据"消解光源、凸显光效"的设计逻辑，以建构并集成光源的秩序，以编制并形成照度

图4 大堂空间的"多维度一体化"崭新形象，凸显了超尺度大视域无边际的巨型信息界面，它可全天候承载由图形、文字及色彩构成的以声光电为介质的视觉信息

> 建筑延伸：建筑设计和室内设计应该遵循同一个理念，演绎共同的空间，共同体现项目价值、社会价值等，以一种桴鼓相应的理念来构思设计。

图5 通过多元而细微的手法，保证了大堂的自然光源充足而均衡，以顺应当地日照及季节变化，以减少春夏季的常见眩光，以使秋冬的光线能更多地照入空间，以借助自然光线来丰富空间的光影表情

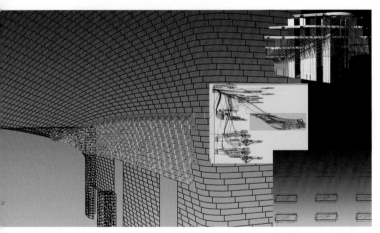

图6 三维扫描技术、BIM技术及参数化设计等的有机结合，主导并贯穿从设计至施工的始终

的节奏，使光效系统与"多维度一体化"的整体脉络同频同步，塑造出与大堂空间实体形态相辅相成的"惊艳光效"。

通过多元而细致的手法，保证了大堂的自然光源充足

而均衡，以顺应当地日照及季节变化，以减少春夏季的常见眩光，以使秋冬的光线能更多地照入空间，以借助自然光线来丰富空间的光影表情（图5）。

大堂以低对比度的光效，使墙身既从高到低渐变，也由中间向两侧渐变，从而凸显最亮的部分——圆拱形的"高点"；同时组合投影装备，在大面积的墙上展示图像、视频并辅以音效。本方案活化、活用、挖掘、展示了独特的墙面魅力与价值。

3.4 技术与材料研发的创新

三维扫描技术、BIM技术及参数化设计等的有机结合，主导并贯穿从设计至施工的始终（图6）。

针对现场的基础结构，合理选择空间坐标点位，精准测定诸点位间的复杂多维关系；推演并稳定基于参数化技术与算法的数据化形态结果，深化与此形态结果密切关联的结构系统（图8）；深化和细化表皮质地与性状的权重以及让度关系，配置和验证从面材至基材间多层材料的配置方式及理化指标；精确合理地编制安装工法和现场施工微调的余地，以此消除施工可能产生的误差，巧妙并创造性地集成或消隐各类端口、接缝及设备。

实现对主要大宗材料的精细化研发与成功运用：研发并成功制作厚度仅为1.75 mm的超薄天然石材；研发并成功制作双曲面蜂窝铝板基材；研发并成功制作四类不同规格及形状的安装单元部件（如，CNC数控29.75 mm；直板5.75 mm×12 mm/24 mm；多曲1.75 mm×16 mm等）（图9）；研发并成功制作多类型的龙骨规格系统；研发并成功实施龙骨安装系统，包括可前后调整的立面龙骨、圆管构件及灵活多维的调节龙骨，可以满足不同弧度及角度的微调，满足板缝间的对接精度，便于同步其他工种的连动作业；试验并成功利用"直臂登高车"实施安装，优化施工环境，节省近1/3的工期。

3.5 室内装饰与现代高科技结合

计算机技术、自动控制技术、电子技术和材料技术等先进技术的广泛运用，将会给我们的房间装修带来很大的冲击，实现一次新的跨越。运用科学技术，按照审美规律，营造出一种人造的、生态的美感，既能给建筑赋予新的内

涵，又能达到较好的生态学效应。当前，在室内环境中，最有广阔应用范围的就是太阳能利用技术。这一技术的应用，主要指的是采用特殊的结构和材料，充分利用太阳能。运用现代技术，研发出了吸热玻璃、热反射玻璃、调光玻璃、保温墙体等新材料，它们拥有了很多优良的特性，还可以实现保温和光照的双重效果，从而极大地节约了能量。

31F转换层空间——复合功能多维使用设计：从场所的定义重塑过去与未来，以"艺术·展览、转换·交流"为设计理念，漫步星空，理解自然、流动、变幻、多维的场所关系，感受别具风格的空间体验。

利用"星空"这一浪漫而宏大的题材，让科技与美学互渗，营造并升华玄妙且梦幻的空间场景，以更好地用于艺术展览、沙龙体验、趋势发布等高雅而复合的场景（图10）。

CTG在设计系统上注重多专业的协同，以自由和动态拉近建筑、景观与人的距离；对话自然，增强街道与室内的融合，优化建筑与路面的交互体验。

4 低碳减排在室内创新设计中的实践和意义

国内外不少设计师早已开始关注室内环境的低碳排放问题。在设计中，将高新技术所带来的潜能运用到极致，实现了节能、低能耗、低成本的目标，营造出一个舒适的内部空间。利用对已有物质形式潜力的敏锐设计，建筑室内设计师对尚未出现的物质形式进行了深入探索，并对其进行了科学的幻想，从而在各个产业、各个方面都产生了一定的创意，这既符合了可持续发展对新资源、新材料和新技术的要求，也能够对促进我国的低碳减排工作起到积极作用。总的来说，以降低能耗、保护生态，同时又不降低人们的生命质量为目标，为人们创造一个可持续发展的绿色内部环境，这对于提升城市环境质量、促进城市现代化、促进城市的良性发展都有着十分重要的现实意义。

5 结语

传统观点将内部装修视为一门比较自成体系的科学，其原因在于造型方法、艺术规律以及技术状况的特殊性。但是，由于内部空间涉及建筑、结构、设备、自控、工艺美术、园林绿化等诸多学科，因此，内部空间装修的独立地位也就遭到了怀疑。本文从低碳排放的概念和对内部装修的相关原理出发，对内部装修的创意设计思路和方式进行深入的讨论，将节能环保的设计思想融入内部装修中，为建筑设计师和内部设计师们带来了一个全新的发展思路，开拓了一个全新的创作空间。

在精准对应"务实的"使用需求的同时，还需回应人

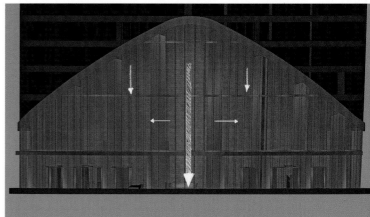

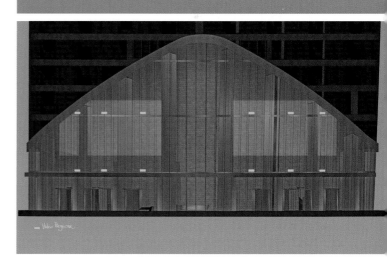

图7 灯光设计和多媒体技术的前期介入对于项目的成功实施至关重要。通过与项目团队紧密合作、协同工作和持续优化，以确保项目在设计和技术层面的完整性

们对美好的憧憬和对梦想的期待。CTG作为致力于探索室内空间的综合价值和多元可能性的试验和先行团队，自然会努力寻求物理空间和精神空间二者相互转换、互为因果的课题。在当下，也自然会借助高科技与智能化途径，逐步实践上述探索。■

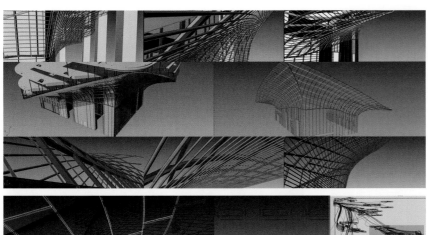

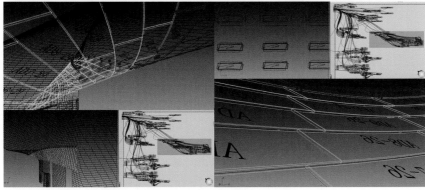

图8 针对现场的基础结构，合理选择空间座标点位，精准测定诸点位间的复杂多维关系；推演并稳定基于参数化技术与算法的数据化形态结果

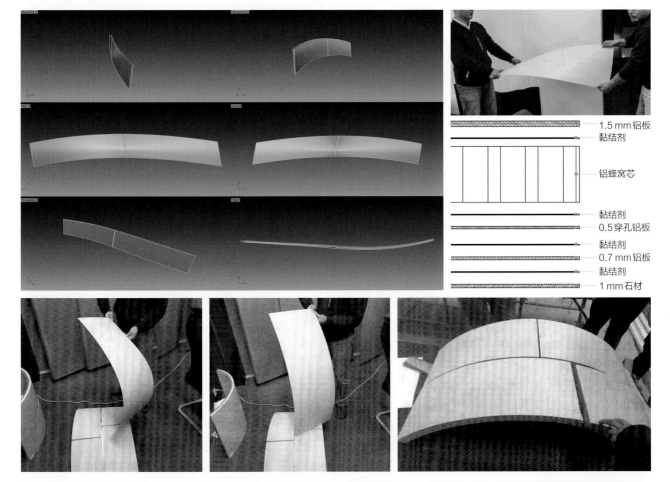

1.5 mm铝板
黏结剂

铝蜂窝芯

黏结剂
0.5 穿孔铝板
黏结剂
0.7 mm铝板
黏结剂
1 mm石材

图9 研发并成功制作厚度仅为1.75 mm的超薄天然石材；研发并成功制作双曲面蜂窝铝板基材；研发并成功制作四类不同规格及形状的安装单元部件

图10 31F转换层空间利用"星空"这一浪漫而宏大的题材，让科技与美学互渗，营造并升华玄妙且梦幻的空间场景

参考文献

肖凌. 住宅建筑设计中低碳设计理念的融合. 砖瓦, 2023 (3): 91-94.

张丽凤, 张明杰, 勾希琦. 绿色校园室内设计中低碳技术的应用: 以长江生态环境学院项目室内设计为例. 城市建筑空间, 2023, 30 (1): 7-10.

赵永红. 基于低碳环保理念的民宿室内设计创新研究. 环境工程, 2023, 41 (1): 282-283.

蔡尔豪, 钱缨. 低碳环保理念下住宅室内设计探究. 居舍, 2022 (27): 99-102.

康其熙. 碳排放管理在建筑室内设计中的应用研究. 科技创新与生产力, 2022 (9): 54-56.

谢玉烨. "双碳"战略背景下的住宅室内设计探析. 工业设计, 2022 (7): 107-109.

林诗淇. 基于低碳理念的住宅室内设计分析. 居舍, 2022 (11): 18-20.

高晓昧. 绿色低碳下的室内设计实践: 评《中国好设计 绿色低碳创新设计案例研究》. 环境工程, 2019, 37 (12): 222.

王洋旭. 对室内环境装饰的低碳理念与创新设计. 现代装饰 (理论), 2016 (10): 45-46.

任静茹. 低碳理念下的室内设计. 明日风尚, 2016 (10): 6.

3

最佳高层建筑与都市人居实践

最新实践作品综述和趋势展望
大卫·鲁宾斯坦论坛大楼
卡斯蒂利亚23
考·詹姆斯学生宿舍
尼豪阿姆斯特丹莱酒店
克里登10度塔
柯林斯拱门大厦
税务部大楼
奥尔德弗利特大厦
深圳金地威新中心
雷尼尔广场
芝加哥瑞吉酒店
青岛海天中心
范德比尔特大街1号
西57街111号
天目里
瓦兰公寓
无限环塔
绿空塔
米拉大厦
温哥华之家
圣戈班塔
泰勒斯天空塔
重庆来福士
汉京中心
中央公园大厦

最新实践作品综述和趋势展望

作为城市的象征，高层建筑以其独立的姿态，呈现着城市的生长、扩张和标志性。高层建筑用给予居民更多室外与开放空间、提高功能灵活性的方式回应着城市挑战，不仅将其应用在办公、商业建筑中，也因居家办公的出现让居住单元成为新的"综合体"。当新冠疫情席卷全球时，高层建筑也展示了非凡的、有预见性的复原力。一些项目在驾驭结构解决方案和整合现有功能方面散发着创造力，而一些项目则在工作和生活空间中融入灵活性的时代潮流。当建筑与公共领域相遇，空间的巧思设计使城市得以恢复其日常活动，谨慎而充满活力。

高层建筑也是创新技术与设计的动力源泉，同时也从应用本地文化、城市连接与可持续元素的做法中大受裨益。跨学科的壮举，实现了该类型建筑在环境、社会、气候和结构方面所要求的复合性。

增强场所感，延续历史文脉

高层建筑是环境中集美学、身份和地区历史之萃的标志物。许多项目都是区域的核心，常和场地、自然环境对话，塑造其所处环境的整体设计。而每座高层也在独树一帜和融入环境之间力求平衡，通过转译当地重要的自然和人文文脉，使项目成功融入城市环境中。

在高密度城市常态化的纽约，西57街111号大厦（111 West 57th Street）和美国大道1271号大厦（1271 Avenue of the Americas）都在整体设计中融入了场地的历史。前者，一座天际线中标志性的超高层建筑，改造又兼顾了它的裙房——地标性的斯坦威大厅，不仅复兴了其历史特色，也给予了功能的新生。后者改造自20世纪50年代的现代主义建筑，旧名为时间与生命大楼。玻璃、扶梯、门厅与广场都进行了重要升级，既维持了光辉的历史原貌又大幅提升了环境性能（图1）。

墨尔本的朗斯代尔街130号大厦（130 Lonsdale Street）在一块3英亩（约1.2公顷）的场地上和一座包含

教堂的再利用历史建筑连接在一起（图2）。建筑的低层回应了周围的遗构，复兴了这片区域的历史，场地还有一部分空间专门用于景观和公共设施。相似的是，多伦多的波特兰国王中心（King Portland Centre）采用了向周边城市环境中延伸的设计策略。在底部，这座建筑的退界设计拓宽了人行道，容纳更多的人流和公共交流。

在城市环境中，开放的公共空间对场地的灵魂同样重要。在建筑群落的布局中，杭州天目里（OōEli）将建筑分散在场地边缘，中心区域成为对外开放的城市公园（图3）。各类活动点燃了公园中的交流互动。在这个非典型的办公空间中，它们提醒着城市网络中的人们看到共同的历史和彼此的联结。

一些项目采用本地的植物或地理特征，借鉴它们

图1 美国大道1271号大厦翻新了一座20世纪50年代的现代主义塔楼，并通过升级玻璃、电梯、大堂和广场来延续其著名的历史（摄影：Albert Vecerka/ESTO）

图2　墨尔本的朗斯代尔街130号大厦与相邻的遗产建筑交织在一起，并通过景观和开放空间振兴了当地的历史街区（摄影：Charter Hall）

的配色、体量或纹理。深圳水贝国际中心（SHUIBEI International Center）的塔楼体量从下往上逐渐增加，每一层都向外扩张，类似生长的竹子（图4）。竹子在中国既有文化、经济上的重要意义，又是建筑材料之一。同样，作为场地和城市环境的产物，布里斯班的瓦兰公寓（Walan）紧贴着布里斯班河。其赭石色的外观、阶梯式的楼板、多面的混凝土栏杆和高处的花园模拟了附近的袋鼠角悬崖的岩石（图5）。巴黎联合国信息中心（UNIC）的每一个不对称的曲线楼层犹如从混合用途的裙楼中生长而出，模仿公园中的自然纹理，通过其有机弯曲的外观成为10公顷的马丁—路德—金公园的垂直延伸（图6）。

在迪拜，滨海度假大厦（The Address Beach Resort）的裙楼和景观以一种微妙的放射状模式融入建筑的底部，其灵感来自航海元素，因为它们与波斯湾的水域相接。同样，旧金山的米拉大厦（San Francisco's Mira）单元的窗台组织，将海湾城市的乡土建筑中一个容易识别和实用的方面与自然界中的螺旋式增长模式相融合。

图3　杭州天目里是一个非传统的办公开发项目，在其中心引入的城市公共公园，成为该场地的灵魂（摄影：Zhu Hai）

图4　深圳水贝国际中心，以立面微妙的层次感隐喻当地丰茂的竹林 © Aedas

图5　布里斯班的瓦兰大厦的特色在于外墙格栅和变幻的阳台图案，它们的灵感来自附近的地质形态（摄影：Christopher Frederick Jones）

图6　巴黎UNIC大厦流线型的外观在向邻近的公园致敬 © Aroh-Exist

在布鲁塞尔的银厦（Silver Tower），适应性斜撑帮助解决了在高层建筑中使用斜撑系统的一个难题，即通过采用集成在斜撑中的伸长装置，适应柱子和核心筒之间因蠕变和收缩而产生的长期差异性垂直位移。正如它们的名字一样，因其可以进行自我调整，从而在建筑物的整个生命周期内能够很好地适应建筑环境和其自身的需要。

低碳节能，响应气候环境

虽然许多项目的规划阶段发生在数年前，但对能源效率和可持续性的强调则是持续影响着整个设计过程，并反映在最终的建筑作品中。联合国制定的到2050年达到净零能耗的目标与各个国家推动其环境战略任务的声明是一致的。这一点随着政府、业主和用户对新建筑的要求而被落实。减少碳、能源消耗和废弃物的创新解决方案带来了技术和创意设计，同时也在各种气候背景下创造场所的舒适性和安全性。

米兰的Gioia 22大厦采用了高性能的外墙，其设计减少了热损失和热桥，这一设计大大促进了建筑的节能功效，并达到了近零能耗建筑（NZEB）的目标（图7）。该地区的另一座建筑De Castillia 23通过太阳能发电，并利用储存在地下水中的可再生能源为建筑供暖和制冷，从而减少

碳排放。

在中国包头，蒙山银行商务大厦（Mengshang Bank Commerce Mansion）的建筑元素与节能技术相结合，使建筑性能得到提高。设计采用许多技术性能策略，在内部设置四层楼的绿色花园与垂直景观系统以改善室内环境和空气质量（图8）。开发商通过模拟和研究，确定可以减少33%~39%的二氧化碳排放。大幅减少能源使用和废弃物的动力还体现在伦敦的22 Bishopsgate项目，在施工过程中使用了场外生产模式以减少废弃物的产生。该建筑还完全采用可再生能源，并使用智能建筑平台，使能源使用量同比减少10%。

虽然立面绿化不是一个新概念，但它正变得越来越精细化。墨尔本铂金塔绿色外墙（Platinum Tower Green Façade）通过复杂的日光模型为其枝繁叶茂的外表皮开发出最佳的自然光收益（图9）。作为一面绿墙，可以适应各种恶劣天气，并为建筑内的停车场提供遮阳。

银色的立面玻璃与内部天花板一体化的遮阳帘配合使用，帮助深圳的Hybrid大楼减少了太阳光的照射。而哥本哈根的诺德布罗大厦（Nordbro）利用精确的角度和三维非承重混凝土外墙来减少建筑下洗效应，提高其底部公共公园游客的舒适度（图10）。温哥华的卡德罗大厦

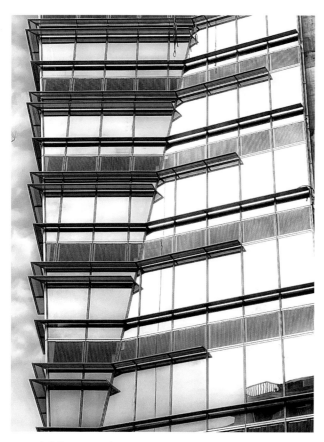

图7 米兰的Gioia 22大厦有一个高性能的外墙，缓解了热损失和热桥，同时还在整个外墙和屋顶上安装了大量的光伏板 © Faces Engineering

图8 包头的蒙山银行商务大厦，其建筑设计与各种节能技术完美结合，包括一个四层的垂直景观系统 © 北京市建筑设计研究院有限公司

图9 借助复杂的模型，辅助设计出墨尔本铂金塔绿色外墙郁郁葱葱的绿色植物（摄影：Andrew Lloyd）

图10 哥本哈根的诺德布罗大厦通过其几何立面限制下洗效应，减少行人阵风（摄影：Jens Lindhe）

图11 台北南山广场的设计向传统店面形式致敬，为行人创造了室外遮蔽空间（摄影：Shinkenchiku-sha）

（Cardero），白色镀锌钢铸造的V形立面确保了遮阳和居民的隐私，同时形成了引人注目的雕塑形式。低辐射率涂层可以缓解从建筑表皮到内部的热量和眩光，依靠建筑的设计干预来创造一个舒适凉爽的环境。

台北南山广场（Taipei Nanshan Plaza）的底层设计围绕着立体城市的概念，通过呼应台湾传统店铺门面形式，为行人创造了室外遮蔽空间，避开风、雨水和阳光的直射（图11）。

创建社区空间，增强连接性

早在疫情之前，城市公共设施和可步行的社区就已经影响着居住者的满意度。疫情期间，这些"便利设施"变成了必需品，因为足不出社区几乎是唯一选择。通过提供强大的社区设施和交通连接，一些项目体现了场所营造对高层建筑类型学的重要性。

达令广场（Darling Square）是毗邻悉尼著名达令港的一个新的城市社区，它通过多样化的绿化树丛、澳大利亚青石等醒目的材料以及一个有助于界定公共和零售座位区域的木制顶棚激活了街景，开放了中心区域供社区使用（图12）。

在上海前滩中心（Qiantan Center）项目中，一个浮动的裙楼吧台实现了在地面零售设施之上建立屋顶花园的可能，从而也利于和建筑的酒店部分紧密衔接。裙楼屋顶的椭圆开口将光线过滤到底层，照亮了空间，烘托了温馨的气氛。最重要的是，它加大了人员聚集的灵活性，更易于适应公共卫生的不同规定。

上海新外滩世贸中心三期（Shanghai New Bund

图12 悉尼的达令广场有一个木制的天棚，在视觉上定义了座位和聚集区（摄影：Brett Boardman）

World Trade Center Phase Ⅲ）的核心是一个三层高的中庭，延伸到一个室外花园广场，使空间能够容纳音乐、艺术、社区和商业等功能用途，同时也为员工和公众提供了一个平和安静的栖身之所。

在西雅图的一栋办公大楼2+U建筑下部，是一个露天的、多通道的零售区域。它有5个入口，供公众享受其提供的零售、艺术和自然景观，从而在此区域创造起稳固的场所感，也可以根据需求灵活调整，比如在其公共广场上提供活动空间（图13）。

高空绿色空间，如空中花园，始终致力于提高使用者的生活质量。它们的创造性融入使得建筑在各高度段上实现了多样化和健全的设施，这种情况因新冠疫情而变得更加突出，并且很可能持续下去。

对于剑桥的阿克迈全球总部（Akamai Technologies Global Headquarters）来说，每一个悬挑体量的顶部都是绿色的屋顶，响应空中绿化的主题，从建筑底部的口袋公园一直延伸到建筑顶端，毫无疑问地将办公大楼与周边环境融为一体。台中的天空绿地（Sky Green）的特色是包括6万棵大树和灌木的绿化，为居民提供了充足的公共空间（如图书馆、城市农场、空中花园和142个阳台），让其享受户外活动。

模块化和预制化的施工方法

使用预制件或模块以实现标准化并不是一个新的想法，但是当下的实践标志着重大的技术进步，并将彻底改变人们对高层建筑施工的看法。全球范围内，对于减少建筑垃圾、施工时间、能源消耗的改进方法，仍在持续研究。

采用模块化施工的伦敦十度克罗伊登大厦（Ten Degrees Croydon）由两座44层高的塔楼组成。该项目中使用的1 526个模块是在场外制造的，这也证明了模块化系统可以成功地建造超过40层的高度。这种方法还有助于减少施工造成的空气污染，并使现场建筑垃圾减少80%。

作为世界上第一个预制的不锈钢模块建筑，活楼大厦（Holon Building）可以在几天时间内迅速在现场建造完成（图14）。与十度克罗伊登大厦一样，该建筑由模块组成，这些模块在场外制作，运输到现场，然后用起重机搭建，建成一座高楼大厦。唯一的现场结构施工是模块之间的螺栓连接。整体施工降低了建筑成本，并确保了高质量的施工成果。

除了整体的模块系统外，还有一项创新是墙体面板的模块化。塔楼的结构核心筒通常需要密集的劳动，在西雅图的雷尼尔广场（Rainer Square）使用了预制的面板模块系统，以更快地建立起高层塔楼的结构核心筒。在施工过程中，用这些面板做核心筒的建筑并没有影响到结构的安全性和稳定性。这种方法将施工进度缩短了近10个月，显示了其效率和成本削减的潜力。

图13　西雅图的2+U有5个通往零售、艺术和自然设施的通道，从而激活了街道（摄影：Benjamin Benschneider）

图14 活楼是世界上第一个预制的不锈钢模块建筑 © 远大活楼有限公司

图15 迈阿密的1 000 Museum大厦利用GFRC面板模板建造复杂的柱子，并将施工时间缩短了6个月（摄影：Alena Graff）

位于迈阿密的1000 Museum大厦（One Thousand Museum Tower）有着起伏的外骨架柱子。在高层建筑中，这些柱子的建造需要特定的工程解决方案。由于该结构现场浇筑模板的成本和时间都很高，设计团队制定了一个解决方案，使用大约5 000个预制的轻质玻璃纤维增强混凝土（GFRC）模板，使施工团队能够浇筑复杂形式的墙体，并将模板面板留在原位作为最终墙体的图案效果。而这种方法将整体施工进度缩短了6个月（图15）。

印象的表达

作为一个垂直的元素，高层建筑成为象征符号和地标是它与生俱来的潜力。许多高层建筑都是如此，但只有少数超越了单纯的美学，以建筑的结构表达自身的形态或通过表现文化源流以在环境背景中脱颖而出。

巴库的税务大厦（Ministry of Taxes）设计的独特性不只在于环形的中央核心筒。5个旋转的单元从底部到塔顶共旋转36°。由于它"遗世独立"，在天际线中显得更加引人注目，因此其成为城市的标志之一（图16）。

芝加哥大学的大卫-鲁宾斯坦论坛大楼（David

Rubenstein Forum）在美学上呼应了其所在社区的周围环境，其自身也因为南北向延伸的悬挑体量，成为了人们感兴趣的对象。长达40 ft（约12 m）的向外延伸，是支点上每个悬臂体量绝妙平衡的展现。大楼创造了一个类似于跷跷板的自我支撑结构，使其在校园中脱颖而出（图17）。

在迪拜，未来博物馆（Museum of The Future）坐落在一个景观基座之上，以自身的表达形式展现了阿拉伯图像的艺术性。环形的体量本身就很独特，不仅如此，其刻有阿拉伯书法的金属窗板也装点着建筑立面（图18）。另一个呈现历史的标志性建筑是1976年为蒙特利尔奥运会建造的蒙特利尔之旅大厦（Tour de Montreal）。数年间，作为建筑，它非常重要，但在社区空间方面却不尽如人意。这种情况因改造而改变，该塔楼被改造成了办公空间。这个创造性的解决方案成为可供参考的模式，促使一些具有深刻的地域性印记但不具有适宜的使用功能的历史建筑得以重换生机，为周边社区带来更多贡献。

创新设计，突破边界

对任何项目来说融入一个已经很密集的城市区域都是

图16 巴库税务大厦以其标志性的5个扭转体量设计为城市天际线增光添彩（摄影：Tekfen Construction）

图17 大卫-鲁宾斯坦论坛大楼以其独特的悬臂式设计，在芝加哥大学校园独树一帜（摄影：Brett Beyer/Diuer Scofidio+Renfro）

图18 迪拜未来博物馆展现了阿拉伯图像的艺术性（摄影：Killa Design）

一个挑战，要成功做到这一点，还能最大程度地利用景观、设施和自然光，就需要精妙的处理了。一些项目通过将既有方式和创新方法灵活结合，充分利用异形场地以应对其他挑战。

在墨尔本，一系列三层楼高的巨型桁架和支杆帮助柯

林斯街80号大厦（80 Collins Street）架设在相邻的文物建筑上，这是开发商在建筑密集的城市区域建造摩天大楼时经常遇到的难题。另一个巧妙的悬挑解决方案可以在纽约市中央公园大厦（Central Park Tower）窥见一斑，该大厦在其相邻建筑上方延伸9 m，使所有朝北的住宅单元都能看到中央公园（图19）。

西雅图尼克萨斯项目（Nexus），由于采用了后张法混凝土结构，用单框架剪力核心筒和无次要框架的形式来抵抗侧向力，用很少的传力梁就实现了旋转立方体动感的结构表达，创造性地呈现了一个具有视觉冲击力的住宅楼，以相互偏移4°的一系列立方体"打破了常规"。

深圳汉京中心（Hanking Center）通过将核心筒部分与外墙分离，提供了灵活、开放的办公空间，并能获得充足的自然光。北京的亚洲金融中心和亚洲投资银行总部（Asia Financial Center & AIIB Headquarters）采用了不同的策略来最大程度地利用光线，U形楼板围绕9个"采光区"，为每个办公空间提供最大的进光量。

温哥华的温哥华之家（Vancouver House）位于一个低效的三角形地块，设计以倒置的体量释放塔楼底部的公共空间，同时在其上部楼层实现规则的矩形平面——最佳的空间使用形状（图20）。特拉维夫的ToHA 1号楼（ToHA Tower 1）采用了另一种非常规的布局，选择了L形的布局，将头重脚轻的结构放在较窄的"腿"上。由此产生的方案可以将设备层位于较低层的体量内，腾出屋顶作为宽敞的休闲空间（图21）。

图19　纽约市中央公园大厦通过悬臂式设计为用户提供了中央公园的宽阔视野（摄影：Evan Joseph）

图20　温哥华的温哥华大厦在狭小的三角形场地上，通过巧妙的结构工程技术，获得了规则的平面及宽敞的室内空间（摄影：Ema Peters）

图21　特拉维夫的ToHA 1号楼位于"腿"之上，支撑着头重脚轻的形式，优化了可用的屋顶空间（摄影：Asa Bruno）

图22 挪威的米尔萨塔是一座全木材建筑。通过多重防火测试和计算，证明了在未来的项目中使用木材等可燃材料的可行性 © Sweco Norge AS

此外，在新材料的应用上有很多研究项目和创新活动已然在开拓路径。在挪威布鲁蒙达尔的米尔萨塔（Mjøstårnet）是一座全木制建筑（图22）。为保证全木制建筑切实可行，该项目曾进行反复测试。火灾是木质材料的主要克星，当建筑达到一定高度时，更是不可忽略的重要因素。设计中，对炭化率的测试以及对合理安全性的要求和实际结果的比较是非常有价值的，从而建立了新的计算方法，并为未来的项目提供了参考案例：用木材等可燃材料设计的建筑在发生重大火灾后仍可以保持结构完整性。

随着城市的发展，已建建筑的寿命和功能也在不断变化，墨尔本的南岸大道55号大厦（55 Southbank Boulevard）是一个现存结构的改造项目。交叉层压木材（CLT）这种轻质材料的使用避免了这座6层建筑的拆除。以CLT为结构的10层建筑被叠加在现有建筑上，该项目利用旧结构并赋予其新的生命，替代了拆除重建，展现了发展和环保效率的潜力。

展望未来

这些趋势和主题只是一些总体性的例子，更多项目正在改变着城市的肌理和天际线。在展现这些具有全球影响力的创新高层建筑项目的同时，也希望能为设计、室内、施工方法、技术成就等方面提供借鉴，看看城市是如何继续创新、催化新愿景、定义人们的生活方式的。∎

（翻译：王欣蕊；审校：王莎莎）

大卫·鲁宾斯坦论坛大楼

美国，芝加哥

芝加哥大学的大卫·鲁宾斯坦论坛大楼位于芝加哥大道乐园（Midway Plaisance），位置显著，对面是洛克菲勒教堂（Rockefeller Memorial Chapel）。建筑设计通过层层堆叠、旋转，朝向多个社区，不仅面向校园和芝加哥市中心，还面向紧邻校园南部的伍德朗（Woodlawn）区。该建筑是芝加哥大学各类人员交流和活动的中心，在设计上对传统会议中心的形式进行了改进与重构。灵活的内部空间可举行各种正式和非正式的聚会，也可以为研讨会、座谈会和讲座等活动提供多功能会议空间。

该建筑由两层的裙楼和一座细长的八层塔楼组成。塔楼由多个"社区"堆叠而成，每个"社区"都包含一个独立的私人社交休息室。塔楼采用了类似跷跷板的自我支撑结构，中缝位置是塔楼整体的支点，平衡了南北两个方向的悬挑，用最少的混凝土量实现了较大的悬挑。建筑的低区通透且充满活力。低区与校园和社区相连，同时陈列着重要艺术品和历史文件。为了减少垂直交通所占用的建筑面积，社交空间后移，在不同楼层交替出现，增加地面空间利用率和外部表面积，形成了悬挑会议室。建筑北入口的悬挑结构长达40 ft（约12 m），是芝加哥跨度最长的混凝土悬臂，引导访客的同时提供了活动集散空间。建筑南侧的场地种有20棵红枫树，一直延伸到新建的校南步道，人们可以在树下举办户外活动。这片树林融合了本建筑的景观设计和连接大道乐园南部几个校区的步道设计。

该项目获得了LEED金级认证，与自然环境建立了友好联系。建筑的玻璃幕墙集合了鸟类保护技术，表面涂有一层透明薄膜，上面印有鸟类可见但人眼不可见的蛛网形紫外线图案，保护密西西比区域鸟类迁徙路线上的鸟类。项目的建筑设计和景观设计增加了场地透水区域面积，为芝加哥不堪重负的下水道系统减轻了压力。绿化屋顶吸收并储存雨水，随后导入校南步道的雨水花园自然封存，同时也提供了可供远眺的场所。

其余景观设计结合了当地的洼地植物，这些植物可作为自然缓冲区，引导地表水，可起到临时储存和渗透的作用。项目使用大面积玻璃幕墙，将大量自然光引入会议室内，从而降低了能源成本。此外还使用了空调节能系统，通过被动式辐射技术提高室内舒适度，极大地减少了碳排放。∎

（翻译：任一凯；审校：刘敏）

竣工时间：2020年9月
建筑高度：52 m
建筑层数：10层
建筑面积：9 000 m²
主要功能：教学
业主/开发商：芝加哥大学（University of Chicago）
建筑设计：Diller Scofidio+Renfro; Brininstool+Lynch
结构设计：LERA Consulting Structural Engineers
机电设计：Primera Engineering
总承包商：Turner Construction Company
其他CTBUH会员顾问方：Thornton Tomasetti（立面）; GEI Consultants（岩土）; Brininstool+Lynch（室内）; SYSKA Hennessy Group（电梯）
其他CTBUH会员供应方：AMSYSCO（后张法工艺）

图1 剖面图 © DS+R建筑事务所

> 建筑北入口40 ft（约12 m）长的悬挑引导了到来的访客，同时提供了活动集散空间。

图2 南北相反方向的悬挑构成了类似于跷跷板的平衡结构，用尽量少的混凝土实现了更加深远的悬挑（摄影：Brett Beyer/DS+R建筑事务所）

图3　阳光透过通顶的玻璃幕墙倾泻在弗里德曼大厅，窗外可以看到校园和洛克菲勒教堂（摄影：Brett Beyer/DS+R建筑事务所）

图4　种植屋面可以吸收储存落在建筑上的雨水（摄影：Brett Beyer/DS+R建筑事务所）

卡斯蒂利亚 23

意大利，米兰

卡斯蒂利亚23（De Castillia 23）位于米兰最著名的地区之一——伊索拉。这曾是一个烂尾多年的项目，但设计使它重新焕发了生机。伊索拉的英文翻译是岛屿，指的是该地区的特殊构造，因为它最初被城市铁路与米兰其他地区隔离开来。然而，该地块现在交通方便，令人心向往之，因为它靠近主要的地铁和火车站，并且邻近新的中央商务区。过去十年里，这里的高层建筑彻底改变了该地区的面貌。

棱柱形玻璃幕墙是该项目的一个独特元素，彰显了建筑的活力和优雅，并与周围环境产生了互动。玻璃和钢结构外立面为建筑赋予了清新和现代的外观，同时也为城市带来了不同于传统的观赏体验。建筑立面令人想起战争刚结束时米兰建筑立面的构成主题。

另一个重要的设计特点是将地上一、二两层（以前用作停车场）改造成办公室，随后拆除了现有的入口坡道。该建筑从一层打开，连接了公共与私人空间，也连接了建筑内部与城市空间。由于使用了融合两个空间的颜色和材料，双层高的大堂强化了建筑作为完全通透环境的代表性特征。这样的设计创造出一个前卫且可持续的建筑群。

整个项目非常注重可持续性和环境保护。建筑外部部分石材表面覆盖有二氧化钛涂层，这项创新通过能够溶解污染物的光催化作用以减少空气污染，每年可吸收约36 kg氮氧化物。此外，围护结构和HVAC系统均根据NZEB标准进行了升级，高效水循环热泵利用储存在地下水中的可再生能源为建筑供暖或制冷。建筑屋顶上，光伏阵列每年产生约40 MW·h的电量，可减少13吨二氧化碳的排放。设计使用Radiance软件进行深入分析，最大限度地利用室内自然光。通过优化玻璃透明度和不透明表面的反射，平均漫射日光水平总共增加了30%，从整体上减少了人工照明。■

（翻译：郭菲；审校：刘敏）

竣工时间：2020年1月
建筑高度：57 m
建筑层数：13层
建筑面积：11 500 m²
主要功能：办公
业主/开发商：Unipol 集团公司（Unipol Gruppo S.p.A）
建筑设计：Progetto CMR
结构设计：MCS工程公司（MCS Engineering B.V.）
机电设计：Progetto CMR
总承包商：Impresa Gilardi

摄影：Graniti Fiandre & Progetto CMR 工作室

图1　建筑外部覆有玻璃和钢结构，立面充满活力，令人想起历史悠久的米兰建筑立面的构成主题（摄影：Graniti Fiandre & Progetto CMR 工作室）

> "建筑的部分外部石材表面覆盖有二氧化钛涂层，这项创新通过溶解污染物的光催化作用减少空气污染。"

图2　在玻璃立面和外墙之间是供住户使用的开放式露台（摄影：Graniti Fiandre & Progetto CMR 工作室）

图3　棱柱玻璃立面的特写视图（摄影：Graniti Fiandre & Progetto CMR工作室）

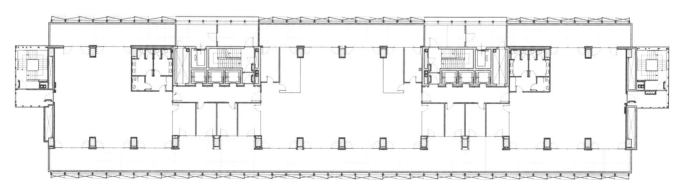

图4　标准层平面图 © Progetto CMR工作室

考·詹姆斯学生宿舍

澳大利亚，悉尼红番区

考·詹姆斯学生宿舍（Col James Student Accommodation）项目赋予了"The Block"老区新的生命。这里曾是原住民及托雷斯海峡岛民（Torres Strait Islander）的聚居地，承载着当地的文化与历史，被视作国家重要的历史街区。场地西侧为伊夫利街（Eveleigh Street），南侧为劳森街（Lawson Street），东侧为铁路。建筑主体位于基地的东侧。其设计综合了场地的历史文脉、当下的环境条件以及未来的发展愿景，以实现全面且协调的发展。该项目诞生于一个需要州政府和当地政府紧密合作的复杂规划过程。由于自身的特殊性及重要性，政府特别设置了独立的评审小组，参与了从最初的概念设计到落成的整个过程。

该项目面临着许多挑战，如何在紧张的三角形场地内同时提供公共空间以及聚会空间就是其中之一。为了提高使用效率及内部空间的舒适度，建筑的形体采用了一种分叉的线性造型，与周围环境有机地连接在一起。错落的立面形式为室内空间提供了更好的采光与通风条件，并保证了私密性。同时也与基地当前及未来的天际线和建筑形式密度相得益彰。项目沿劳森街做了显著退界，体现在建筑位置、体量以及形体衔接和更具体的细节上。这种方式凸显了建筑悬挑/架空的形式，结合场地的公共聚会空间营造了一个独特且有意义的界面。毗邻伊夫利街的部分建筑通过适度规模的形体过渡营造了一种对周边环境积极响应的建筑边界，实现了与邻近建筑类型之间和谐的关系。建筑东则面向悉尼最繁忙线路之一的铁路线，其立面需要革新且全面的设计以及综合考虑结构影响区、铁路线保护区、振动以及选择低反射饰面以应对噪声等种种因素的施工过程。此外，建筑外墙由不同色调的陶土板组成，参考了当地植物的颜色，以及轻质GRC面板，表面铸有各种纹理和原住民图案。通过这些立面构件的艺术处理，原住民艺术家将艺术品与墙壁及天花板融合在一起，为项目的关键区域增添了叙事与文化层面的价值。

考·詹姆斯学生宿舍项目的开发为城市环境的可持续发展作出了切实的贡献。项目的落位期望让更多学生可以住在高等教育中心的步行活动范围内，并可通过便捷的公共交通实现更广阔的城市活动范围。同时采取了一系列的具体措施，来鼓励人们步行出行，包括取消场地上的汽车泊位，将其改为大量自行车泊位，设置相配套的终途便利设施等。项目的运营采用了智能能源监控系统，可通过读取学生活动及房间使用情况，管理建筑的照明、供暖及制冷系统。高性能双层玻璃有效控制了建筑内外环境的热交换，同时降低了外部噪声影响，提高了室内声学舒适度。表皮的双层处理手法进一步改善了建筑内部空间的热性能，所采用的低反射率饰面减少了对周边道路的热反射，同时也控制了内部热量的增加。绿植屋顶缓解了太阳的热辐射，减少了能源消耗，为建筑主体提供了更优质的热环境。∎

（翻译：任一凯；审校：王莎莎）

竣工时间：2021年6月
建筑高度：71 m
建筑层数：23层
建筑面积：16 530 m²
主要功能：居住/教育
业主：Aboriginal房屋有限公司
开发商：Deicorp
建筑设计：Turner
结构设计：ABC顾问有限公司（ABC Consultants Pty Ltd.）
机电设计：Dynatech工程公司（Dynatech Engineering Corp）；Guardian Protection Services；MPES P/L
总承包商：VO集团

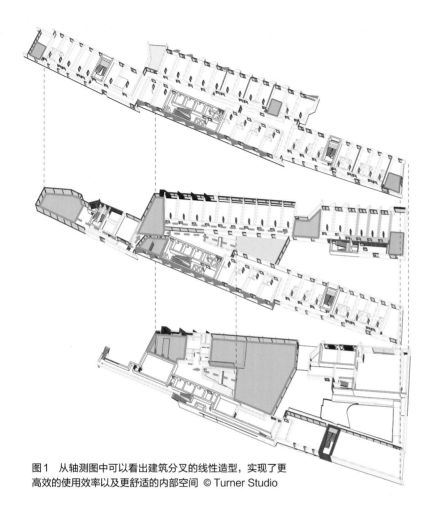

图1　从轴测图中可以看出建筑分叉的线性造型，实现了更高效的使用效率以及更舒适的内部空间 © Turner Studio

> 错落的立面形式在保证室内空间私密性的同时，创造了更好的采光与通风条件。

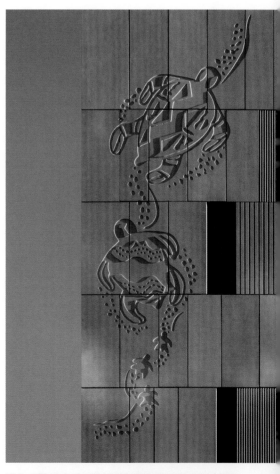

图2　雕刻有各种原住民图案的轻质GRC面板（摄影：Turner Studio @ brettboardman摄影事务所）

图3　由不同色调陶土板构成的建筑立面（摄影：Turner Studio @ brettboardman摄影事务所）

图4　绿植屋顶缓解了太阳的热辐射，减少了能源消耗，为建筑主体提供了更优质的热环境（摄影：Turner Studio @ brettboardman摄影事务所）

尼豪阿姆斯特丹莱酒店

荷兰，阿姆斯特丹

尼豪阿姆斯特丹莱酒店（nhow Amsterdam RAI Hotel）位于阿姆斯特丹新兴的南阿克西斯区（Zuidas）金融区，毗邻A10高速公路、欧洲大道（Europa Boulevard）以及南北线地铁。其占地超过48 000 ft²（约4 500 m²）。该建筑的形体衍生于场地的三角形空间，同时也是向酒店附近欧洲广场（Europaplein，荷兰语：欧洲广场，译者注）上原先最为显眼的广告柱——"Het Signaal"（荷兰语：广告，译者注）致敬。作为广告柱的延续，尼豪阿姆斯特丹莱酒店就像是一座灯塔，有助于将访问会展中心区域密集的步行、骑行及车行流量吸引过来，无论是商务旅客、游客还是当地人都可以从很远的地方看到它并通过它定位，极大地扩大了阿姆斯特丹国际会展中心在该地区的影响范围。同时，这间酒店拥有总计650间客房，分布在各个楼层，是低地三国（荷兰、比利时、卢森堡）最大的酒店。

酒店的体量由三个三棱柱堆叠而成。其中，中间的三棱柱体量旋转了90°，营造了出挑深远的悬挑，在用地紧张的情况下，尽可能地利用了基地的上空空间，并创造了一系列带有顶盖的屋顶露台，营造了一种反重力的建筑形象。铝制的竖挺突出立面向上延伸，并根据建筑的朝向交替排列。每个竖挺构件的平面轮廓都是三角形的，其中一面经过哑光或抛光处理，赋予立面一种透镜状的质感，好似地平线上的一抹闪光。

该建筑共有24层，其中19层为酒店客房。酒店大堂分两部分，分别设置在两层：位于首层的是可分别出租的零售空间，位于二层的是酒店休息室和酒吧。在塔楼的东侧设有装卸货物的卸货区、出租车站、公共汽车站以及地下车库出入口。除了200个停车位外，两层的地下室还设置了设备机房区以及大部分的酒店后勤区。建筑的顶层设有公共和半公共空间，可供住户欣赏壮观的阿姆斯特丹全景景观。

项目理念遵循世界领先的可持续性和能源效率标准，致力于可持续发展的未来，被给予BREEAM优异评级。■

（翻译：任一凯；审校：王莎莎）

竣工时间：2020年6月
建筑高度：91 m
建筑层数：25层
建筑面积：35 076 m²
主要功能：住宅
业主：安盛（AXA）投资管理公司－不动产
开发商：Being Development; Cradle of Development
建筑设计：OMA/Reinier de Graaf
结构设计：Ingenieursgroep Van Rossum
机电设计：Techniplan Adviseurs
项目管理：Waxman Govrin Geva工程有限公司（Waxman Govrin Geva Engineering LTD）
总承包商：G&S Bouw; Pleijsier Bouw
其他CTBUH会员顾问方：Royal Haskoning DHV（声学及消防顾问）；Elevating Studio Pte. Ltd.（电梯顾问）

在用地紧张的情况下，深远的悬挑尽可能利用了基地的上空空间，并创造了一系列带有顶盖的屋顶露台，营造了一种反重力的建筑形象。

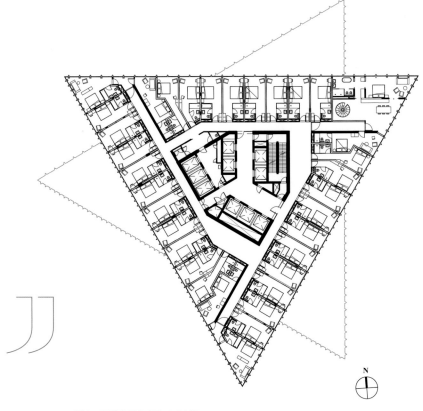

图1 标准层平面图 © OMA

图2 尼豪阿姆斯特丹莱酒店及广告柱的欧洲广场视角（摄影：Laurian Ghinitoiu/OMA）

图3　尼豪阿姆斯特丹莱酒店以及荷兰10高速公路（摄影：Laurian Ghinitoiu/OMA）

图4　尼豪阿姆斯特丹莱酒店阿姆斯特丹RAI轨交站视角（摄影：Laurian Ghinitoiu/OMA）

克里登10度塔

伦敦，英国

克里登10度塔项目坐落于南伦敦的克里登（Croydon）中心区域，位于东克里登车站的对面。东克里登车站是伦敦最繁忙的交通枢纽之一，每年乘客达240万人次。项目北侧是乔治大街，向西连接了铁路和商业行政中心。该区域中世纪中叶的遗产反映了广阔的文脉，这些小型面状的几何图案是运用在项目中的关键建筑手法。设计理念将21世纪最好的设计技术、模块化制造和社区创建结合起来，重新审视曾经高层建筑生活的愿景。项目位于"克里登机会区块"内部，场所内21个地块有将近10 000个居民入住。项目的目标是成为深层次城市更新的催化剂，同时在伦敦连接性最强的交通枢纽周边提供高质量的住宅。

双层通高的玻璃纤维混凝土柱廊包裹着交错立面建筑的底部，精美的金字塔外形的玻璃雕塑花园形成了主入口。两座交错塔楼的立体布局是对场地现状的呼应，尤其是项目周边的视角和场地实际形状。项目内546间住宅单元处于两座建筑体量之中。塔楼外立面为玻璃陶板砖，尤其是北塔上的每一片均表达了与众不同的雕塑感。钻石状玻璃陶板表达出了人体尺度的大小，而复杂的装饰性纹案对应着建筑主立面。围绕建筑底部的大型柱廊和拱廊包含着充足的公共使用空间。艺术长廊面对的乔治大街中，新营业的咖啡厅点缀着克里登的文化角。另外的一些共享设施以冠状形式表达，如南向的露台，东西向的公共使用空间，包括住宅休息长廊、样板厨房、体育馆和游戏房。

方案设计了超过1 500个居住单元，降低当地能源损耗，并提高建筑整体表现，以达到每年43 kW·h的用电量。比起传统建筑，项目在场地外的能源消耗将降低约40%。额外的场地外建设的可持续发展优势包括更少的车辆使用，以减少噪声、尘土和其他废弃物的排放，并大约可减少80%的废弃物垃圾。除此之外，100%的场地垃圾将被回收利用或进行废物填埋，97.5%的工厂垃圾将被回收利用。该建筑的能源措施使得运行可调节能源为每年43.24 kW·h/m²，未调节能源为每年21.62 kW·h/m²，场地内的能源生成为100%，每年的水消耗约每户0.105 m³，气密性为50 Pa，供暖与热水载量为39.7 kW·h，总体的导热系数U值为0.5 W/(m²·K)。■

（翻译：徐宁；审校：王莎莎）

竣工日期：2021年
建筑高度：134 m
建筑层数：44层
建筑面积：41 819 m²
主要功能：住宅
业主：Greystar Real Estate Partners；Henderson Park
开发商：Greystar Real Estate Partners；Henderson Park；Tide Construction
建筑设计：HTA设计有限公司
结构设计：Barrett Mahony工程咨询公司；MJH结构工程公司
机电设计：Vector Field
总承包商：Tide Construction
其他CTBUH会员顾问方：Mott MacDonald Group（立面）；HTA设计有限公司（可持续）

图1 玻璃赤色砖的雕塑感元素所呈现的立面细节（摄影：Tide Construction）

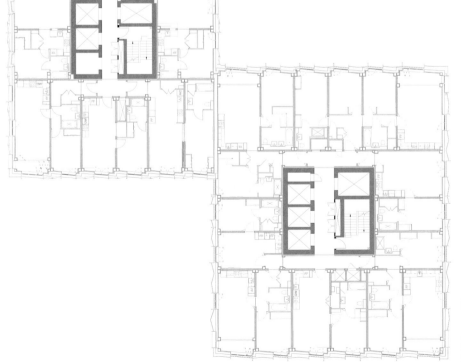

图2 低层标准层平面图 © HTA设计有限公司

> 比起传统建筑，
> 项目在场地外
> 的能源消耗将
> 降低约40%。

图3　建造过程中双层单元的安装（摄影：Tide Construction）

图4　建筑低层的住宅室内（摄影：Tide Construction）

柯林斯拱门大厦

澳大利亚，墨尔本

霍德尔网格（Hoddle Grid）内的街道构成了墨尔本（Melbourne）的中央商务区，柯林斯拱门大厦（The Collins Arch）则占据了其中一个完整的街区。为了应对皇后街和威廉街（Queen and William Streets）街区被市场大街（Market Street）打破所形成的独特情况，该项目既没有采用传统的裙楼/塔楼，也没有采用现代主义广场，从而形成能适应各种条件和风格的当代混合风格建筑。相反，该项目挑战已有规范，展示了如何将城市未充分利用的部分转变为充满活力的城市社区。

该项目的主要设计特点是通过天桥连接两座塔楼，这种开发在澳大利亚并不多见，因为它的特色是将多种功能融合到单一的建筑形式中，解决了复杂的规划限制。幕墙仅限于两个主要的系统，可以根据不同的条件转换和演变。单一的风格使复杂的形式变得清晰，同时平衡着连成一体的塔楼规模与公共领域的渗透性和多样性。这一形式大胆而引人注目，是天际线中的建筑标志，在地面上也是与当地的环境非常协调的。此外，毗邻该场地的一个新公园是40年来该地区建造的第一个公园。该公园的设计有效地扩展了开发区的公共空间，与场地地面元素相结合，并强化了其个性。双塔的总占地面积中约有45%作为公共空间，因此该开发项目并没有脱离公众，而是通过多样化的地面层设计保障其通行、休闲和聚会等多种功能。

通过优化东塔住宅和酒店配置以及西塔商业楼层的效率，双塔完全满足了建筑的规划要求。由于住宅公寓环绕拱门大厦，商业楼层可以最大限度地提高工作场所的使用效率，并逐渐过渡以适应上层公寓。该形式旨在为所有用户优化其视野和便利设施，东塔逐渐后退为公寓创造出宽敞的露台，西塔的商业租户也可以享受到雅拉河（Yarra River）的景色。建筑立面的连接打破了建筑体量，玻璃板的不同方向和拱肩上突出的不锈钢鼻锥进一步突出了立面上的阴影，从而区分了酒店、住宅和办公室的功能。在裙楼的部分，建筑通过预制框架坐落在公共环境中。

该开发项目在环境可持续设计和健康功能方面有诸多考量，其中包括高性能落地玻璃、健身房、一流的通勤准备设施、电动汽车充电站以及增强的自然采光出口/租户交际楼梯等。为了追求可持续发展，并考虑到建筑的混合用途性质，建筑的各个组成部分都分别通过了建模和相关的认证。∎

（翻译：郭菲；审校：刘敏）

竣工时间：2020年1月
建筑高度：148 m
建筑层数：42层
建筑面积：162 550 m²
主要功能：住宅/酒店/办公
业主：Cbus物业（Cbus Property）；ISPT
开发商：Cbus物业
建筑设计：伍兹贝格（Woods Bagot）；SHoP建筑事务所
结构设计：4D工作室（4D Workshop）
机电设计：Norman Disney & Young；WSP
项目管理：Duo项目公司（Duo Projects）
总承包商：Multiplex
其他CTBUH会员顾问方：WSP（环境，照明；AECOM（幕墙）；Norman Disney & Young（消防，垂直交通）；Levett & Bailey特许工料测量师有限公司（Levett & Bailey Chartered Quantity Surveyors Ltd.）（工料测量）；Rider Levett Bucknall（工料测量）
其他CTBUH会员供应方：通力（电梯）

摄影：Trevor Mein

图1　向上看，上层的天桥连接着两座塔楼（摄影：Trevor Mein）

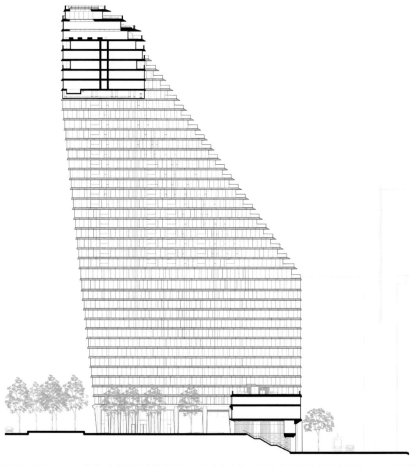

图2　剖面——交错的形式形成阶梯状平台，使室内空间可以最大限度地利用自然光 © 伍兹贝格

" 该形式旨在为所有用户优化其视野和便利设施，东塔逐渐后退为公寓创造出宽敞的露台，西塔的商业租户也可以享受到雅拉河的景色。 "

图3　带开放式庭院的阶梯式空中花园供居住者使用（摄影：Trevor Mein）

图4　露天圆形剧场是柯林斯拱门大厦底部的公共空间之一，居住者和邻近的社区人员都可以使用 © 伍兹贝格

税务部大楼

阿塞拜疆，巴库

巴库（Baku）是阿塞拜疆（Azerbaijan）的首都，也是其最大的城市，税务部大楼（The Ministry of Taxes）充分体现了这个活力之城的精髓。巴库位于里海（Caspian Sea）西海岸，该大楼的创新结构设计正是为了应对当地频繁的地震活动和大风天气的挑战。几十年来的快速发展，巴库已经成为一个充满活力的区域性都市中心，拥有数座现代摩天大楼和各种未来城市元素。盖达尔·阿利耶夫大街（Heydar Aliyev Avenue）是巴库的主要街道，建有苏联时代建筑、现代主义建筑和著名文化中心，本开发项目是这条街上最高的建筑之一，它以独特的螺旋形设计在天际线上营造出令人难忘的形象。

该大楼是税务部的新总部，可以容纳所有员工在内办公。它的设计考虑了展示文化的需求、对可持续发展的影响及其显著的地理位置。该大楼由五个不同大小的立方体构成，在基座上呈锥形旋转上升。底部的四个立方体中设有五层办公空间，顶部立方体中是供来访贵宾使用的私人一居室和两居室套房以及一间正式餐厅。堆叠的立方体从圆形中央核心筒独立地悬挑出来，每一部分都被一个无柱绿色屋顶露台所隔断，使立方体之间有明显区分。每层楼都在低楼层的基础上旋转1.2°，在塔楼上形成平滑的曲线，呈现出独特的螺旋形设计。几何立方体向上逐渐变小，从底部到顶部共旋转36°，以最大化吸收太阳能。立面上大半使用了遮阳装置，白色金属帘也减少了不必要的热负荷。

考虑到可持续性，建筑物内部的所有电机驱动设备都使用高效马达。该项目通过高效照明和传感器照明控制进一步优化能源性能，安装低流量管道装置，同时采用明显降低灌溉需求的景观策略，以减少现场用水量。■

（翻译：郭菲；审校：刘敏）

竣工时间：2021年5月
建筑高度：168 m
建筑层数：32层
建筑面积：44 081 m²
主要功能：政府
业主：阿塞拜疆共和国税务部（Ministry of Taxes of Azerbaijan Republic）
开发商：文艺复兴建筑公司（Renaissance Construction Company）
建筑设计：FXCollaborative; Heerim建筑规划事务所（Heerim Architects & Planners）（同行评审）
结构设计：Thornton Tomasetti
机电设计：Kiklop; Werner Sobek AG
总承包商：TEKFEN建筑安装公司（TEKFEN Construction and Installation Co., Inc.）
其他CTBUH会员顾问方：Werner Sobek AG（幕墙）; thyssenkrupp（垂直交通）; RWDI（风）

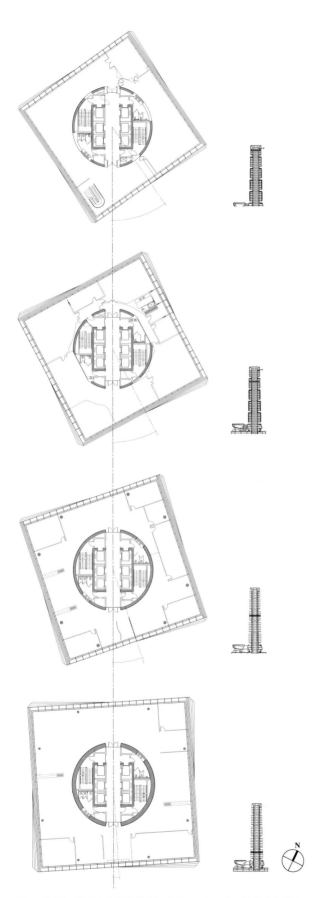

图1　如图示位置立方体旋转的标准层平面图。每层楼都在低楼层的基础上旋转1.2°，在塔楼上形成平滑的曲线 © FXCollaborative

图2　立面大半都采取遮阳装置与白色金属网，以减少不必要的热量吸收（摄影：Omar Zoer）

图3 立方体从底部到顶部总共旋转360°，提高对太阳能的利用率和效果（摄影：TEKFEN建筑安装公司）

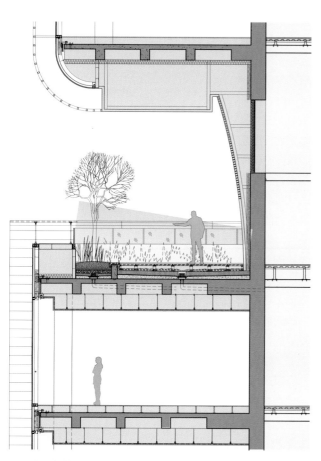

图4 剖面细节——无柱绿色屋顶露台位于每个旋转立方体之间
© FXCollaborative

> 堆叠的立方体从圆形中央核心筒独立地悬挑出来，每一部分都被一个无柱绿色屋顶露台隔断，使立方体之间有明显区分。

奥尔德弗利特大厦

澳大利亚，墨尔本

墨尔本中央商务区的柯林斯大街（Collins Street）477号场地以其得天独厚的条件，将现代商业开发项目和1880年代最重要的遗产建筑融为一体。原有建筑占据了该场地的整个柯林斯大街临街面，并经过翻新增加了办公空间。一个82 ft（约25 m）高的中庭位于正后方，将传统建筑与新的商业大楼连接起来。

在地面层，穿过原有的档案室（Record Chambers）大楼，通过昏暗的门廊从街道逐渐进入大堂，这个门廊入口将室内外尺度形成鲜明对比；这种短暂的体验使人在进入间隙空间时产生一种敬畏感。穿过前厅，光线充足的中庭充分展示了传统结构，同时为新的塔楼元素奠定基础，传统与创新的结合营造出一种令人兴奋的氛围。中庭是该项目的大堂，可以到达现场服务区、通勤准备设施、垂直交通和场地后方车道，营造了充满活力的地面层。室内结构的处理使复杂设计能够简单、精心、一致地融合起来。例如，层次分明的拼接镜面分布在大堂的北墙上，映射出对面古老的砖块，延展了基准线，在凸显塔楼梯架结构的同时，突出了不同时间的光影变幻。

塔楼设计充分以租户为中心，结合了垂直村落的概念，将塔楼分为三个街区，以响应租户的具体要求，在大楼中为他们提供个性需求。宽敞的客户楼层位于每个街区之间，拥有增加的楼层高度和凹陷的外部露台，以增强空间体验，同时减少塔楼的体量并划定垂直租户街区。该设计为每个社区都提供了室外露台作为休息区，也可用于娱乐和协作。通过侧核心筒的设计，塔楼的形式在日照包络体的高度限制下，将商业区域最大化，形成一个充满活力的工作区。一系列的第三空间提升了城市社区体验，其中包括健身中心、儿童保育、餐饮、零售、商务休息室、通勤准备设施、免费卫生站和协同工作空间。

奥尔德弗利特大厦（Olderfleet）是澳大利亚（Australia）第一座获得铂金WELL（Platinum WELL）基地建筑预认证的建筑，因为它采用了许多与健康和福祉相关的方案，包括促进工作场所活力的内部特色楼梯、改善的空气质量、为租户提供的健康站以及包括托儿所和健身房在内的各种设施，并精心挑选低VOC的室内材料和饰面。该项目还达到了六星级绿色之星（Green Star）、五星级NABERS能源（NABERS Energy）和四星级 NABERS水质（NABERS Water）评级。该建筑的高性能双层和三层玻璃幕墙带有外部遮阳和高角度的日光控制，最大限度地减少了能源需求。屋顶上安装的光伏阵列也进一步减少了温室气体排放。在对已有遗产建筑的保护和翻新方面也践行了对减少碳排放战略的支持。■

（翻译：郭菲；审校：刘敏）

竣工时间：2020年5月
建筑高度：168 m
建筑层数：40层
建筑面积：82 540 m²
主要功能：办公
业主：米尔瓦克集团（Mirvac Group）；新达房地产投资信托（Suntec Real Estate Investment Trust）
开发商：米尔瓦克集团；维多利亚（Victoria）
建筑设计：格里姆肖建筑事务所（Grimshaw Architects）
结构设计：AECOM
机电设计：奥雅纳
项目管理：HASS
承包商：米尔瓦克集团（总包商）；Austech Façades（幕墙）
其他CTBUH会员顾问方：Irwinconsult Pty（消防）；WSP（消防）
其他CTBUH会员供应方：通力（电梯）

摄影：Tim Griffith

图1 该建筑的高性能双层和三层玻璃幕墙带有外部遮阳和高角度的日光控制，最大限度地减少了能源需求（摄影：Tim Griffith）

图2 裙楼的剖面效果图 © 格里姆肖建筑事务所

图3 作为一个25 m高的开放式中庭，大堂结合原有的老建筑，提供了重要的空间体验（摄影：Tim Griffith）

> 通过侧核心筒的设计，塔楼的形式在日照包络体的高度限制下，将商业区域最大化，形成一个充满活力的工作区。

图4 结构元素构成了室内空间体验的一部分
（摄影：Nicole England）

深圳金地威新中心

中国，深圳

深圳金地威新中心坐落于深圳市南山高新区东南部，有"中国南方硅谷"著称的高科技企业总部园区——深圳科技园内。项目西临深圳大学，东临大沙河和沙河高尔夫中心，与蛇口线地铁站仅一个街区之隔，坐拥该区域最具价值的社交、娱乐及教育资源。与传统的办公大楼不同，金地威新中心突破了大型建筑的惯常思路，利用小体量的立面设计策略反映创新拥有无限可能的愿景。在房地产开发的高密度性与城市公共空间的开放性之间实现了充分的平衡。

项目致力于打造一个集办公、生态、健康、艺术和文化于一体的国际旗舰级办公建筑。顺应打造绿色办公、智能办公、标志办公空间的未来趋势，项目通过立方体和盒子设计的手法，创造了令人印象深刻的社交和商业空间。项目设计主要是对大型办公项目进行解构，将其建成一个以人为本的地标性建筑。该项目由两座5A级高层写字楼、一座办公功能裙房组成，包含智能办公空间和可持续生态系统，为不同的租户提供总部办公、中小型企业办公和服务式办公三种类型的办公空间产品。此外，为了将社区与自然相结合，场地内近60%的空间是公园和公共空间。该项目因其创新的设计，获得了LEED金奖和WELL金奖。

项目的立面不是一个完整的幕墙立面，而是划分成一系列不同比例的盒子。塔楼的底部是小比例的盒子，并随着高度的升高逐渐变大，创造了新颖有趣且有利于社交的商业空间。南塔顶部七层通高的中庭空间是园区的公共空间和办公功能转换空间。在这里，租户和访客可以透过透明的幕墙看到沙河高尔夫中心及整个深圳湾。底部几层办公区域之间设置了一系列的微型公园，形成了室外公共创意空间。除此以外，这些微型公园的绿植露台还是社区居民三五聚集的好地方。三楼的两个陡坡和中央绿化带形成了一座空中花园，将所有办公大楼连接在一起，形成了户外休闲空间。空中连廊连接了两座塔楼，周围聚集的企业将这里变成了商业中心。空中连廊中设有花园、空中餐厅、健身房、便利店、多个会议室和大厅，咖啡厅、画廊和休闲中心。■

（翻译：任一凯；审校：刘敏）

竣工时间：2021年8月
建筑高度：南塔212 m；北塔171 m
建筑层数：南塔45层；北塔36层
建筑面积：南塔274 212 m²；北塔274 212 m²
主要功能：办公
业主/开发商：金地商置集团有限公司
建筑设计：CallisonRTKL
结构设计：筑博设计
机电设计：筑博设计
总承包商：中建三局
其他CTBUH会员供应方：通力（电梯）

图1 立面被划分为一系列不同比例的盒子（摄影：CallisonRTKL）

> 深圳金地威新中心项目由两座5A级高层写字楼、办公裙房、智能办公空间和可持续生态系统组成，为不同的租户提供了三种类型的办公空间产品。

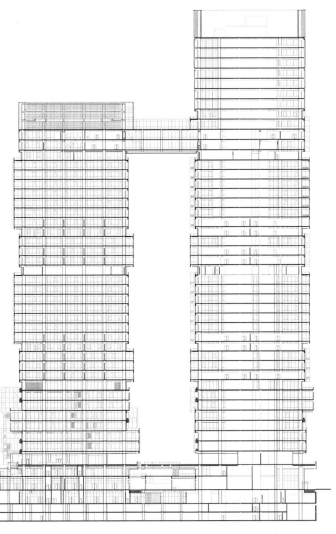

图2 剖面图 @ CallisonRTKL

图3　南塔顶部7层通高的公共中庭景观（摄影：CallisonRTKL）

图4　35层的空中连廊设置有几处便利设施，同时也是周边公司的商业中心（摄影：CallisonRTKL）

雷尼尔广场

美国，西雅图

位于市中心的雷尼尔广场（Rainier Square）毗邻城市地标，重新定义了西雅图（Seattle）的天际线，为中央商务区注入了新的活力。该开发项目是一个多功能高层建筑，包含办公空间、住宅单元、零售空间，以及可容纳1 000辆车的地下停车场。其独特的造型与邻近的雷尼尔塔（Rainier Tower）相得益彰，该塔由著名建筑师山崎实（Minoru Yamasaki）设计。雷尼尔广场外观营造了友好的街区风貌，将空间和景观利用最大化，形成了独特的社区特点。

通过重新开发整个街区，同时为天际线增添标志性元素，该项目重振了这个日渐没落的城区，形成了新的城市中心。层叠的东立面保护了现有雷尼尔塔的景观，并提供了不同大小的办公空间。住宅区在办公区域之上，面积最小且景观最佳，最适合住宅布局。裙楼内设有零售空间，在激活街景的同时为行人提供贯穿街区的连接。在大量研究的基础上，项目外部斜坡设计最大限度地利用视野和日光，使内部布局更为合理，营造能够满足不同使用者的环境。项目为非常规的曲面形态定制了特殊的外墙维护系统，采用了世界上最长的也是首个五级160 ft（约48.8 m）伸缩装置，用于无缝窗和建筑物的维护。

值得注意的是，该建筑在设计中采用了SpeedCore结构系统，解决了困扰所有高层建筑施工的一个问题，即在建造引导周围钢结构安装的混凝土核心筒时，如何最大限度地避免进度滞后。雷尼尔广场的SpeedCore最初构思于2009年，是与普渡大学的一项合作研究项目，经过多年测试，在核心筒的拐角处采用8根混凝土填充钢箱柱，每根柱子的厚度都与核心筒墙相同。钢制"三明治"由两块14 ft（约4.3 m）高的钢板组成，用钢条绑在一起并吊装到每组柱子之间。塔上的536块核心板长度从30~40 ft（9~12 m）不等，与建筑物的结构隔间一致，独特的几何形状以便核心筒开口。这种设计使施工进度缩短了近10个月。为了纪念SpeedCore在这类高度的建筑中首次创新使用，在建筑的大堂里展示了一面外露的SpeedCore墙。

考虑环境及其可持续性，该开发项目涵盖了多种用途以节省能源使用。依照"热库"的理念，能量可以在办公室和住宅等互补功能区之间转移。通过这种集成且整体的建筑系统方法，该建筑的目标性能至少比西雅图能源规范的要求高出7.5%，而西雅图能源规范已经是美国最严格的规范之一了。■

（翻译：郭菲；审校：刘敏）

竣工时间：2020年12月
建筑高度：258 m
建筑层数：58层
建筑面积：102 193 m²
主要功能：住宅/办公
业主：RSQ Tower LLC
开发商：Wright Runstad 公司（Wright Runstad & Company）
建筑设计：NBBJ
结构设计：Magnusson Klemencic 事务所（Magnusson Klemencic Associates）
机电设计：Gerber 工程公司（Gerber Engineering）；MacDonald-Miller；Prime电气公司（Prime Electric；PSF机械公司（PSF Mechanical）
总承包商：Lease Crutcher Lewis LLC; Turner建筑公司（Turner Construction Company）；The Erection Company（钢结构）
其他CTBUH会员顾问方：NBBJ（室内）
其他CTBUH会员供应方：奥的斯（Otis Elevator Company）（电梯）；CoxGomyl（幕墙维护设备）

摄影：Moris Moreno

图1　沿建筑物的东面的3D打印模块赋予建筑独特的造型（摄影：Moris Moreno）

图2　在电梯厅里展示的SpeedCore墙，可以看到上面的钢条，形成带纹理的特色墙（摄影：Moris Moreno）

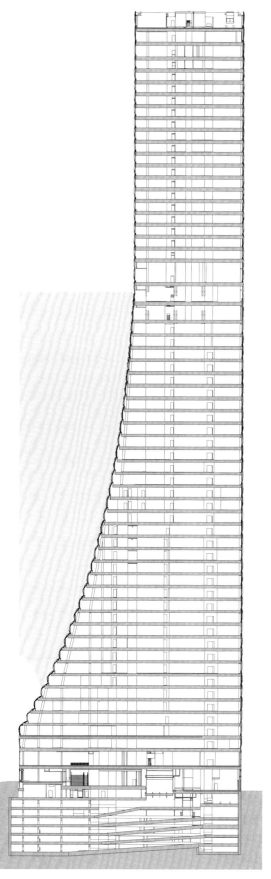

在大量研究的基础上，项目外部斜坡设计能够最大限度地获取视野和日光，内部布局更为合理，营造能够满足不同使用者的环境。

图3 剖面——雷尼尔广场独特的造型向现存的雷尼尔塔致敬
© NBBJ

图4 雷尼尔广场并没有与山崎的雷尼尔塔这一标志性遗产形成竞争，而是保留并强化了这座建筑，其独特的阶梯式立面也是对景观的补充和提升（摄影：Sean Airhart）

芝加哥瑞吉酒店

美国，芝加哥

芝加哥瑞吉酒店抛出了一个问题：如果摩天大楼可以在多个层次增强且不阻碍城市公共空间的连通性，会发生什么？芝加哥瑞吉酒店塔楼位于芝加哥两个主要城市轴线——湖滨大道（Lake Shore Drive）和芝加哥河（Chicago River）的交汇处。为了充分发挥该地点的区位价值，酒店设计试图创造一个开放的、尺度宜人的地上连通体，将其打造成芝加哥的地标建筑。新颖的结构系统最大程度地减少了建筑底部中心结构的体积，实现了芝加哥河滨步道与附近社区公园之间的步行连接。塔楼地平面实际上是一套三层立体交通系统，几十年来人们难以到达芝加哥河滨，能实现这种连接尤为可贵。为了适应复杂的场地形状，该建筑由不同体量的结构组成，并在底部设置了一个宽敞的绿地广场以呼应河滨景观。

项目的形体源自场地与功能。三座塔楼相互连接，形似植物的枝干（stems），是芝加哥第三高的建筑。三根"枝干"在塔楼的低区连接在一起，保持着适应周边场地的形态，为酒店内廊提供了更大的平面面积。随着高度上升，塔楼平面尺寸逐渐变小，功能转变为住宅公寓。建筑的核心筒位于最外侧的两栋塔楼，它们支撑起中间的塔楼，像是架在地面上的一座桥，保持地面流线的通畅。塔楼通过平面规律地变化，在立面上呈现出交替的几何形状，营造出流动的造型效果。塔楼的基本单元是堆叠了12层的棱台。正反交替堆叠的棱台营造了塔楼流动的视觉效果，但实际上所有构件都是相互垂直的。外围的柱子与楼板的夹角为90°，每升高一层向内或向外偏移5 in（127 mm）。

建筑的整体形态优先考虑了与城市之间的联系，并仔细研究了室内体验，改善了日照条件。棱台式的体量元素构建了内外多棱角的建筑体型，实现了与常规四角矩形平面不同的八角平面，从而改善了建筑的自然采光和通风条件，提供了更好的景观视野。性能良好的玻璃根据平面尺寸的变化倾斜，改善了阳光照射的视觉效果，增强了塔楼形态的流动效果。幕墙系统共采用了6种不同类型的玻璃涂层，每种涂层在生产过程中都使用了先进的按需涂覆技术，可根据不同需求进行优化，以实现节能性能所要求的窗地面积比。这些涂层还使用了独特的蓝绿色调，让人们联想起附近的密歇根湖。以上设计都突出了建筑流动的造型，凸显了环保节能的理念。芝加哥瑞吉酒店还采用了其他可持续性措施，如设置了灌溉不同高度景观平台的蓄水池、靠近公共交通的设施、自行车车库、更衣室和汽车充电站等，以获得LEED银质认证。此外，项目所有的停车都置于地下，避免了热岛效应。■

（翻译：任一凯；审校：刘敏）

竣工时间：2020年11月
建筑高度：363 m
建筑层数：101层
建筑面积：176 516 m²
主要功能：住宅/酒店
业主/开发商：麦哲伦发展集团（Magellan Development Group）
建筑设计：甘建筑工作室（Studio Gang）；bKL Architecture
结构设计：Magnusson Klemencic Associates
机电设计：dbHMS
总承包商：James McHugh Construction Co.
其他CTBUH会员顾问方：Curtain Wall Design and Consulting, Inc.（立面）；GEI Consultants（地质）；Gensler（室内）；RWDI（风洞）
其他CTBUH会员供应方：Doka GmbH（模板）

摄影：Tyler Fox/Positive Image Photography

图1 底层通道的金属面板及嵌入式照明引导行人穿过建筑到达城市河滨（摄影：Tom Harris）

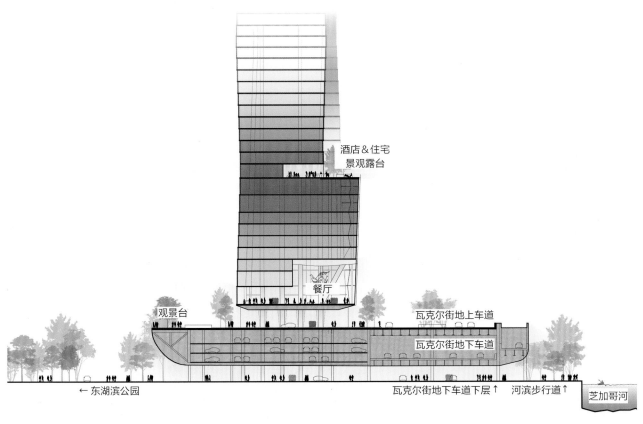

酒店＆住宅
景观露台

餐厅

观景台

瓦克尔街地上车道

瓦克尔街地下车道

← 东湖滨公园

瓦克尔街地下车道下层↑ 河滨步行道↑

芝加哥河

图2 局部剖面 © 甘建筑工作室

三根"枝干"在塔楼的低区连接在一起，保持着适应周边场地的形态，为酒店内廊提供了更大的平面面积。

图3　83层设置双层通高的"风透"楼层，通过镂空立面使风可以在高区穿透塔楼以降低风荷载（摄影：Angie McMonigal Photography LLC）

图4　项目住宅和酒店的配套空间——公寓住宅、五星级酒店、餐厅等舒适功能空间在塔楼顶层实现了共用，营造了一个充满活力的社交活动中心
（摄影：Rob Pontarelli/麦哲伦发展集团）

青岛海天中心

中国，青岛

青岛海天中心坐落于重要港口城市——青岛市新的中央商务区。该建筑沿海岸线布置了三栋塔楼，其中一栋是全市最高建筑。塔楼设计模拟了层层的海浪，意以"海之韵"的理念来体现青岛滨海城市的特点。设计不仅希望将项目打造成城市地标，而且希望将它作为"公共会客厅"有机地融入城市肌理。为避免遮挡城市与海滨之间的景观视线，设计尽可能缩短塔楼宽度，通过连廊和大台阶直接通向滨海步行道及海滨公园，同时设置了一系列景观露台将花园与周边步道相连。海天中心在多个层面上与城市相连：地下连接城市轨道交通，双层城市广场连接海滨和城区。裙房屋顶可饱览海景，是举办音乐会和其他聚会的绝佳场所。

项目建于青岛海天大酒店旧址。原海天大酒店是青岛市以及山东省第一家五星级酒店，曾是人们招待宴请常去的地方，见证了城市的沧桑巨变，承载了百姓的美好记忆。新海天的设计期望保留原海天的这些精神与回忆，在其浓厚的历史底蕴上运用新的手法来书写新的海天。为了向原海天大酒店致敬，新海天设计沿袭了原来的六边形平面。为了体现海洋特点，在塔楼的南北两面，六边形平面的两个顶点随着高度的增加缓缓移动，在主立面形成了一条竖直的曲线。裙房外墙起伏不断，象征着气势磅礴的波涛，塔楼立面采用了三角式排列的幕墙系统，仿佛海面上柔和的涟漪。阳光下的海天中心，幕墙映照着阳光，像极了波光粼粼的海面。

该项目是国家绿色建筑运营重点试点示范项目，采用了建筑信息模型(BIM)，以及带有动态参数模型的智能建筑技术，可降低能耗、优化运营效率、监测碳排放，将设备寿命延长10%，每年可节省大量能源消耗和维护成本。它是同时获得美国绿色建筑委员会（USGBC）LEED金级认证以及中国绿色建筑最高级三星评级的最高地标性塔楼之一。为实现可持续开发，海天中心采取了全面的整体策略，尤其注重建立高效机电系统，通过监测室外空气输送实现空气质量控制，并最大限度地提高新风风量。设计还通过塔楼落位选择，最大程度地利用自然光；在建设过程中优先选用当地材料以及含有再生成分的低逸散材料；塔楼立面选用低反玻璃，反射率远低于国家标准要求。■

（翻译：任一凯；审校：刘敏）

竣工时间：2021年6月
建筑高度：369 m
建筑层数：73层
建筑面积：171 550 m²
主要功能：酒店/办公
业主/开发商：青岛国信海天中心有限公司
建筑设计：Archilier Architecture*；悉地国际
结构设计：悉地国际；Thornton Tomasetti（同行评审）
机电设计：悉地国际；Parsons Brinckerhoff Consultants Private Limited（同行评审）
项目管理：青岛国信海天中心有限公司
总承包商：中建八局
其他CTBUH会员顾问方：Meinhardt Façade Technology（立面）；RJA Fire Protection Technology Consulting Co., Ltd.（消防）；香港郑中设计事务所有限公司（室内）；P & T Group（室内）；Woods Bagot（室内）；SWA Group（景观）；bpi（灯光）；Mori Building（物管）；上海中心大厦商务运营有限公司（物管）；Lerch Bates（电梯）；RWDI（风洞）

* 设计团队现在品牌：Akaia Architecture

摄影：青岛国信海天中心有限公司

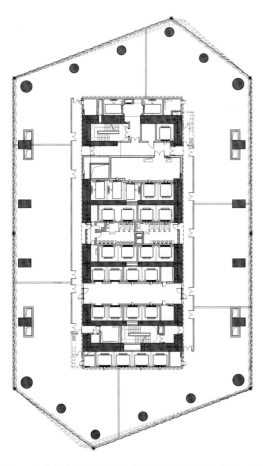
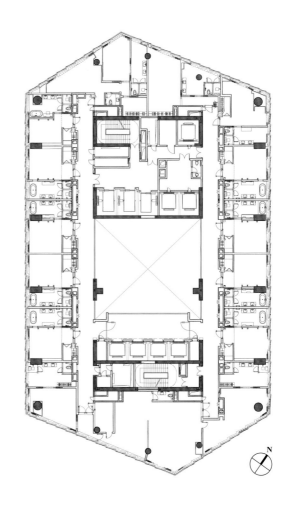

图1 办公标准层平面（左）和酒店标准层平面（右）© 悉地国际

> 在塔楼的南北两面，六边形平面的两个顶点随着高度的增加平缓移动，在主立面形成了一条竖直的曲线，仿佛海洋中气势磅礴的波涛。

图2 T2塔楼塔冠鸟瞰，包括观光层（海天城市观光厅）、艺术博物馆（海天艺术中心）以及玻璃穹顶下的钻石俱乐部（摄影：青岛国信海天中心有限公司）

图3 52层瑞吉酒店空中大堂海景（摄影：青岛国信海天中心有限公司）

图4 场地俯视图，体现了"海之韵"的理念（摄影：青岛国信海天中心有限公司）

范德比尔特大街1号

美国，纽约

范德比尔特大街1号（One Vanderbilt Avenue）是一个极富雄心的项目，体现了纽约市的精神，它是曼哈顿中城（Midtown Manhattan）最高、最先进的办公楼，最具象征意义的是它和城市最珍贵的地标之一——中央车站（Grand Central Terminal）之间建立了一个创造性的界面。该项目拥有一个活跃的步行广场和综合交通大厅，进而使建筑积极融入城市的公共交通网络，将私人企业和公共领域融为一体。

该建筑的设计遵循了附近克莱斯勒大厦（Chrysler Building）和帝国大厦（Empire State Building）的分层设计语言，并在比例上与这些建筑相呼应。在形式上，建筑由四个相互交错、逐渐收窄的体量组成，螺旋向上延伸至天空。在底部，一系列倾斜的切口形成了视觉序列，引向中央车站，露出了车站建筑的飞檐，这一转角景观已经被遮挡了近一个世纪。塔楼的陶瓷幕墙采用了中央车站随处可见的独特天花板瓦片，为高耸入云的建筑提供了一种自然、明亮的质感，同时与其历史背景相得益彰。主墙面上覆盖着折叠金属面板以反射和折射自然光线，突出了建筑的晶莹形态，与城市天际线相互映衬。虽然建筑的锥形部分是倾斜的，但建筑的平面图严格按照矩形设计，与城市网格的较大城市肌理融为一体，和谐相生。

此外，该建筑的核心筒位于每个楼层平面的中心，包含了所有建筑运营所需的服务设施。这样，每个楼层都可以全方位地欣赏到全景视野，并且拥有整层通高的玻璃幕墙，将自然光线带入空间的最深处。建筑的结构框架在整个塔楼的高度上逐渐收窄，并在较低楼层的某些区域产生变化以最大程度利用来自街道和周围社区的自然光线和景观视野。

这座塔楼获得了LEED和WELL白金级认证，采用了许多最新的可持续设计方法，使其在纽约市规模相似的建筑中保持着最低的碳足迹。该项目对所有主要建筑系统和建筑围护结构进行了增强调试。在拆除和早期建设期间，75%的废弃物材料从垃圾填埋场中转移出来，并被重复使用或回收。该塔楼采用了90%以上的回收钢筋和钢材，还配备了许多尖端技术，包括1.2 MW的热电联产系统，用于灌溉和冷却塔水源的12×10^4 gal（1 gal ≈ 3.79 L）的雨水收集和处理系统，可节约40%用水的超高效供水设备，与最低标准建筑相比可多节省16.7%能源成本的MEP系统，以及能够调节加热和冷却隔热性能的高性能玻璃。该建筑的设计使其能耗比LEED v3白金级认证的ASHRAE 90.1—2007基准低32.1%，比LEED v4金级认证的ASHRAE 90.1—2010基准低22%。除了LEED v3白金级和LEED v4金级认证外，该

竣工时间：2020年9月
建筑高度：427 m
建筑层数：62层
建筑面积：111 484 m²
主要功能：办公
业主：SL Green Realty Corp
开发商：SL Green Realty Corp
建筑设计：KPF
结构设计：Severud Associates Consulting Engineers
机电设计：Jaros, Baum & Bolles
项目经理：Hines
总承包商：AECOM Tishman Construction
其他CTBUH会员顾问方：Cerami & Associates（声学）；Thornton Tomasetti（BIM）；Stantec Ltd.（土建、交通）；Langan Engineering（土建、岩土工程、土地测量师）；Code Consultants, Inc.（法规）；Metropolitan Walters: A Walters Group Company（阻尼）；RWDI（阻尼，风）；Permasteelisa Group（立面）；Jaros, Baum & Bolles（防火）；Gensler（室内）；Van Deusen & Associates（立体交通）
其他CTBUH会员供应方：A&H Tuned Mass Dampers（阻尼）；Schindler（电梯）；Doka GmbH（模板）；Nucor（钢筋）；ArcelorMittal（钢）

建筑还获得了WELL健康安全评级，并有望获得WELL v2白金级认证。■

（翻译：李依凡；审校：王莎莎）

摄影：Raimund Koch

图1　范德比尔特大街1号大厅的交通走廊（摄影：Raimund Koch）

图2　近一个世纪以来，建筑底部的角度切割首次展示了范德比尔特大街转角处中央车站的华丽飞檐景观（摄影：Michael Moran）

塔楼的陶瓷幕墙采用了中央车站随处可见的独特天花板瓦片，为高耸入云的建筑提供了一种自然、明亮的质感，同时与其历史背景相得益彰。

图4 范德比尔特大街1号顶部和尖塔（摄影：Raimund Koch）

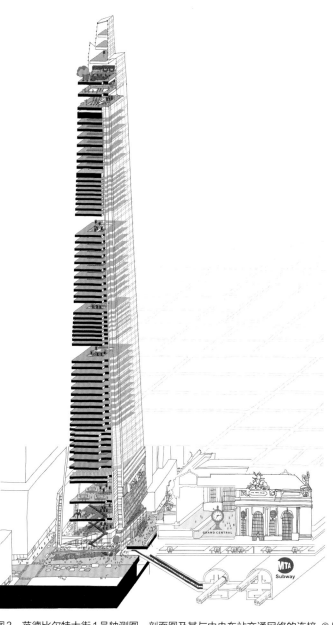

图3 范德比尔特大街1号轴测图、剖面图及其与中央车站交通网络的连接 © KPF

西57街111号

美国，纽约

纽约西57街111号（111 West 57th Street）致力于打造睦邻友好的空间。为尊重和保护其底部具有标志性的斯坦威音乐厅（Steinway Hall），该塔楼的占地面积尽可能紧凑，同时对该空间进行全面翻新以容纳新住宅和设施，使其历史性特征得以恢复。塔楼位置沿57街做了充足的退界，为宽敞的公共入口门厅提供了空间，该公共入口门厅通过玻璃和青铜结构首次展现了设计于1925年的斯坦威音乐厅的整个体量，凸显了音乐厅的独特之处。此外，作为天际线元素，该塔傲然屹立于曼哈顿中城（Midtown Manhattan）拔地而起的新一代高层住宅楼中。

塔楼的形态源于重新解读曼哈顿中城的分区（zoning）规定。在建筑形体与天际线相接触的位置，法定要求的退台距离成倍增加，从而形成了羽状而非台阶式的外观。这些后退部分作为住宅阳台，每个阳台都有一对装饰性的赤陶壁柱，这些壁柱矗立在东西立面上。这些柱头由26个序列变化的定制赤陶板组成，采用6种选定的色调进行釉面处理，然后堆叠形成类似于破浪的螺旋形纹理，在起到装饰作用的同时提供了有益的挡风效果。将这些元素在立面上错落排列会产生独特的摩尔纹（moiré），从不同光线或距离观看时呈现出丰富的变化。

保证居住舒适度的一个主要挑战在于尽量减少塔楼上部的晃动。西57街111号通过在建筑东西立面向内延伸的区域设置连续的剪力墙，并在上层安装定制调谐质量阻尼器（Tuned-Mass Damper，TMD），消除了剩余摇摆，实现了位移最小化。电梯系统的速度和可靠性同样也是支持塔楼体验的关键因素，在塔楼内体现为一个双重用途系统，即乘客电梯和服务电梯在同一竖井内叠放。此外，还有一个重要环节是确定建筑的车行通道，需要考虑周边交通拥堵情况、空气质量以及更大的环境问题。最终，除了改建后的钢琴装卸码头的一个门廊内的六个临时停车位外，没有提供任何现场停车位。

保护、整合和适应性重复使用现有的斯坦威音乐厅是该项目的指导原则。例如，入口序列将居民和访客带入旧建筑的空间，以为整个项目建立功能统一性的方式将新、旧空间编织在一起。此外，在将历史建筑恢复并赋予其新的住宅用途后，该项目还发现了针对施工期间丧失原始用途的材料进行改造的机会。从新塔楼的竖井中取出的用于原始建筑隔墙的石材被用于修复斯坦威音乐厅的正立面。在另一项现场适应性改造中，原始的钢琴维修店中的木块被改造成了主门厅的地板。同样，原始的灯具在公共空间中也得到了修复和再利用。■

（翻译：李依凡；审校：王莎莎）

竣工时间：2021年6月
建筑高度：435 m
建筑层数：84层
建筑面积：29 357 m²
主要功能：住宅
业主：JDS Development Group；Property Markets Group
开发商：JDS Development Group
建筑设计：SHoP Architects
结构设计：SHoP Architects
机电设计：Jaros, Baum & Bolles
项目管理：WSP
总承包商：JDS Construction Group
其他CTBUH会员顾问方：Longman Lindsey（声学）；Code Consultants, Inc.（code）；RWDI（阻尼，风）；BuroHappold（立面）；Mueser Rutledge Consulting Engineers（岩土工程）；Van Deusen & Associates（立体交通）
其他CTBUH会员供应方：上海耀皮玻璃集团股份有限公司（表层）；Hilti AG（表层）；A&H Tuned Mass Dampers（阻尼）

> 墙面后退形成住宅阳台，一对装饰性的赤陶壁柱设立在每个阳台的东、西立面上。

图1　立面放大为堆叠的赤陶板，形成波浪状图案（摄影：The Dronalist事务所）

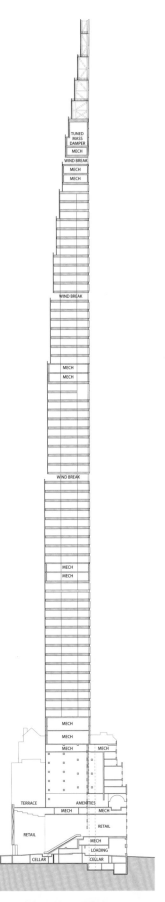

图2　剖面图 © SHoP事务所

图3 更新后的施坦威音乐厅顶部的屋顶露台（摄影：Colin Miller）

图4 典型的公寓大房间，可欣赏中央公园的风景（摄影：Peter Murdock）

天目里

中国，杭州

杭州天目里旨在打造一个交通便利而又相对独立的园区，通过不同建筑形式的布局及体量控制，融入到城市肌理中。各建筑沿场地边界布置，将中心空间围合成一个与周边城市空间相隔绝的城市公园。场地南侧的钢结构桥梁是整个园区的主入口，同时访客也可以穿过建筑物之间的空隙从各个方向进入园区。这种"无大门"式的办公园区是杭州市的首例，中心广场举行公共活动时，这种园区形式有助于交通疏导。

总体而言，天目里期望打造一个集商业总部办公、画廊工作室、活动空间、设计商店、精品酒店、餐饮及其他功能空间为一体的综合性艺术公园。这种定位为艺术家和设计师提供了利于创作的空间环境。艺术家们不仅可以在美术画廊举办展览，还可以在工作室楼常驻。园区内大多数零售商店都是艺术主题商店，这种商业区在杭州是独一无二的。园区内的商店和餐馆都朝向园区中央公园，每栋建筑的一层也全部向公众开放。展览、沙龙、戏剧表演、时装表演、音乐会和电影播放等各类活动都在中央公园举行。为了使一层尽量通透，机电设施、停车场、厕所、厨房和储藏等不透明的功能空间都设置在地下一层，但行人仍然可以通过下沉广场步行进入地下商业空间。

为了实现节能目标，天目里采用了主动和被动的综合策略，并获得了LEED BD+C：CS金牌认证。天目里的多层次绿化系统由下沉绿地、中央公园绿地、树木、露台植物和屋面茶园组成，可用于调节场地的小气候；水景系统由水镜、喷泉、水雾和水帘构成，用于缓解夏季炎热的环境。雨水回收系统也融入了天目里的开发中，以减少季节性暴雨带来的环境风险，并缓解城市排水压力。雨水经过净化后用于园区绿地的滴灌，回用率达97%。■

（翻译：任一凯；审校：刘敏）

竣工时间：2020年10月
用地面积：43 395 m²
占地面积：15 621 m²
室外面积：27 774 m²
铺装面积：18 871 m²
绿地面积：11 073 m²
业主：江南布衣
开发商：慧展科技（杭州）有限公司；江南布衣
建筑设计：伦佐·皮亚诺建筑工作室；goa大象设计
城市设计：伦佐·皮亚诺建筑工作室
景观设计：伦佐·皮亚诺建筑工作室

图1 通过一座红色钢结构桥梁进入的场地主入口（摄影：goa大象设计）

图2 项目旨在打造一个集办公、艺术设施及各类现场活动举办于一体的综合性的艺术公园（摄影：天目里）

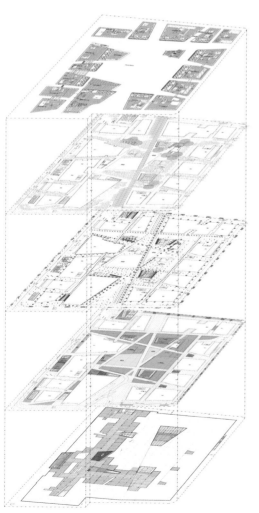

种植屋面

树林

外部亮化

硬景观/软景观

下沉绿地

图3 多层次的绿化系统 © 伦佐·皮亚诺建筑工作室

> 天目里是一个"无大门"的办公园区，配备了大型中心城市公园及各类公共设施。

图4 天目里的建筑全部围绕着场地边界布置，园区中央的空间被围合起来用作城市公园。园区的首层完全向公众开放（摄影：goa大象设计）

瓦兰公寓

澳大利亚，布里斯班

瓦兰公寓（Walan）非常符合其所在场地和城市环境的特点，设计初衷是在布里斯班河畔（Brisbane River）占据一席之地，并在布里斯班城市天际线中创造一个强烈的视觉标志。建筑赭色的外观、阶梯状平台、棱角分明的混凝土栏杆和高架花园等元素的起源都可以追溯到附近袋鼠点（Kangaroo Point）露出地面的岩石形态。该设计对本土的景观、气候和历史都作出了敏感的响应，最重要的是它实现了环境友好的目标。每层住宅都对外开放，并由屏风保护以提供隐私和遮阴。屏风是传统昆士兰屋（Queenslander house）百叶窗的体现，被呈现为一种有机织物，反映了周围岩石的表面肌理。这件缤纷多彩的外衣作为一个整体在这个重要的半岛上创造了一种朦胧而又雕塑般的存在。

该项目展示了优秀的设计在提升住房质量和塑造布里斯班天际线视觉吸引力方面具有重要贡献。建筑力求表达一种归属感，它从具有特色的袋鼠点悬崖（Kangaroo Point Cliffs）中汲取形态和色彩灵感，从抽象元素中创造出棱角分明的外立面。瓦兰公寓充分发挥亚热带气候优势，利用自然光和自然通风使居民可以与环境和谐相处，最大程度减少对人工制冷、加热和照明的依赖。建筑师与色彩艺术家詹妮弗·马钦特（Jennifer Marchant）合作，将屏风系统视为反映光线不断变化的雕塑。屏风在阻挡阳光和视觉干扰方面同样发挥着重要作用，既实用又形成极富视觉特色的外观。屏风的存在无论是从指尖的微小视角，还是从城市远景的宏大视角，均在不同尺度上有所体现。

设计挑战了常规开发模式，探索了整层公寓的类型。整层公寓提供三个朝向的阳台，与室外形成紧密联系，鼓励被动式冷却和通风，最大化引入阳光和景观。这种与气候和环境和谐共生的关系，最终使公寓达到了与独立住宅相媲美的舒适程度，而这种环境舒适感在亚热带和温暖气候的城市如布里斯班非常受追捧。瓦兰公寓让个体居民对他们的整层空间有强烈的归属感，居住者可以根据阳光的路径、季节的变化、盛行的风向来调整生活环境的内部舒适性。同时，该建筑在每层种植花园盒子，进一步完善了在室内体验中嵌入亚热带气候、特色景观、城市景色的期望。■

（翻译：李依凡；审校：王莎莎）

竣工时间：2019年2月
建筑高度：55 m
建筑层数：16层
建筑面积：8 000 m²
主要功能：住宅
业主/开发商：GBW Developments Pty Ltd
建筑设计：bureau^proberts
结构设计：ADG Engineers
机电设计：VAE Group
总承包商：Hutchinson Builders

摄影：Christopher Frederick Jones

整层公寓提供三个朝向的阳台，与室外形成紧密联系。

图1　建筑边界处阳台与屏风交织的详细视图（摄影：Christopher Frederick Jones）

图2　其中一套高层公寓的内部视图，展示了棱角分明的窗玻璃、窗框和外部遮光屏风的交错组合（摄影：Christopher Frederick Jones）

图3　从大厅望去可以看到微妙的入口广场完美融入到既有的街景中（摄影：Christopher Frederick Jones）

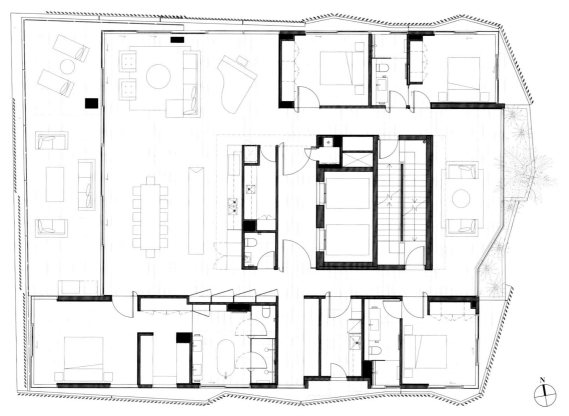

图4　四居室公寓的平面占据了整个楼层，拥有充足的户外空间和环绕连续的视线 © bureau^proberts

无限环塔

澳大利亚，悉尼

混合开发项目无限环塔（Infinity）是一栋住宅建筑，它坐落于悉尼市（Sydney）的新城市中心——绿意广场（Green Square）。项目设计意在促使更多的阳光进入广场和图书馆，同时增加休闲便利空间。建筑的外形受到"无限"标志的启发，通过建筑设计将公共空间与住宅活动无缝连接。建筑中的广场，通过双环形态构成公众空间和阳光休闲场所的关系，一个环激活广场与街道，另一个环激活住宅与公共空间。项目的概念形成一个特殊的建筑外形，在公共环境中有很强的识别性。建筑中的公共庭院激活了零售和公众使用的建筑中心区域。项目场地的通达性促使行人走进绿意广场。景观区域则加强了绿意广场的特征。

"景观塔楼"通过露台和楼层的位置改变从多角度连接建筑。设计创造了处于景观之中的体验，就如悉尼连绵起伏的地势一样。景观与建筑的结合，以及公共空间与私人领域的结合是本项目的关键。项目建筑的动态外形有利于更多的阳光照射到景观、中央庭院、公共空间以及2层露台。建筑的巨型开口会将更多的阳光与通风引入中央花园。下倾的露台允许更多的阳光进入公共广场，确保绿意广场和广场下的图书馆享受更多的日照。

建筑外形促使周边环境、当地文脉与邻里空间互相交融。作为对重复性极强的商业住宅项目的回复，本项目意在通过对邻里环境与自然条件的推敲，促进住宅设计的创新。屋顶的缎带形式环绕建筑一周，不仅将露台设计贯穿整栋建筑，而且满足建筑的服务功能，包括阳台排水。■

（翻译：徐宁；审校：王莎莎）

竣工日期：2019年2月
建筑高度：65 m
建筑层数：20层
建筑面积：39 400 m²
主要功能：住宅
业主：皇冠集团（Crown Group）
建筑设计：Koichi TaKada Architects
结构设计：Van Der Meer
机电设计：BSE
总承包商：皇冠集团（Crown Group）
其他CTBUH会员顾问方：Ethos Urban（城市规划）；Windtech Consultants Pty Ltd（风工程）
其他CTBUH会员供应方：通力（电梯）

摄影：Tom Ferguson/高田浩一建筑事务所

图1　建筑内部庭院的通达性和私密性保持一致（摄影：Tom Ferguson/高田浩一建筑事务所）

"
下倾的露台允许
更多的阳光进入
公共广场，确保
绿意广场和广场
下的图书馆享受
更多的日照。
"

图2　公共会客厅是许多住宅便利设施之一（摄影：Tom Ferguson/高田浩一建筑事务所）

图3　9层平面展示了左下方为开放式露台 © 高田浩一建筑事务所

图4　9层露台拥有公共绿色空间（摄影：Alexander Mayers/高田浩一建筑事务所）

绿空塔

中国，台中

台中市是台湾省第二大城市，人口数约为280万。在高密度发展且繁荣的台中南屯区，混合开发综合体项目绿空塔（Sky Green）便坐落于此。在高密度的城市环境中，台中作为可持续社会生活的样板城市，建筑设计需要考虑当地文化和亚热带气候，以及预防台风和地震的损害。开发场地由两个矩形地块构成，一块面朝城市主干道巩义路，另一块面向相对安静的大静街。该混合街区集酒店、零售、办公和住宅功能于一体。本项目激活了社区邻里和街边的商铺。安静祥和的住宅层从项目4层往上，远离了街道的喧嚣。建筑中的绿植为居民和路人提供了健康的生态环境，促进了积极的生活方式。

项目四周均有绿植，这使它成为市内首栋绿化率达320%的建筑。精挑细选的植被包括60 000棵树木，21类藤蔓植物种植在19个空中花园内，建筑四周包含142个阳台。景观植物作为主要的材料布满建筑的立面。外立面创造了更深的光照阴影，绿化植被则激活了室内外以及建筑自身和城市界面的活力。为了便于有效遮阳，两座塔楼都设有深凹形式的窗台。塔楼A的立面阳台为悬空设计，阳台内种植树木。塔楼B的立面为网状冲孔板，为藤蔓植物提供了攀爬的通道，同时也可供建筑遮光。为了实现"空中农庄"的设计概念，项目内有许多公共空间，包括图书馆、城市农场、空中花园以及其他室内外活动的场所，容积率大约为175%。

平静的景观花园迎接着归家的住户。建筑中底商位于1~3层，上方为住宅，其中共有6种主户型、16种次户型。住宅塔楼确保自然通风，以降低空调的使用，从而减低总体的能源消耗。在两栋塔楼之间每5层间隔了大型空中露台，延展了住宅区域的户外空间，创造了高层中的生态空间。露台空间打破了高层的结构关系，整体上建筑尺度更小，使巩义路更具吸引力。建筑每个单元视觉上则与住宅窗户外的绿植相连接。

绿空塔项目被作为新台中市规划条例的参考案例，激励着空中花园和绿植在高层建筑中的运用。作为第一个在高密度发展区域中提供休闲和绿色空间的项目，该建筑成为了新的标杆。到目前为止，已有27个新建筑是以绿空塔为项目模板的。■

（翻译：徐宁；审校：王莎莎）

竣工日期：2019年11月
建筑高度：103 m（塔A，塔B）
建筑层数：27层（塔A，塔B）
建筑面积：61 027 m²
主要功能：住宅
业主：Golden Jade Construction & Development Corporation
建筑设计：WOHA建筑事务所；Archiman Architects Planners Associates
结构设计：DAYAN Engineering Consultant Co. Ltd
机电设计：Jin Ding Electrical Machinery Industry Technician's Office
总承包商：Golden Jade Construction & Development Corporation; Golden Rich Construction

摄影：Kuomin Lee

图1　开放的空中花园将户外空间引入高层住宅，并为邻里和城市带来赏心悦目的感受（摄影：Kuomin Lee）

在两栋塔楼之间每5层间隔了大型空中露台，延展了住宅区域的户外空间，创造了高层中的生态空间。

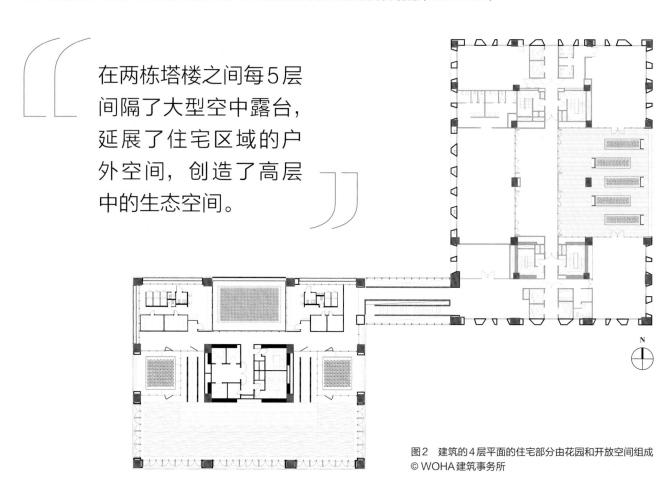

图2　建筑的4层平面的住宅部分由花园和开放空间组成
© WOHA建筑事务所

图3　首层图书馆是由木结构打造的温馨空间。全尺寸的落地玻璃窗为室内提供充足的光照，并在需要的时候提供自然通风（摄影：Golden Jade Construction & Development Corporation）

图4　在高密度的城市中，作为"新的首层"，多样的空中花园为住户提供了舒适的自然环境和空气（摄影：Kuomin Lee）

米拉大厦

美国，旧金山

米拉大厦（Mira）是位于旧金山市中心的城市住宅开发项目，距离海湾大桥（Bay Bridge）、内河公园（Embarcadero Park）和林肯公园（Rincon Park）仅几个街区之遥。该塔楼在不断演变的跨湾区（Transbay district）创造了一个热情好客的新社区，提供了多样化的居住单元，其中40%单元的价格被指定低于市场价格。塔楼沿纵向逐渐增加扭转，为每个公寓形成了凸出的转角空间优势，将居住空间向外投射并提供了多角度的景观、日光和新鲜空气。凸出的几何形式也为建筑的形态创造了动感，使得塔楼表面棱角分明，在不同的位置和时间看起来似乎在移动。

该设计回应了旧金山对集约住房的需求，提供了可持续新模式，同时重新诠释了城市的建筑传统。19世纪末，随着旧金山的城市扩张，凸窗的数量激增。该建筑关注飘窗增强自然光线、通风和景观的优势，并使用现代制造技艺将其应用于高层居住生活中。其设计灵感来自对城市建筑传统的研究，以及对自然界中螺旋生长模式的发现，最终设计师将它们转化为塔楼飘窗的组织形式。在精密的幕墙系统中，肩梁单元被附在建筑物内部的齿形预应力板上。住宅单元的组成形式根据不同房型需求而有所不同，均以自荷载方式固定到下层的肩梁单元上。最终，阳台都充分利用了景观走廊面向周围地标的视野，比如海湾大桥。

移动的飘窗扩展了可居住空间，提供了从各个角度观看城市的平台，使每个住宅都成为一个转角单元，同时允许在内部配置各种单元构件。在该幕墙外立面系统中，飘窗可以从建筑物内部被附在可重复使用的结构板上，减少了现场塔式起重机的需要，同时减少了施工期间的能源消耗和对周围环境的影响。飘窗的设计为幕墙带来51%不透明的高性能，保证每个单元仍然能享有近180°的景观视野。在街道层面，飘窗以人体尺度的纹理迎接行人，取代遮阳棚，保护零售店面和住宅大堂。经济适用公寓分布在整个塔楼、相邻的裙房和联排别墅建筑中，并配有中央庭院、屋顶露台和连接全部居民的共享设施空间。

2016年1月19日，旧金山社区投资和基础设施办公室（San Francisco Office of Community Investment and Infrastructure）一致通过了对米拉大厦的建议，允许在建筑高度上额外增加100 ft（约30.5 m），使设计方案可以多容纳73个公寓，其中包括44个低于市场价格的公寓。这一雄心勃勃的举措增加了5%的经济适用房，73个公寓中有60%被指定为永久性经济适用房。■

（翻译：李依凡；审校：王莎莎）

竣工时间：2020年4月
建筑高度：130 m
建筑层数：39层
建筑面积：41 001 m²
主要功能：住宅
业主：Tishman Speyer Properties
开发商：Tishman Speyer Properties
建筑设计：Barcelon Jang Architecture; Perry Architects Inc; 甘建筑工作室
结构设计：Magnusson Klemencic Associates; Bello & Associates
机电设计：SJ Engineer; Critchfield Mechanical Inc.; Cupertino Electric Inc.; Marelich Mechanical
总承包商：JLendlease
其他CTBUH会员顾问方：Heintges & Associates（立面）; Permasteelisa Group（立面）; 甘建筑工作室（室内）; Thornton Tomasetti（可持续性）; Edgett Williams Consulting Group Inc.（立体交通）
其他CTBUH会员供应方：Hilti AG（密封剂）

> 设计灵感来自对城市建筑传统的研究，以及对自然界中螺旋生长模式的发现，最终设计师将它们转化为塔楼飘窗的组织形式。

图1 飘窗扩展了可居住空间，提供了从各个角度观看城市的平台，使每个住宅都成为一个角落单元（摄影：Jason O'Rear/甘建筑工作室）

图2 Mira位于旧金山海滨长廊（Embarcadero）的重要转弯处，其独特的扭曲形态通过"旋转"以欣赏广阔的景观，同时也能够将人们的目光从海湾吸引过来（摄影：Jason O'Rear）

图3　从高层公寓的内部可以看到拓展到各个角度的旧金山湾（San Francisco Bay）（摄影：Garrett Rowland/甘建筑工作室）

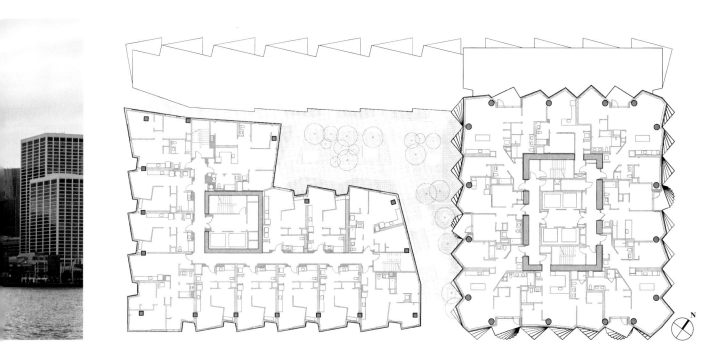

图4　标准层平面图展示了飘窗和塔楼的"扭曲"对视野全景和光线渗透的影响，继而影响了隔墙位置的倾斜角度 © 甘建筑工作室

温哥华之家

加拿大，温哥华

温哥华之家（Vancouver House）位于温哥华（Vancouver）的主要门户，通往市中心的格兰维尔桥（Granville Bridge）在此分成三个匝道，由此形成的三角形场地直到现在才被开发。在该项目基地，周边有两个重要因素限定了塔楼的用地范围。其一，距离大桥需要 30 m 的退界，确保居民的窗户和阳台远离繁忙的交通；其二，为了确保相邻公园的日照，也限制了塔楼向南建造的距离。因此，项目的用地被限制在一个小三角形内。随着塔楼的上升，噪声、废气和大桥引起的视觉干扰会逐渐消除。因此，项目在高度上通过逐渐向外延展收复了由于受大桥影响而失去的面积。在桥下，温哥华艺术家罗德尼格·雷厄姆（Rodney Graham）与建筑师合作创造了"街头艺术的西斯廷教堂（Sistine Chapel）"：一个倒置的美术馆，包括一个悬挂的"旋转吊灯"。这个倒置的美术馆将桥梁的负面影响转化为积极影响，在这个以前未使用的空间中创建出一个新的混合用途社区中心。

温哥华之家不是过度追求形式或建筑特色的结果，而是其环境的产物。倒置的体量概念如同正在被拉开的窗帘，它欢迎游客来到温哥华。这种举措将低效的三角形空间在建筑顶部转化成理想的矩形生活空间，同时还释放了建筑底部的公共空间。塔楼底部的裙楼是一个混合用途的城中村，由三个三角形街区组成，用于工作、购物和休闲。杂货店、社区大学、办公空间和艺术品使这个剩余空间成为城市中一个全天候的活动中心。这片倾斜的三角形绿色屋顶群落创造出通往市中心核心区域的标志性门户，进一步强化了温哥华对可持续城市化的关注。

该项目的内部设计借鉴了塔楼的外部设计。从不同角度观察这座塔，可以看出冷暖色调相结合的平衡效果。外表面的"凉爽"和内部的"温暖"形成了一种类似于夹克衬里的关系。入口大堂和住宅单元与外部直接相连，并形成了视觉上的联系，同时在表面使用混凝土或石材等"冷"色调材质。核心筒和走廊都是内向形的，采用铜和木材等"暖"色调的材质。进入塔楼后，用户通过一条直线路径从入口到达他们的单元。大堂、核心筒、走廊和住宅单元是这条线路上的四个不同区域，每个区域在大小、比例和用途上都是各不相同的。大堂就像是格兰维尔桥下艺术场所的延伸。邮箱被重新诠释为 X 形雕塑作品，看起来就像悬浮在半空中。单色调的电梯大堂使用了多种材质和物品，采用黑白色调的韵律设计降低居民等待时间的枯燥感。楼上的电梯大厅和走廊也有类似的处理方式，并用彩色的电梯舱相间隔。■

（翻译：郭菲；审校：王莎莎）

竣工时间：2020年3月
建筑高度：156 m
建筑层数：58 层
建筑面积：60 670 m²
主要功能：住宅
业主/开发商：西岸项目公司（Westbank Projects Corporation）
建筑设计：BIG建筑事务所（Bjarke Ingels Group）；DIALOG
结构设计：Glotman Simpson 工程咨询公司（Glotman Simpson Consulting Engineers）
机电设计：Cobalt 工程公司（Cobalt Engineering）；Integral 集团公司（Integral Group Inc.）；Nemetz (S/A) 事务所（Nemetz (S/A) & Associates Ltd.）
总承包商：ICON West建筑公司（ICON West Construction）
其他CTBUH 会员顾问方：CadMakers 公司（CadMakers Inc.）(BIM)

摄影：Ema Peters

图1　塔楼和一组三角形建筑充分利用场地，楔入桥梁匝道之间，提供零售、停车和设备运营维护空间（摄影：BIG建筑事务所）

图2　大堂也巧妙地利用了场地的变化，设置了如雕塑般的转角邮箱和滑道状楼梯（摄影：Ema Peters）

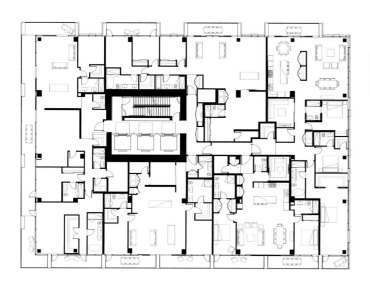

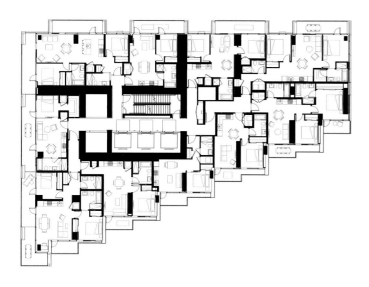

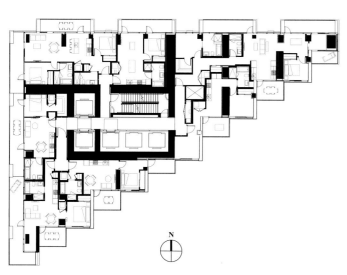

该项目将一个小的三角形场地最大化，在塔楼上升时，避免了桥梁的噪声、废气和视觉干扰，重新获得了失去的面积，冉冉悬挑在场地上空。

图3 与典型的高层建筑常规做法相反，该塔楼楼层平面随着高度的增加而变得更为宽直。从下往上依次为5，13，29层的平面图 © BIG建筑事务所

图4 游泳池被巧妙地设置在一栋附属建筑的斜屋顶下方（摄影：Ema Peters）

圣戈班塔

法国，库尔瓦尔

圣戈班塔是为创造凡尔赛宫传奇镜厅的公司设计的总部办公室，光线在其水晶造型中不断舞动。塔楼棱面和多边形的几何元素带来了别具韵律的谜一般的表达。它所带有的棱面般的设计是对多种元素的完美诠释，包括创新玻璃的美学品质、透光的性能、保温隔热性和低反射性。建筑结构采用三种不同类型的玻璃：一类是外立面具有高透明度和高反射性的玻璃；另外两类玻璃产品主要用于室内办公室和接待室，这类玻璃材料通过降低透明度，加强了建筑的环境表现。

塔楼视觉上似乎悬浮于地面。它的坡形底层，映照着与库尔瓦尔环路（Courbevoie ring road）连接的楼梯，开阔了从拉德芳斯大道（La Défense esplanade）看向塔楼的视野范围。项目塔楼在环路上通过多种交通方式连接外界，包括出租车停靠点、自行车存储区和自行车道，以及其他设计和服务，从而使建筑融入公共区域。

项目塔楼由若干部分组成：办公为主要空间的塔楼主体，向大众开放的裙房，以及会议室、接待室和高层的温室。建筑的整体功效归功于一系列的建筑和技术的全面实施方案。建筑的能源供应来自地热和城市电网，温度控制系统通过地面到天花的低气流输送，确保了使用者的舒适度。办公楼层的设计大方而简洁，稍微偏离中心的核心筒设计允许7~12 m不等的内部宽度。透明的立面设计确保了充足的采光，大约90%的办公室距离外立面的深度不到7 m。每层办公室的几何形状和总体设计拥有最大的灵活性，从而为优化空间增加了无限的可能性。

大面积的温室和花园种植有各类植物品种，它们位于每个楼层，且均可由办公室直接抵达。在塔楼底部，花园种植有橄榄树；而橡树和山楂树则占据着露台区域；在连接商务中心的温室内，香蕉树、蕨类植物和桉树为使用者带来了芳香的清新环境；与此同时，塔楼顶部种植有樟树、草莓和石榴等不同品种的植株。植株在调节建筑内部的微气候方面起着重要的作用，通过蒸腾作用，植株转运了屋顶收集的雨水，从而保持室内的湿度与温度。■

（翻译：徐宁；审校：王莎莎）

竣工日期：2019年12月
建筑高度：180 m
建筑层数：41层
建筑面积：48 600 m²
主要功能：办公
业主：Generali Group
开发商：Hines
建筑设计：Valode & Pistre
结构设计：Terrell Group
机电设计：Artelia
总承包商：VINCI Construction
其他CTBUH会员顾问方：Transsolar Energietechnik GmbH.（能源概念）
其他CTBUH会员供应方：Metal Yapı（立面）；Sika Services AG（密封剂）

摄影：Sergio Grazia

图1　不同种类的植株布满温室，在白天为工作人员提供了惬意的绿洲（摄影：Hines）

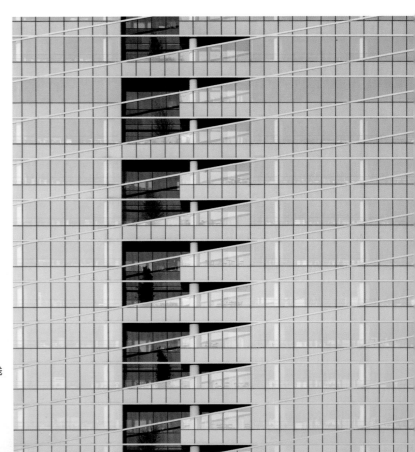

图2　建筑立面的多种玻璃类型和棱柱状的内切设计带有光线斑驳陆离的美妙效果（摄影：Hines）

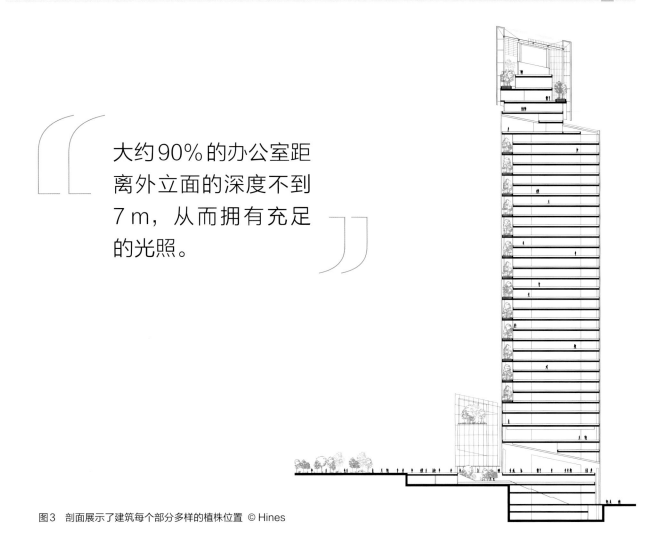

大约90%的办公室距离外立面的深度不到7 m，从而拥有充足的光照。

图3　剖面展示了建筑每个部分多样的植株位置 © Hines

图4　大厅内展示了一面通电的发光墙（摄影：Hines）

泰勒斯天空塔

加拿大，卡尔加里

卡尔加里（Calgary）是一座由石油和矿藏业发展起来的城市，市中心一度没有太多的人在这里生活，因此形成了北美郊区朝九晚五的生活模式。泰勒斯天空塔（Telus Sky）通过高层住宅和底层办公的设计改变了这种模式。办公和住宅单元共享便利设施，比如屋顶花园和公共区，从而形成全天候的多样化城市生活。塔楼是一座住宅建筑，可以满足独立单元的不同需求，并且在简洁高效的无柱空间内寻求合理平面的大小。随着塔楼升高，每层建筑平面空间会逐渐变小，细长的住宅单元配有阳台。运用相似的设计，立面自下而上由平滑转化成逐渐后退的三维构成空间。工作与生活空间灵活的结合促使整栋建筑形成如雕塑般的外形和竖向美学，建筑高处细长，直达天际。

塔楼入口处由双层通高大厅、11层通高的中庭和绿墙组成。绿墙的设计在公共区域有助于提高空气质量。大厅空间为音乐和文化活动预留，并作为整座城市文化活动的拓展部分。外立面上的"北极光"LED灯饰吸引着大众进入建筑内部。塔楼底部的矩形平面提供了简洁高效的开放空间。在办公层部分，建筑平面逐渐缩小并成"像素化"布局，为办公室提供了小型的阳台空间。景观化的中庭屋顶则是室外平台，办公室使用者通过平台可以有更多机会接触大自然。

对于业主和城市来说，使用者和社区都从项目中受益是非常关键的。塔楼为用户提供了最高质量的自然光照，优化了能源效率，降低了水消耗，并由当地材料建造，与周围环境融为一体。为了获取能源与环境设计（LEED）白金认证，建筑塔楼提供100%新鲜的室内空气和最好的自然光照条件，并且比同类建筑减少了更多的水消耗。在塔楼建造过程中，倡导就地取材，且重点是不含对环境有害物质的材料。该项目提供数以百计的工作机会，促进了当地经济的发展，为熙熙攘攘的市区提供了生机勃勃的氛围。泰勒斯天空塔将先进的通信技术和宜人的环境相结合，以利于长期可持续发展。∎

（翻译：徐宁；审校：王莎莎）

竣工日期：2019年5月
建筑高度：225 m
建筑层数：59层
建筑面积：70 611 m²
主要功能：住宅/办公
业主：Westbank Projects Corporation
建筑设计：BIG建筑事务所；DIALOG
结构设计：Glotman Simpson Consulting Engineers
机电设计：Integral Group Inc.；Reinbold Engineering
总承包商：ICON West Construction
其他CTBUH会员顾问方：CadMakers Inc. (BIM)；DIALOG（景观）；Gradient Wind Engineering Inc.（风工程）
其他CTBUH会员供应方：Doka GmbH（模具）；ArcelorMittal（钢材）；Walters Group Inc.（钢材）

摄影：Ema Peters

图1 塔楼的大厅反映了合二为一的功能，将具体活力的一面展现给城市（摄影：Ema Peters）

图2 住宅单元在高处有节奏地逐渐缩小
（摄影：Ema Peters）

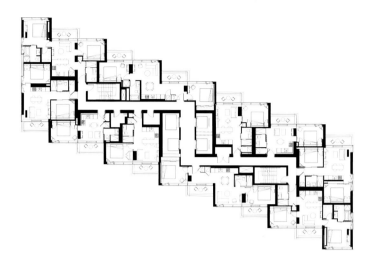

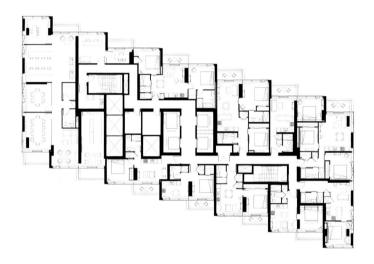

图3 夺目的中庭由波浪形的植被装置和Z字形楼梯组成，欢迎着来访者（摄影：Ema Peters）

建筑立面自下而
上由平滑转化成
逐渐后退的三维
构成空间。

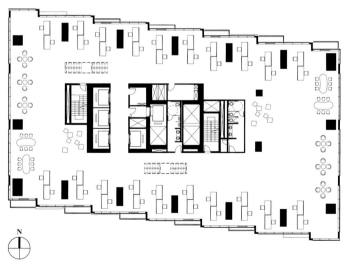

图4 22层平面（下图），31层平面（中图），45层平面（上图），说明了办公层到住宅层的面积逐渐变小 @ BIG建筑事务所

重庆来福士

中国，重庆

重庆来福士（RCCQ）位于嘉陵江和长江交汇处，城市半岛顶端，是一个充满活力的综合开发项目。该项目占地9.2公顷，包括8个高层建筑矗立在商业裙楼之上。一座300 m长的封闭式空中连廊将该开发项目中的4座塔楼相互跨接。作为世界上发展最快、人口最密集的城市之一，RCCQ为重庆提供了超过45 000 m²的户外设施。裙楼屋顶上的公园展示了园景花园、水景、公共艺术和活动空间。通过空中连廊内的公共设施，该开发项目还将公众吸引到项目的最高层。项目通过一个新的多式联运交通枢纽，显著地改善了该地区的行人可达性。该开发项目还整合了多个入口点，通过创新的交通分流系统，以及一条贯穿购物中心的五层公共人行道，将裙楼公园和朝天门广场直接相连，与城市陡峭地形相适应。作为振兴城市历史核心的催化剂，该项目将城市与具有重要历史意义的著名广场重新连接起来，将其延伸为公园的积极活跃空间。

重庆来福士就像河上航行的船队，象征着这座城市繁华的贸易历史和其作为中国最大经济中心之一的未来。该项目包括住宅、办公、酒店和服务式公寓。作为城市的延伸，塔楼的定位遵循商业街廊确立的地块布局，形成一系列"城市窗户"，以最大程度地利用日光，并通过项目与河流及其后的山脉起伏相融合，以保护城市景观。塔楼的北侧设有一个形似"风帆"的遮阳屏，其曲面形成扬帆效果，使立面保持一致性，为居民和办公室工作人员过滤日光。

该项目横跨4座塔楼的封闭天桥内可以提供15 000 m²的各种设施，如花园，大量的餐饮、酒吧及活动空间，带无边泳池的住宅会所和酒店大堂。天桥重达12 000吨，利用折叠式结构框架，通过集成式幕墙围合而成，共使用了3 000块玻璃和5 000块铝板。尽管当地存在极端气候情况，但是封闭式空中花园和设施全年都向游客开放。朝西立面的金属面板和朝东立面的玻璃窗可以在上午为游客提供自然光，而在下午则可以遮阳。重庆来福士体现了一种审慎的方法，在高度发达的市中心内解决人口密度、社区连通性和城市更新问题。

为了提供与周围城市环境相一致的方位感，购物中心的三个主要街廊与城市的主要南北街道对齐，这也是城市主要南北街道在概念上的延伸。商业街廊位于塔楼之间，创造出合乎逻辑的内部"街道"，穿过商业裙楼直达朝天门广场。每一条内部街道都通过连续的天窗获得自然采光，同时可以欣赏到上方塔楼的景色。另外两条街廊从东向西延伸，让游客可以欣赏到嘉陵江和长江的景色。■

（翻译：郭菲；审校：王莎莎）

竣工时间：2019年12月
建筑高度：T3N, T4N：354 m；T2, T5, T3S, T4S：256 m；T1, T6：228 m
建筑层数：T3N：79层；T4N：74层；T2：57层；T5：58层；T4S：51层；T1；T6：52层；T3S：48层
建筑面积：1 134 260 m²
主要功能：T1, T2, T3N, T5, T6：住宅/零售；T4N, T4S：酒店/办公/零售；T3S：办公/零售
业主/开发商：凯德集团
建筑设计：萨夫迪建筑事务所；重庆建筑设计研究院；P&T集团
结构设计：奥雅纳；重庆市设计院有限公司
机电设计：WSP；P&T集团
总承包商：中建八局；中建三局
其他CTBUH会员顾问方：奥雅纳（民用、消防、岩土、LEED、可持续性）；Rider Levett Bucknall（成本、工料测量）；ALT有限公司（ALT Limited）（幕墙）；萨夫迪建筑事务所（室内）；bpi（照明）；RWDI（风）
其他CTBUH会员供应方：通力（电梯）；佐敦（油漆/涂料）；Sika服务公司（Sika Services AG）（密封剂）

摄影：SFAP

图1 弧形的无边水池是该项目最引人注目的特色之一，位于离地面230多米高的"水晶"空中连廊内（摄影：SFAP）

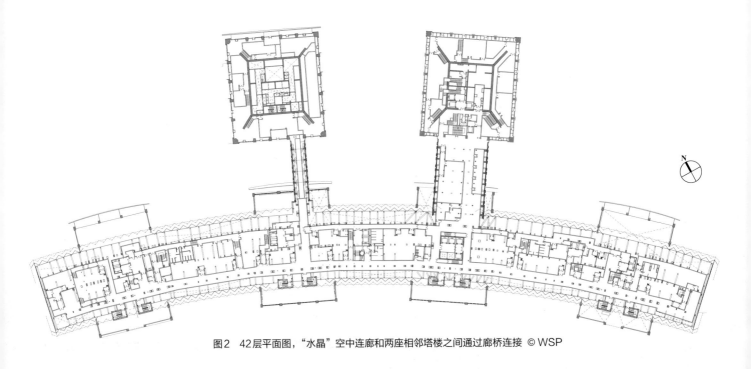

图2 42层平面图，"水晶"空中连廊和两座相邻塔楼之间通过廊桥连接 © WSP

图3 高空设施包括各种餐饮和酒吧，在里面都可以欣赏到美不胜收的山河城景
（摄影：SFAP）

> 尽管当地存在极端气候情况，但是封闭式空中花园和设施全年都向游客开放。

图4 "水晶"空中连廊的西端，观景台从2号塔顶部悬挑出来，布置有大量绿植（摄影：SFAP）

汉京中心

中国，深圳

汉京中心（Hanking Center）毗邻大学、研究机构、科技巨头总部和住宅区，它代表着深圳这座国际化大都市在融合学术、文化和商业方面的特性。汉京中心坐落于深南大道的重要位置，其高耸并富有动态的外形重新勾画出南山区的天际线。环绕着绿植的宽阔广场将社区融为一体，并向公众传达出该建筑的开放和全球企业的信息。建筑的主入口位于南侧、北侧和西侧，入口前宽阔的广场为周围的居民和上班族提供了全天候的公共空间。

塔楼的设计重新思考了传统的办公建筑，并表达了对当代城市生活的渴望和价值。设计中表达了独特的环境，它体现了汉京集团进取、合作、成就、开放、独立和健康的工作氛围。建筑也体现了南山区创新与进取的特质，南山区则是深圳快速发展的科技与交流的核心区域。

在建筑内部，空间的重新布局改变了传统办公塔楼的设计概念。通过服务核心筒位置的改变，创造出宽敞、开放和灵活的办公空间。这一改变促使自然光和新鲜空气激活了工作环境，并为建筑立面和核心筒之间提供了丰富的公共空间，这一设计体现在多个空间元素中，比如被数层通高的绿墙围绕的采光中庭，建筑内的空中连廊和引人注目、棱角分明的裙房。当抵达裙房，并进入这个高耸的幕墙建筑内时，大众显然会将这个建筑与其他笔直并以中心核心筒设计的建筑塔楼区分开。在裙房内，充满光线的大厅被精致的多样空间所打破，一些场所布满了深色的抛光钢构件和悬空网状天花，另外一些空间则由于布满绿植的玻璃橱窗或光线阴影的作用形成了特别的效果。

偏移的核心筒设计是建筑成为新兴科技的孵化器，并且提高了企业成长中空间使用的灵活性。建筑的透明玻璃外立面不仅可以展示内部的机械和结构框架，也提供了令人神往的室外视角和丰富的自然光。可开启扇最大化促进了空气流通，提升了室内人员的舒适性和工作效率。与此同时，连续的平面空间体现了开放性、灵活性和创造性。汉京中心为使用人员和周边社区提供了一个丰富的交流和工作空间。∎

（翻译：徐宁；审校：王莎莎）

竣工时间：2018年8月
建筑高度：359 m
建筑层数：65层
建筑面积：166 299 m²
主要功能：办公
业主：汉京集团
建筑设计：墨菲西斯事务所；筑博设计
结构设计：John A Martin & Associates；WSP；筑博设计
机电设计：筑博设计
项目管理：墨菲西斯事务所
总承包商：中建四局；中建科工集团有限公司
其他CTBUH会员顾问方：Parsons Brinckerhoff Consultants Private Limited（防火和竖向交通）；HASSELL（室内）；CBRE（物业管理）；RWDI（风工程）
其他CTBUH会员供应方：日立（电梯）；CoxGomyl（立面维护设备）；佐敦（涂料）

图1 核心筒与办公空间的分离为光线进入空间动态和室内天桥跨越建筑结构创造了机会（摄影：筑博设计股份有限公司）

数层通高的绿墙围绕的采光中庭，建筑内的空中连廊和棱角分明的裙房都突出了塔楼设计与传统的区别。

图2 绿色景观墙为大厅中庭带来活力（摄影：筑博设计股份有限公司）

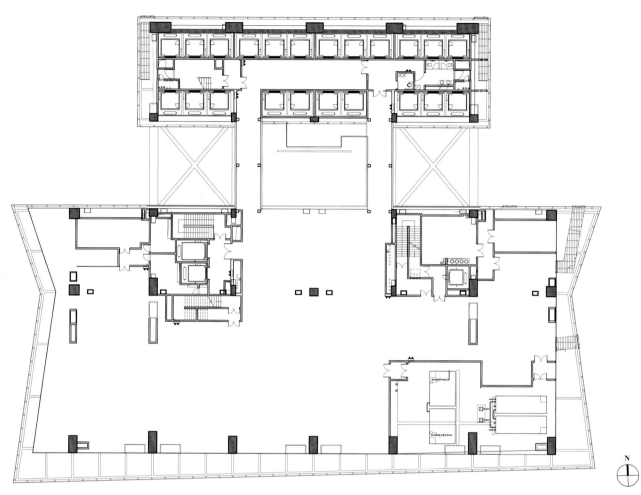

图3 典型平面表达了清晰的大跨度电梯结构 © 筑博设计股份有限公司

图4 裙房为建筑提供了一个有趣且抽象的
出入口（摄影：筑博设计股份有限公司）

中央公园大厦

美国，纽约

这座豪宅建筑位于曼哈顿的亿万富翁街（Billionaire's Row），距离中央公园（Central Park）仅几步之遥，庞大的体量为设计超高强度和优雅的大型建筑提供了绝佳的机会。卓越的建筑设计和缜密的工程设计造就了宽阔的平面及独一无二的全景视野：北向中央公园，南望著名的曼哈顿天际线，东西两侧面向标志性河流。该项目90%以上的住宅都拥有中央公园的景观视野。大厦坐落于百老汇（Broadway）和第七大道之间的第57街，位于哥伦布圆环广场（Columbus Circle）和广场区（The Plaza District）的交叉路口，是纽约市首屈一指的居住、商业、零售和文化街区。著名的时装品牌诺德斯特龙（Nordstrom）在这里开设了一家旗舰店。

中央公园大厦外形优美雅致，是曼哈顿天际线上浓墨重彩的一笔。立面玻璃、拉丝不锈钢和捕捉光线的横竖细节元素错落交织，使整个建筑尤其与众不同。大厦有技巧的大体量设计，将公园、河流和城市景观视野发挥到最优效果。在距离街道路面195 ft（约59 m）的高度，大厦向东挑出约30 ft（约9 m）的高度，为所有北向住宅提供了中央公园的景观视野。不锈钢羽翼装饰元素自下而上遍布整座塔楼，强化了立面的纵向感，整座建筑的色彩和质地随着阳光在建筑表面的移动而不断变化。

非凡的景观视野是中央公园大厦最重要的特色。建筑设计由内而外，将无与伦比的全景视野效果发挥到最佳。宽阔的起居空间和娱乐空间巧妙地布置在住宅的角落，增大了观景角度，为住户带来更广阔的城市景观视野。塔楼结构构件巧妙地隐蔽在住宅单元之间，玻璃幕墙整体平整，视野通透无遮挡，平面空间宽敞。大厦住户将成为中央公园俱乐部（Central Park Club）的专属会员，可享受位于塔楼14层、16层及100层约50 000 ft²（约4 645 m²）的豪华设施与尊享服务。

宽阔的"天空俱乐部"位于海拔超过1 000 ft（约305 m）的塔冠，设有可容纳130人的大宴会厅、私人酒吧、餐厅和一间可享受红酒与雪茄的休息室。宾客无论在哪个房间都可享受独一无二的中央公园和城市景观视野。中央公园大厦是结构、形式、功能与性能有机结合的完美代言。∎

（翻译：任一凯；审校：刘敏）

竣工时间：2020年12月
建筑高度：472 m
建筑层数：98层
建筑面积：119 409 m²
主要功能：住宅
业主/开发商：Extell开发集团；SMI USA
建筑设计：Adrian Smith + Gordon Gill Architecture；AAI Architects, P.C.
结构设计：WSP
机电设计：AKF Group LLC
总承包商：Lendlease
其他CTBUH会员顾问方：Cerami & Associates（声学）；Langan Engineering（土木、环境、地质工程）；Metropolitan Walters：A Walters Group Company（阻尼器）；AKF Group LLC（energy concept, 消防）；Permasteelisa Group（立面）；Extell Marketing Group（市场营销）
其他CTBUH会员供应方：A&H Tuned Mass Dampers（阻尼器）；奥的斯（电梯）；Doka GmbH（模板）；ArcelorMittal（钢结构）

摄影：Oscar Nunez

图1　塔楼位于曼哈顿57街的亿万富翁街（摄影：Evan Jospeh）

图2　大平层住宅单元享有中央公园、中城、哈德逊河及其他区域的全景视野（摄影：Evan Jospeh）

> 中央公园大厦是全球最高的住宅。90% 以上的住宅单元拥有中央公园的景观视野。

图3　塔楼在周边建筑上空出挑，为这个稀缺的地段释放了额外的建筑空间（摄影：Jonathan Walgamott of Extell）

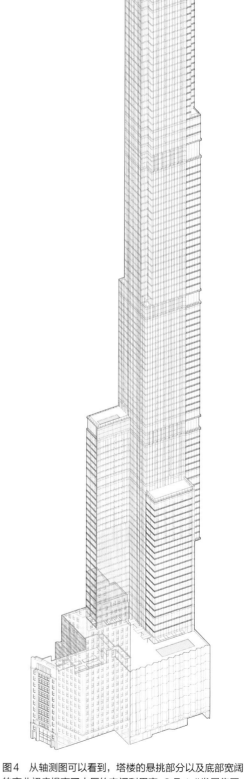

图4　从轴测图可以看到，塔楼的悬挑部分以及底部宽阔的商业裙房提高了大厦的空间利用率 © Extell 发展集团

4

前沿研究

可持续高层建筑设计范例

特大城市 vs. 城市蔓延:"密集化 vs. 社会分散

迈向碳中和的高层建筑:隐含碳的作用

复杂建筑的数字设计策略

在设计初期减少高层建筑结构的碳排放

新常态下的新方案

超越工业4.0的城市系统化设计

呼吸式幕墙的性能评估与运行优化

超高层建筑声污染控制的探究

高层建筑照明设计:历史、技术和可持续性

可持续高层建筑设计范例

文/威尔·米兰达（Will Miranda），丹尼尔·萨法里克（Daniel Safarik）

威尔·米兰达
CTBUH研究经理

威尔·米兰达，CTBUH研究经理。他来自纽约北部，后搬到芝加哥，在伊利诺伊理工学院获得了建筑学学士学位。2016年加入CTBUH意大利威尼斯办公室，作为威尼斯建筑大学的研究学者进行编辑和研究协助工作。2019年，他回到芝加哥，在担任研究学者的同时，负责CTBUH的高层和城市数据库的建筑图纸和数据管理工作，主要关注采用数据分析解决从人的尺度到城市尺度规模的设计问题。

摘要

全球约97座城市签署了C40城市气候承诺目标（包括一些人口超过1 000万的特大城市），即在2030年实现净零碳排放。随着这一目标日期的临近，本文对一些堪称典范的高层建筑进行回顾和评估，以总结目前所取得的进展以及我们所面临的挑战。建筑行业作为实现城市可持续目标的关键要素之一，高层建筑的开发商、设计师和建设者有责任理解什么是可行的，并应当在行业内和其所建造的社区内推广以其项目为代表的最佳实践。

关键词：碳排放；隐含能源；净零；运营能源

1 引言

联合国政府间气候变化专门委员会（Intergovernment Panel on Climate Change，IPCC）是联合国负责评估与气候变化有关的数据和技术的研究机构。2015年，在《联合国气候变化框架公约》（United Nations Framework Convention on Climate Change，UNFCCC）上，IPCC受命研究全球变暖的影响和减少温室气体（Greenhouse Gas，GHG）排放的途径。2018年，IPCC发布了《全球变暖1.5℃特别报告》，提出了未来展望："如果未来几年不制定在2030年前大幅减少温室气体排放量这一更严格的计划来应对气候变化，那么全球变暖将在接下来的几十年里（比工业化前平均升温1.5℃）对脆弱的生态系统造成不可逆转的破坏，人类和社会将面临一次又一次的危机。"（IPCC，2018）

平均温度上升1.5℃似乎并不明显，但如果全球总体温度上升2.0℃，世界将面临更为严峻的后果。IPCC在气候风险评估中指出，当气温平均上升1.5~2.0℃时，全球粮食安全、水资源、干旱、高温和海平面上升等问题将从"中等"风险转变为"高风险"（IPCC，2018）。这项研究是对2015年《巴黎协定》目标拟定的有力支撑。《巴黎协定》是一项具有法律约束力的国际条约，要求与工业化前的水平相比，参与国家将全球变暖限制在2.0℃以内，最好控制在1.5℃以内（联合国，2015）。随着人口的增加，为避免全球平均温度上升超过1.5℃，各国必须进行有效创新和改进工业生产方式，从而限制温室气体排放。

该协定指出，各国必须公开透明地报告所有减缓气候变化的措施以及在实现这一目标所取得的进展。为此，国际绿色建筑委员会（Green Building Council，GBCs）积极制定战略以减少建筑行业的排放，最终实现新建筑净零排放的目标。换言之，在建筑的建造或运营过程中排放的所有温室气体都将被列入计算结果。

丹尼尔·萨法里克
CTBUH研究与思想领导总监

丹尼尔·萨法里克是CTBUH研究与思想领导总监，在学会主要负责制订研究计划的战略方向，为CTBUH杂志挑选和编辑研究论文、案例研究和专题，同时参与撰写和编辑学会各类出版物。作为一名建筑师和记者，曾在2008—2011年担任Brooks+Scarpa建筑事务所（前身为Pugh+Scarpa建筑事务所）的市场总监。他拥有俄勒冈大学的建筑学硕士学位和西北大学的新闻学学士学位。

2 高层建筑的影响

联合国环境委员会指出，"建筑和建筑业应该成为温室气体减排工作的主要目标对象。"

尽管2013—2016年的建筑排放量开始趋于平稳，但是2017年、2018年二氧化碳总量（$GtCO_2$）连续两年增长2%，达到9.7 $GtCO_2$（GlobalABC和IEA，2019）。为了遵循《巴黎协定》的要求，避免全球变暖2.0℃带来的气候、经济和社会后果，必须减少所有建筑排放，这与过去十年世界总建筑面积和人口持续增长的事实相悖。

建筑行业约占全球能源和加工相关二氧化碳排放量的39%。其中28%的排放来自现有建筑运营阶段（17%来自住宅建筑，11%来自其他功能），剩下的11%的排放来自建筑业以及建筑材料和产品的制造，如钢铁、水泥和玻璃（GlobalABC和IEA，2019）。这两种排放，一类通常被称为建筑物的"运营碳（operational carbon）"，即建筑物在使用期间产生的排放量；另一类为建筑所产生的"隐含碳（embodied carbon）"，即建筑材料的生产、制造、运输、施工和拆除阶段产生的排放量（SPOT UL，2020）。大部分运营排放为间接排放，主要是指在建筑运营阶段中电力和热力等其他能源带来的碳排放，约占所有二氧化碳排放的19%。剩余约9%为直接的运营排放，例如为了加热和冷却在现场燃烧化石燃料所产生的排放。

3 运营和隐含能源目标

国际能源署（International Energy Agency，IEA）指出，要将全球平均气温上升限制在1.5℃以内，就必须在2050年前实现全球二氧化碳排放量净零目标，具体内容包括"呼吁人类彻底改变能源的生产、运输和消费方式"。据预测，到2050年，建筑行业的二氧化碳排放总量需要下降95%以上，而与此同时，建筑行业的总建筑面积预计将增长75%，其中大部分增长集中在新兴市场和发展中经济体（IEA，2021）。大量技术已经开始被广泛运用以帮助实现这一转变，如改进新建筑和现有建筑的围护结构、热泵和节能电器的使用等。在美国，最大的碳排放来源是供暖制冷、水暖、烹饪、电器、电子产品和照明（图1）（美国能源情报署，2018）。为了加速推动建筑行业迈向净零排放，世界绿色建筑委员会（The World Green Building Council，WorldGBC）等组织发起了"净零碳建筑承诺"，重点聚焦建筑排放最具影响力的方面，并将净零运营碳排放作为全球建筑和城市的目标。

这些雄心勃勃的策略、路线方针、政策和承诺为激励建筑行业实现运营碳的净零未来提供了指南。运营碳是二氧化碳排放的最大元凶，话虽如此，随着运营碳的减少，隐含碳的影响力会逐渐增加。讽刺的是，许多用于减少运营排放的技术反而会增加隐含能源的使用。到2050年，隐含碳预计将占建筑行业总碳足迹含量的一半（WorldGBC，2019），而随着对运营碳排放技术的不断改进，隐含能源也应该被纳入考虑和重视，以确保资源得到有效利用。

4 解决高层建筑的碳排放问题

在全球范围内，建筑行业已经开始将可持续性设计作为首要目标。本节将简要介绍全球范围内的一些高层建筑。在建筑选择上，各地区选择一座建筑进行介绍，这些建筑融入当地环境，并通过相应设计策略减少了运营碳和隐含碳的排放。

澳大利亚：中央公园一号，悉尼（116 m，34层，2014年竣工）

传统的高层住宅建筑通常不具备良好的能效，但悉尼中央公园一号并非如此。其以长达5 km的水培种植系统和悬臂式日光反射装置为特色，可实现对太阳光线的追踪和

> 讽刺的是，许多用于减少运营碳排放的技术反而会增加隐含能源的使用。

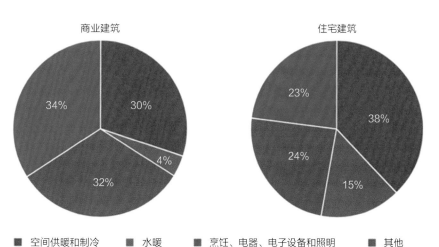

图1　在美国的建筑中，二氧化碳排放最主要来自供暖和制冷、水暖、烹饪、电器、电子设备和照明。"其他"是指被美国能源信息管理局归类为"其他电力负荷"的项目，如数据服务器、吊扇和水泵。资料来源：美国能源信息管理局（2018）

图2 悉尼中央公园一号以其长达5 km的雨水收集灌溉系统以及40个悬臂式日光反射装置而闻名。该装置可以根据太阳轨迹，以最佳方式将太阳光线反射到热量和光照不足的地区（摄影：Marshall Gerometta）

图3 悉尼中央公园一号项目中的定日镜装置为建筑遮光阴影区域提供数小时的阳光和热量（摄影：Terri Meyer Boake）

人为调节（图2）。这两种装置对悉尼的亚热带气候特征尤为适用。使用可回收的聚乙烯种植箱水培绿植，可以减少高达20%的太阳能对公寓的影响，同时通过植被的遮阳可以再次减少20%的太阳能，与传统的金属百叶窗相比，其能更好地节约能源。建筑种植超过18万株植物吸收热量和二氧化碳，释放氧气，并由1 mL/d的黑水处理设施灌溉，减少了淡水泵的能源消耗。

中央公园一号的被动式太阳能系统使用了42面定日镜和320面固定镜面，能为遮蔽的阴影区域提供数小时的太阳光线，甚至可以分出50%的反射太阳光热量用于加热屋顶游泳池（图3）。该多面反射器同时为高塔楼西侧立面提供遮阳设备。由于植被覆盖面积难以量化，定日镜系统也没有主动产生能量，因此它们没有列入澳大利亚的BASIX和绿色星级计算范围。建筑通过采取一些隐蔽节能措施以在可持续性认证方面取得优异成绩，例如部署了一个30 MW的中央发电厂和一个2 MW的三联发电系统。通过这一系列的策略，中央公园一号的能耗与新南威尔士州建筑的平均水平相比减少了26%（Nouvel和Beissel，2014）。

中东：巴哈尔塔，阿布扎比（145 m，29层，2012年竣工）

该双子塔作为当地美学代表建筑的同时，试图解决沙漠气候中太阳眩光和热量的影响（图4）。建筑立面表皮借鉴该地区的传统窗花元素马什拉比亚（mashrabiya），通过参数化和算法研究设计出一系列可操作的半透明聚四氟乙烯（PTFE）面板（图5）。

每块面板可以根据太阳的轨迹收放自如，在允许光线进入建筑物的同时阻隔直接眩光和热量，减少了建筑物对人工照明和整体冷却负荷的需求，每年可节省约1 750吨二氧化碳。

建筑整体造型根据立面系统进行优化，并且考虑圆形楼板的墙与楼板比例效率，建筑中的水通过一系列太阳能热板加热，节省隐含碳排放。该措施为项目赢得LEED银级认证（Wood和Henry，2012）。

中/南美洲：雷福马之塔，墨西哥城（246 m，56层，2016年竣工）

雷福马之塔（图6和图7）和中央公园一号、巴哈尔塔一样实施创新的策略以降低温暖的气候条件下的空间温度。建筑中所有的雨水和废水全部通过污水处理重复利用于空调、浴室和街道的灌溉。水箱沿着塔楼分散布置，利用重力驱动取代能源消耗大的水泵。大楼设置自动停车系统，无需照明或通风，也没有尾气排放，通过电动电梯取代引擎发动将汽车运至停车层，减少环境的负荷和能量的排放。

除重力水泵和自动停车场系统外，建筑立面同时采用混凝土剪力墙和双层玻璃幕墙，以提高最小遮阳系数（shading coefficient，SC）、太阳热增益系数（solar heat

图4 阿布扎比巴哈尔塔的立面表皮借鉴该地区的传统窗花元素马什拉比亚，一种中东地区传统的格子屏风，可起到建筑物遮阳的作用 © Still ePsiLoN（cc by-sa）

图5 阿布扎比的巴哈尔塔中每块面板可以根据太阳的位置自动打开和关闭，确保光线进入建筑物（和向外看的视线），也可以阻隔眩光和热量（摄影：Terri Meyer Boake）

gain coefficient，SHGC）、u 值、反射值，其透光水平远高于美国采暖、制冷和空调工程师协会（ASHRAE）的推荐值，相比于同等规模的传统建筑可减少24%的总能源消耗（Boy，2017）。窗户自动控制系统会在黎明前打开窗户，自然通风的三层通高中庭种满植物进一步为建筑提供凉爽的空气流，改善空气质量。

非洲：当代艺术博物馆，开普敦（58 m，14层，2017年竣工）

Zeitz非洲当代艺术博物馆改造自一座拥有90年历史的废弃粮仓，直接在现有的粮仓墙壁上浇铸一层250 mm厚的新混凝土（图8），节省了大量的隐含碳排放。同时，采用当地劳动力和材料（不包括专用太阳能控制玻璃），进一步减少了隐含碳排放。该项目利用计算流体动力学分析了太阳能控制玻璃的冷却和加热需求，有效地将太阳能热增益降至最低（图9）。

筒仓立面采用专业的机电设计和蓄热性能良好的拱形裸露混凝土以构建精确的控制系统，在减少对建筑电力需求的基础上，保证了内部空间的温度和湿度，使供人观赏的易损艺术展品免受外界环境的影响。

除了以上所采取的减少能源负荷措施外，该项目利用附近的海水资源作为热源和散热器对区域范围内的系统进行空间的加热和冷却。同时对整个辖区的设备系统进行了优化，可最大限度地提高加热和冷却循环的效率（Archer和Brunette，2018）。

亚洲：华润大厦，中国香港（178 m，50层，1983年竣工，2013年翻新）

与非洲当代艺术博物馆一样，华润大厦（图10）对现有建筑结构进行改造，在采用了现代暖通空调技术和操作

标准的同时，保留了原有建筑97%的维护结构、核心筒、楼板和屋顶。此外，项目实施建筑垃圾管理计划，回收再利用1 977吨建筑垃圾，占建筑垃圾总量的81.3%。和前面的案例一样，华润大厦利用其靠近维多利亚港得天独厚的地理优势，在大楼内安装了海水冷却机组，相较于传统的风冷机组节省约20%的能源。

改造后的立面表皮和照明系统减少了运营碳排放（图11）。项目立面采用低辐射涂层玻璃以减少太阳热量，同时使用了节能环保的LED灯和荧光灯替代传统的T8灯配件，前两者需要的维护更少，使用寿命更长（Wan等，2015）。

欧洲：Stadthaus公寓（30 m，9层，2009年竣工）

Stadthaus公寓于2009年完工，是最早使用正交胶合木（CLT）面板的现代高层建筑之一（图12和图13）。木材本身具有固碳属性，捕获了原本会被垂死树木释放到大气中的碳，因此，高层建筑使用木材作为主要结构材料可以减少大量隐含能源消耗。

CLT面板施工类似于围护预制混凝土的木制模板，但没有混凝土所带来的一系列环境问题。与混凝土不同的是，CLT面板在其全生命周期结束时可以进行拆卸和回收。一旦CLT建筑结束使用，模块化的面板系统便可以相对容易地进行维修或再利用。Stadthaus公寓的木结构储存了超过约188吨的二氧化碳。此外，由于其没有使用钢筋混凝土框架，排放至大气层中的二氧化碳量减少了约124吨，相当于建造同等规模建筑21年的碳排放量。

对运营碳而言，CLT是一个充满空气的固态保温围护结构。当与刚性绝缘、木质包层和胶泥石膏板结合时，

图6 墨西哥城的雷福马之塔使用混凝土剪力墙来限制太阳热量的增加 © HEXA

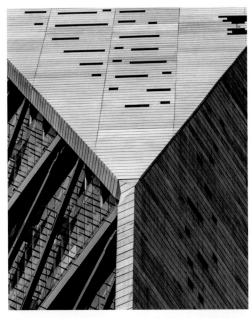

图7 墨西哥城的雷福马之塔混凝土墙壁上留有缝隙和开口，可选择性地允许自然光进入，立面同时采用双层玻璃幕墙为建筑提供自然通风 © HEXA

图8 位于开普敦的Zeitz非洲当代艺术博物馆是一个粮仓改造项目，在其发挥设计创造力的同时极大地限制了隐含能源的使用 [摄影：Matti Blume（cc by-sa）]

图9 开普敦 Zeitz 非洲当代艺术博物馆太阳能控制玻璃的冷却/加热需求采用计算流体动力学进行分析，有效地将太阳能热增益降至最低 © Soomness（cc by-sa）

图10 中国香港华润大厦对现存建筑进行改造，采用了现代暖通空调技术和操作标准，保留了原有建筑97%的维护结构、核心筒、楼板和屋顶 © Wing1990hk（cc by-sa）

图11 中国香港华润大厦立面细节图，该大厦采用特殊涂层的 Low-E 玻璃限制太阳能的吸收 © Powfreytmn（cc by-sa）

图12 伦敦Stadthaus公寓于2009年完工，是最早使用正交胶合木（CLT）面板的现代高层建筑之一（摄影：Will Pryce）

图13 伦敦Stadthaus施工中公寓内部，表现了木板材料和结构的美学和简单性，同时增加了其作为碳汇的价值（摄影：Will Pryce）

> 在中国香港华润大厦项目中，81.3%的建筑垃圾被回收或再利用。

CLT可以有效隔绝和减缓气流。也就是说，CLT墙体系统具有透气性和抗霉菌性，在与高功能性机械和空气管理系统搭配使用时，可以为居住者创造一个健康的室内环境（Northrup，2010）。

北美：美国银行大厦，纽约市（366 m，55层，2009年竣工）

美国银行大厦作为坐落于超级城市的企业总部，以其规模和突出的地位举世闻名。大厦采用先进的清洁燃烧技术，其5 MW的发电厂提供了建筑物大约65%的年度电力需求，并在日间高峰时期为大厦减少了30%的用电需求（图14）。大厦的蓄热系统以冰为介质，夜间制冰，降低城市电网负荷，白天利用冰的融化对空间进行制冷（图15）。每年降落在该地区的1 200 mm雨雪几乎全部被收集起来，并重新作为灰水用于厕所用水和冷却塔供应。以上一系列

策略，加上无水便池和低流量装置的使用，每年可节省约770万gal（2 900万L）饮用水。

建筑的再生性在整个建造过程中占有举足轻重的地位，91%的建造和拆除材料均由废物垃圾转变而来。包括钢材在内的建筑材料，由至少75%的回收成分制成，混凝土材料由含有45%回收成分（高炉炉渣）的水泥制成。为了保护室内空气质量（Indoor Air Quality，IAQ）和自然资源，室内材料选用低挥发性有机化合物（Volatile Organic Compounds，VOC），材料均可可持续采集，由当地生产并尽可能被回收利用。

该建筑超高的室内空气质量得益于医院级95%的空气过滤系统、充足的自然采光、2.9 m高的天花板、带有独立控制器的地板通风系统、全天候空气质量监测系统以及视野开阔的透明落地玻璃幕墙。这种高性能幕墙能够通

过Low-E玻璃和热反射陶瓷熔块最大限度地减少太阳热量的获得；通过自动日光调光系统减少人工室内照明，从而减少因照明和冷却所消耗的高达10%的能源（Wood和Henry，2011）。

5　结论

毫无疑问，建筑行业迫切需要在短短几年内大幅减少其碳足迹。虽然本文一系列最佳案例的总结和研究本身并不会直接推动城市履行《巴黎协定》《C40》或任何其他倡议的气候义务，但建筑行业和政府有义务尽可能详细地了解建筑技术革新的发展潜力，用以抗衡气候变化对快速增长城市的影响。如果不去论证这些可能性，就不会有进步。只有结合最佳建筑、运营实践、交通和规划政策、能源政策以及建成环境多样性中的政治意愿，社会才有机会朝着有利于气候改善的方向发展。■

参考文献

Archer F, Brunette T. A Silo in Form Only. The Arup Journal, 2018(1): 15–20.

Boy J. Mexico's New Tallest is an "Open Book". CTBUH Journal, 2017: 12–19.

Global Alliance for Buildings and Construction (GlobalABC), International Energy Agency (IEA), United Nations Environment Programme (UNEP). 2019 Global Status Report for Buildings and Construction.Nairobi: United Nations Environment Programme (UNEP), 2019.

International Energy Agency (IEA). Net Zero by 2050. 2021, Paris: IEA. https://www.iea.org/reports/net-zero-by-2050.

Intergovernmental Panel on Climate Change (IPCC). Global Warming of 1.5°C. Geneva: IPCC, 2018.

Northrup J. The Disruptive Application of Cross-Laminated Timber as Load Bearing Structure: The Stadthaus at Murray Grove. Material Territories: Exploring Disruptive Applications in Architecture. Minneapolis: University of Minnesota School of Architecture, 2010.

Nouvel J, Beissel B. Going for Green, Heading for the Light. CTBUH Journal, 2014(5): 12–18.

SPOT UL. Embodied vs Operational Carbon. 2020. https://spot.ul.com/blog/embodied-vs-operationalcarbon/.

United Nations (UN). Paris Agreement. https://unfccc.int/process-and-meetings/the-paris-agreement/the-paris-agreement.

US Energy Information Administration (EIA). Annual Energy Outlook 2018. 2018. https://www.eia.gov/pressroom/presentations/Capuano_02052018.pdf.

Wood A, Henry S. Best Tall Buildings 2010: CTBUH International Award Winning Projects. Chicago: Council on Tall Buildings and Urban Habitat (CTBUH), 2011.

Wood A, Henry S. Best Tall Buildings 2012: CTBUH International Award Winning Projects. Chicago: Council on Tall Buildings and Urban Habitat (CTBUH), 2012.

Wan K, Cheung G, Cheng V. Climate Change in Hong Kong: Mitigation through Sustainable Retrofitting." CTBUH Journal, 2015(2): 20–25.

World Green Building Council (WorldGBC). Bringing Embodied Carbon Upfront. London: WorldGBC, 2019.

图14　纽约市美国银行大厦的高性能幕墙通过低辐射玻璃和热反射陶瓷熔块最大限度地减少太阳热量的增加（摄影：Marshall Gerometta）

图15　纽约市美国银行大厦地下室的冰储罐。夜间制冰，白天利用冰的融化对空间进行制冷（摄影：Marshall Gerometta）

（翻译：徐婉清；审校：冯田，王莎莎）

本文选自 *CTBUH Journal* 2021年第3期。

特大城市vs.城市蔓延；
密集化vs.社会分散

文/阿斯特里德·皮伯（Astrid Piber）

阿斯特里德·皮伯
UNStudio 合伙人/高级建筑师

阿斯特里德·皮伯，UNStudio
事务所的合伙人和高级建筑师，
负责全球多个大型设计项目。皮
伯擅长从大型交通项目到定制室
内设计的多尺度项目，并将以人
为本的设计与以项目为中心的实
施联系起来。在阿纳姆中央车站
总体规划和杭州来福士综合开发
等项目中，其打破了建筑类型间
的隔阂，对设计进行了功能、经
济和面向未来的设计标准的综合
考量。

摘要

去中心化和"15分钟城市"是当前为应对城市挑战而提出的理念，但这些问题
将如何在高层建筑设计中得到解决？在意识到未来可能面临大规模流行病的背景下，
这些想法有何意义？未来的垂直方向上的扩张是否可以通过新的模型来解决，这些模
型是否考虑到目前横向发展领域面临的同样多重和复杂的挑战？我们是时候停止从单
一功能建筑的角度来理解城市垂直方向上的发展，而是将其视为多个城市系统沿垂直
轴向的一体化延伸。

关键词：密集化；特大城市；社会分散；可持续性；城市蔓延

1 边干边学

世界不同地区经历了第二波和第三波新冠疫情，与此同时，在城市设计和建筑领
域，围绕我们城市的未来保障性和可持续发展的问题也日益增加。世界目前仍然处于
不断变化的状态中；各国政府在当地和全球范围也实施了不同的政策和法规；同样，
开发商和投资者纷纷调整商业模式，以适应未知的未来。作为建筑师和规划师，我们
要如何针对这些新的动态来进行设计？目前，全世界都处于"边干边学"的状态，这
是一种独特的同步体验。一方面，在新型全球在线会议中，我们已经看到有关城市规
划问题的知识交流；另一方面，在我们直接生活的物理环境中，我们也目睹了自下而
上的举措改变着我们的环境，以及可能失败或成功的即时措施。显然，我们所熟知的
生命生态系统、城市发展和增长已被疫情彻底颠覆。人们普遍认为，三个关键驱动
因素——新法规和条文的引入、对可持续发展的呼吁以及技术层面的更多整合——
将在城市未来如何发展中发挥重要作用。后文，我们将探讨这些驱动因素，根据疫
情带来的挑战进一步研究城市密集化的未来，并研究后疫情时代对城市垂直扩张的
影响。

2 新冠疫情前的假设

在新冠疫情危机到来之前，我们预计到2050年将有25亿人迁入或出生在城市地
区。城市物理意义上的密集化，无论是向外还是向上，已经被认为是不可避免的，这
种预期致密化给城市规划者带来了巨大压力。事实上，预测表明，到2050年，世界
上2/3的人口将居住在城市地区（联合国，2018）。这种增长给我们的城市带来了环
境、社会和经济方面的巨大挑战。为了应对这种未来密集化的状态，城市已经进行了
不同形式的扩张，以提供充分的条件来满足不断增长的城市人口的需求，提供交通、
能源系统、住房，以及提供就业与服务，例如教育和医疗保健。越来越多的人迁移到
城市寻找工作，以提高自己的住房和生活质量，该现象在总体上，尤其在世界上的超

大城市中，并没有显示出减弱的迹象（图1）。

在疫情肆虐之前，城市规划者和政策制定者并不认为将如此多的人口和经济活动集中在几个较大的中心区域是首选解决方案。围绕特大城市的争论集中在特大城市、一线城市和二/三线城市之间的活动均衡分布，以及作为"经济引擎"的特大城市变得越来越令人难以负担，从而与较小的城市或更多的农村地区形成社会差距。

但是，如果我们不只关注特大城市，而是关注整个城市地区，那么从经济角度来看，城市起到了社会和经济双重驱动力的作用。在新冠疫情之前，城市密集化被视为一种积极的发展，其改善了许多人的生活。城市使人们能够相互靠近、相互交流、营造社区意识并避免社会孤立情况的产生。城市居民无须长途通勤，在短时间内便可到达他们的所有目的地。年轻一代似乎特别重视城市生活所能提供的便利性，这是郊区或农村地区难以提供的。

如果现在这些城市在病毒迅速传播后让人们感觉不那么安全，那么在后疫情时代，城市密集化的话题会不会变得不那么紧迫？我们认为，只要城市地区可以继续提供其他地方无法提供的经济、社会和文化效益，密集化仍将是一个重要挑战。

> 城市'不利于人们健康'的论点并不新鲜，历史上的流行病促使了新基础设施和规划法规的发展。

图1 大规模城市化趋势预计不会明显减弱；但是需要针对后疫情时代的现实情况进行调整。至少在塔楼底部提供绿地是必不可少的。此处展示：Daegu Wolbae iPark，大邱，韩国 © Rohspace

3 城市密集化会对公共卫生构成威胁吗?

从新冠疫情的角度来看，现在可以肯定地将城市内部密集化视为对公共健康的威胁。然而，为避免病毒传播而进行的空间上的分离，与集中城市以提高能源效率和尽量减少疫情蔓延的概念是背道而驰的。保持社交距离是对抗新型冠状病毒在全世界传播的主要预防措施。如果我们继续提高城市密度，是否会对生活在大型城市社区的人们造成额外的健康威胁?

城市"不利于人们健康"的论点并不新鲜，历史上的流行病促使了新基础设施和规划法规的发展。

随着18世纪和19世纪工业革命期间城市的发展，城市变得更脏、更污染、更不健康。19世纪，伦敦是世界上最大的城市，并以其烟雾而闻名，这些由煤炭产生的有害空气污染笼罩着这座城市几个世纪之久。然而，在伦敦霍乱病毒大流行时期，公共健康受到的威胁不是空气污染，而是下水道污水溢出而导致的水污染。该问题的解决方法是将主泵移到泰晤士河上游，使自来水公司能够为该市提供更清洁的水。同时，城市垃圾开始运出城市，泰晤士河泥泞的堤岸被公共基础设施和城市绿化所取代。

19世纪的霍乱大流行对纽约市的打击同样严重。为应对疫情，城市领导一方面从市中心驱逐了2万头猪，另一方面建造了一个41 mile（约66 km）长的渡槽系统，以从城市北部输送干净的饮用水。在纽约第二次霍乱暴发后，由

弗雷德里克·奥姆斯特德（Frederick Law Olmsted）和卡尔弗特·沃克斯（Calvert Vaux）设计的纽约中央公园规划立即启动。作为景观设计师，奥姆斯特德（Olmsted）倡导公园的治愈能力，他认为公园可以像城市的肺一样充当"污浊空气的出口和纯净空气的入口"。

从这些历史事件中可以得到的结论是，人类在应对此类威胁方面具有创造性，纵观历史，我们已经逐步成功地使我们居住的城市成为"更健康"的地方。新冠疫情是否会迫使我们规划更好的城市基础设施和（或）更多绿色公共空间这点还有待观察，虽然这两项措施可能是朝着正确方向迈出的第一步，但它们本身作用还不够（图2）。面对持续的密集化，以及我们目前在全球范围内进行的抗击疫情的斗争，除为我们的城市和建筑实施新的规则和法规外，我们必须把眼光放远。为了降低疫情暴发的风险，我们需要改变一些常规行为，以及推动疫苗和创新技术的使用。

4 从最近的经历中学习

在新冠疫情期间，世界上的一些特大城市，如上海、深圳、首尔和东京等，都采取了非常严格的防疫措施，与世界其他地区相比，病毒在这些城市的传播率确实相对较低。采取严格的检疫措施和监测，也最大限度地减小了第二波和第三波疫情暴发的风险。在像中国这样的一些国家

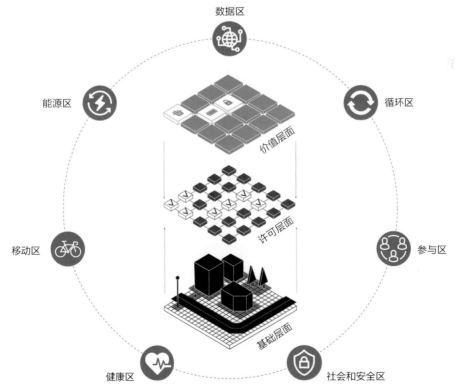

图2 以人和地球为中心的技术需要融入未来的城市。此处展示：Brainport智慧街区循环经济的概念示意，赫尔蒙德，荷兰

里，向特大城市的迁移似乎仍在继续。由于国民经济足够强劲，城市及其经济在最初的采取严格措施后也陆续恢复到接近正常的水平。然而，仍然存在许多不确定性，因为抗击全球大流行疫情仍需要共同努力，而世界不同地区的疫苗接种水平差异很大（Liang，2020）。

总的来说，全球受影响城市的政府实施了一些政策，以抑制城市的密集区域成为对公共健康的威胁。然而，人口数量不平衡、空间稀缺以及缺乏可负担的居住地让这些政策经受到了考验，因为过度的拥挤导致人们需要大量共享房屋。研究表明，当大量的人同住一处时，病毒的传播速度会更快，因此，世界上许多特大城市的病毒传播速度呈指数级增长。在印度，2020年6月近50%的新冠病例报告来自孟买、德里和金奈这三个特大城市。这三个城市拥有世界上最大的贫民窟，除了面临干净饮用水有限和垃圾过量的问题外，几乎不存在能满足保持社交距离所需的区域（Besra等，2020）。

更好的城市管理和包容性城市规划政策可以改善贫民窟居民和其他生活在拥挤环境中的人的生活条件。然而，由于引发了与社会可持续性、包容性和多样性有关的进一步问题，这既是一个政策议题也是一个规划议题。话虽如此，最近的大流行疫情表明，为了保持整个城市的人口数量，如果要继续在经济上推动人们从农村环境向城市工业化环境的迁移，则需要为此提供足够的便利。我们需要创建可行且可负担的新发展模式，以确保满足人的基本需求，并提供充足的住房和城市基础设施。

5　可持续和韧性未来的机遇

在与疫情的斗争中，围绕着我们如何以最健康的方式投入生活、工作和娱乐的问题引发了许多关于未来工作场所和灵活生活方式的假设，并提出了许多新的可替代模式。流动性是受疫情直接影响的最大方面之一，从公共交通到物流配送，无论在地方还是全球范围下都至关重要。特别是在城市管理层面，从物流基础设施到食品和废弃物处理链，技术的整合可以对改进设计和管理城市基础设施和流动性的方式产生重大影响。此外，如果我们巧妙地将这些方面与城市中的其他功能一同整合，并加以改善，我们就能顺理成章地引入多中心城市模型和被广泛推广的"15分钟城市"概念。15分钟城市项目主张"生活在城市中的每个人都应该在15分钟步行或骑行的范围内获得基本的城市服务。这旨在促进以可达性为中心的城市转型方向，让城市成为我们所需要的——宏大、包容、有影响力和有效运行空间"（Luscher，2021）。

如果以这些愿望为起点，对于未来城市可持续性致密化的解决方案则需要与我们现在所知的不同。它们需要以人和地球为中心（图3）。新法规的实施和技术创新的影响将促使可持续发展领域的变化。城市的文化和传统底蕴

图3　无论城市规模如何，即使在更多技术的影响下，人们与食物的关系都需要更加紧密。此处展示：Brainport智慧社区效果图，赫尔蒙德，荷兰
© Plomp

将与新的治理模式一同决定其微观经济及未来繁荣发展的能力。

"循环经济"为不可持续发展的现状提供了一个可行的替代方案，其有望在减少环境碳足迹的同时提高城市的竞争力和宜居性。如果我们将阿姆斯特丹作为案例，力争到2050年实现完全"循环"，那么实现这一转变的工具就是凯特·拉沃斯（Kate Raworth，2017）提出的"甜甜圈模型"。它要求我们审视运输的组织方式、食物的来源、废物的处理方式、城市与其周边环境的关系，以及城市的重要功能空间如何分散并为所有人所用（图4）。这要求我们采用新的方法来评估城市的运作方式，并在城市内创建灵活的空间类型。就城市的流动性而言，应促进无污染的交通方式；与此同时，应使绿色和公共空间成为重要的城市之肺。

6 垂直扩张的新模式

分散包容的规划战略、"15分钟城市"和"甜甜圈模型"是为应对当今城市挑战而提出的想法。但是这些策略如何应用于高层建筑呢？我们认为，城市的纵向扩张与横向扩张领域目前所面临的多重复杂挑战类似。现在，我们

> 普遍影响城市的紧迫性问题也适用于高层建筑，从基础设施和流动性，到功能混合，再到可持续性和循环性。

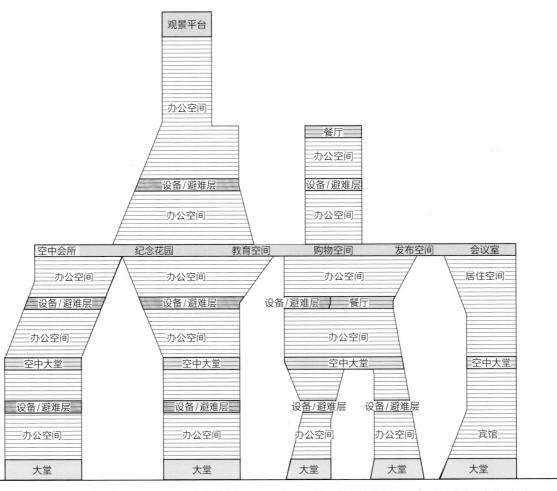

图4 2002年，作者的公司将"911"事件后纽约世贸中心遗址的重建设想为一系列相互关联的"垂直社区"，在空中由纪念花园相连

是否应当停止从单一功能的建筑角度理解垂直发展，而将其视为城市多个系统沿垂直轴的整体延伸来对待呢？

多年前，UNStudio的创始人班·范·伯克（Ben van Berkel）创造了"垂直社区"一词，这指的是高层建筑和混合用途项目在传统城市中具有反映各种功能、住宅类型、便利设施和公共空间的潜力，其将垂直方向上的扩张视为"城中城"（图5）。

如果采用这种方法，我们就会开始发觉影响城市的普遍的紧迫性问题也适用于高层建筑，从基础设施和流动性，到功能业态组合，再到可持续性和循环性。一个规划良好的混合功能开发项目可以将住宅的类型和规模与各种消费/租赁模式功能（如办公、零售、接待、便利设施）、儿童保育、医疗设施以及绿色公共空间等进行灵活地平衡。因此，它还需要设计具体的人流流线，并对功能可达性进行细致组织。这样的开发项目即可称为步行可达的"15分钟城市"，即垂直城市的紧凑型总体规划。

图5　将"垂直社区"作为概念的纽约世贸中心更新方案效果图

在住房供应方面，目前许多城市住宅尚不能充分满足当代居住群体的需求。因此，以前为传统家庭所建造的大房子要么被分成公寓套间，要么变成"合租模式"，即多人共租一套房。最近关于微型生活（Micro-living）和生活－工作类型（Live-work typologies）的研究正在尝试解决这一问题。新冠疫情的暴发可能意味着在未来，灵活的新"微型生活模式"将会越来越多地融入到混合功能开发的高层项目中。这些"空中社区"不仅能满足更广泛的城市人群的需求，还能确保大量的人不会迫于经济能力而住在同一套房里。

实际上，许多城市现在都要求在所有新建住宅开发项目中配套建设经济适用房。这些法规能为低收入人口（其中许多人通常是城市建设所需要的工人群体）提供更多保障，他们将不会再被限制在功能单一的郊区或城市中不太理想的区域内居住生活。有了这样的法规，高层开发项目中住宅产品将有助于创造更加平衡和包容的居住和社区模式，同时也有助于解决城市住房短缺的问题。

我们从新冠疫情中吸取到的关于需要更多公共绿地的经验教训，也可以应用到高层建筑设计中。通过结合空中花园、空中平台、空中露台、高架公园和共享的户外设施设计，可以满足增加户外和绿地空间的需求（图6—图8）。

此外，独立的垂直开发项目将可持续和循环原则应用于其建设和运营阶段，自下而上的规划除了可以提出潜在的新经济模式和以社区为主导的举措，还可以确保未来居民在决定其栖居场所的性质和价值方面发挥作用。

在看到更多旨在避免过度拥挤的法规政策出台的同时，我们也期待可以看到给建筑的不同功能和区域赋予新的属性，而不是单纯的指标或比率。归根结底，这并不是要为每个人创造更多的空间，或者为人与人之间创造更多的空间；而是为了创造更健康、更良好和更安全的空间。这是关乎从内到外的整体设计，平衡以人为中心与以地球为中心的设计方法，因此，从初始设计就需要考虑开发项目的生命周期、最终再利用或拆除改造。

目前在智慧城市模型中的开发思维和先进技术也可以应用于高层建筑设计中（图9），包括从废物和废水的处理到交通流量的管控，以及从空气过滤系统和通风到自动化设计。因此，我们和我们的建筑将一同"在实践中学习"。新技术的运用结合将极大地帮助我们垂直"城中城"的发展和改进。而这些技术也将构成整体环境的一部分，不仅为居民服务，也为我们的地球服务。

图6 墨尔本南岸的高层建筑综合体，设有一个高架公园和大量的空中绿化空间。这些功能对于维持城市的健康至关重要，但它们不能仅局限于单个项目的开发（摄影：Norm Li）

图7 墨尔本南岸开发项目的整体效果。项目的目标在于创建一个综合的垂直社区，使绿化空间和各种便利设施遍布其中（摄影：Norm Li）

7 结论

最终，疫情使人们重新思考城市如何运作才能更好地服务使用者。在接下来的几年里，我们将见证城市所发生的变化。虽然处于不断变化的状态意味着不确定到底应该做什么，但这也是我们必须确定新的行动方向的关键时刻。对于建筑师、规划师和政策制定者而言，这也是属于我们的时刻——重构、重塑和重振我们的城市，为未来做好充分准备。■

参考文献

Besra B, Mishra N, Singh A, et al. COVID-19: Are Slums In India Conducive for the Outbreak? Outlook. 2020. https://www.outlookindia.com/website/story/opinion-covid-19-are-slums-in-india-conducive-for-the-outbreak/354972.

Klein C. How Pandemics Spurred Cities to Make More Green Space for People. History.com. 2021. https://www.history.com/news/cholera-pandemic-new-york-city-london-paris-green-space.

Liang L. Life After Lock-Down: How China Went Back to Work. BBC Worklife. 2020. https://www.bbc.com/worklife/article/20200430-is-china-going-back-to-normal-coronavirus-covid-19.

Luscher D. The 15-Minute City. The 15-Minute City Project. 2021. https://www.15minutecity.com/.

Raworth K. Doughnut Economics: 7 Ways to Think Like a 21st Century Economist. White River Junction: Chelsea Green Publishing, 2017.

United Nations Department of Economic and Social Affairs (UNDESA). World Urbanization Prospects: The 2018 Revision (ST/ESA/SER.A/420). New York: United Nations, 2019.

（翻译：崔佳文；审校：冯田，王莎莎）

本文选自 *CTBUH Journal* 2021年第 4 期。除特别注明外，文中所有图片版权归 UNStudio 所有。

图8 墨尔本南岸项目中最高塔楼扭转部分的绿化阳台细节图（摄影：Norm Li）

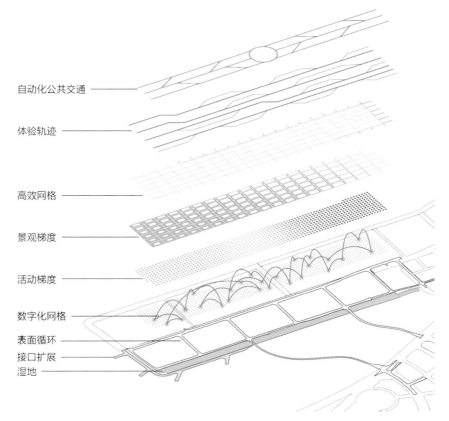

自动化公共交通

体验轨迹

高效网格

景观梯度

活动梯度

数字化网格

表面循环

接口扩展

湿地

图9 如能将智慧城市的原则应用于高层建筑系统，并与场地营造原则良好结合，将产生巨大的效益

迈向碳中和的高层建筑：隐含碳的作用

文/阿里·阿米里（Ali Amiri），内沙特·萨基纳（Neshat Sakeena）

阿里·阿米里
Ramboll 集团中东区副董事

阿里·阿米里拥有伦敦大学学院（UCL）土木工程和可持续性博士学位。他是 Ramboll 集团中东可持续发展部主管。他在建筑、基础设施和总体规划方面拥有丰富的可持续项目相关管理经验。作为一名建筑可持续发展经理，阿米里先生能够整合并领导大型多学科的建筑和基础设施项目，他也是阿联酋绿色建筑委员会的董事会成员。

摘要

建成环境产生的碳排放约占全球碳排放量的39%。因此，在减缓气候变化的议程中，建筑业脱碳是最有效且最重要的行动之一。高层建筑在其整个生命周期中都会产生碳排放。通常人们主要关注运营阶段的碳足迹。然而，建筑的隐含碳约占全球碳排放量的11%，从现在到2050年，隐含碳将占新建建筑碳排放总量的50%左右。

本文介绍了一个案例，探讨了塔楼的各种结构混凝土构件的优化如何有助于显著减少碳排放。例如，优化核心墙体、楼板和筏式基础的设计可以实现相当于普通油车行驶 7 800 万 km（1 400 万千克二氧化碳当量）所产生的排放量的碳减排。本文总结了通过各种设计优化技术实现的碳减排成效。

关键词：碳中和；隐含碳；摩天大楼；可持续性

内沙特·萨基纳
Ramboll 集团中东区高级顾问

内沙特·萨基纳拥有新加坡国立大学（NUS）建筑性能和可持续性硕士学位。她开展了制定新加坡绿色建筑指数的研究工作。她还是认证能源管理师（CEM）、LEED AP、Estidama PQP（社区与建筑）和 WELL 认证专业人士。她在建筑行业有超过 10 年的经验，对可持续发展项目拥有全面的了解。

1 气候紧急情况

过去十年，温室气体（Greenhouse Gas，GHG）排放量以每年1.5%的速度增长，仅在2014—2016年间短暂稳定。2018年，温室气体总排放量达到创纪录的553亿吨二氧化碳当量（$GtCO_2e$）。根据现行政策路径，预计到2030年，温室气体排放量将达到600亿吨二氧化碳当量。然而，为了实现《巴黎协定》制定的2030年目标，目前的排放量必须降低300亿吨二氧化碳当量，只有这样，全球温度上升才会被限制在1.5℃以下（联合国环境署，2019）。气候变化将造成广泛的甚至令人惊讶的损害。它将远远超出干旱、冰盖融化和农作物歉收的受灾范围。由新冠疫情突然在全球暴发可知，天气和气候对人类生命构成的风险并不总是局限于特定的时间和地点（Declan，2020）。图1显示了气候事件的平均值和变异性的增加，这影响了极端炎

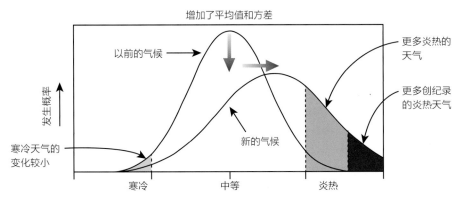

图1　如果地球继续以目前的速度变暖，极端气候事件的发生概率和严重程度都可能增加。资料来源：Houghton等（2001）

热和极端寒冷天气的概率，导致更频繁的炎热天气（包括极端高温和更少的寒冷天气）。

从新冠疫情中吸取的教训表明，我们不能忽视科学界一再发出的警告，而对另一场自然灾害毫无准备。目前，科学家们强烈地一致认为，气候变化将是我们面临的下一场全球危机（联合国政府间气候变化专门委员会，2018；联合国开发计划署，2019），没有人能够独善其身，现在需要每个部门和行业立即采取缓解行动。

2　建成环境部门的作用

建筑业在应对全球变暖危机中发挥着至关重要的作用。仅建筑业就占全球碳排放量的39%（联合国环境署和国际能源署，2017）。因此，建筑脱碳应是本行业所有利益相关者的思考重心，这能使他们实现世界绿色建筑委员会（The World Green Building Council，WorldGBC）在《关注前期的隐含碳》（WorldGBC，2019）报告中提出的愿景。

2.1　运营碳与隐含碳

一座建筑的碳足迹体现在两个方面——运营碳（Operational carbon）和隐含碳（Embodied carbon）。运营碳通常是指与运营建筑消耗的能源相关的排放。为减少运营碳的排放，建筑本身的碳成本可能会增加，因为建筑将需要额外的材料，例如在建筑围护结构中使用保温隔热材料和三层玻璃幕墙（Drew和Quintanilla，2017）。隐含碳包括建筑施工和建筑材料生产过程中消耗的能源和产生的碳排放。在建筑设计层面，隐含碳的减排可以为项目节省成本，正如案例研究中所证明的那样。必须从项目一开始就进行设计优化，评估的准确性随着项目设计的进展而提升。WorldGBC制定了一个愿景，即到2030年，所有新建筑、基础设施和翻新工程的隐含碳应至少减少40%，前期碳排放量（Upfront garbon）应显著减少，并且所有新建筑的运营碳排放必须净零。到2050年，不仅新建筑、基础设施和翻新工程要实现净零隐含碳，所有建筑包括既有建筑，都必须实现净零运营碳（WorldGBC，2019）。

运营碳排放占建筑业碳影响的28%，而隐含碳占11%。通常人们的注意力主要集中在减少运营碳排放上。然而，WGBC预测，如果现在不加以控制，那么到2050年，50%的排放量将来自隐含碳。图2描绘了隐含碳的重要性在日益增加，由于技术创新和可再生能源相抵消，运营碳将显著减少。因此，从项目初始就管理隐含碳变得非常重要。

2.2　建筑的生命周期

DIN EN 15978-1：2021-09标准用以下术语定义建筑物的生命周期阶段：产品阶段（A1—A3），施工过程阶段（A4—A5），使用阶段（B1—B7），报废阶段（C1—C4），以及超出建筑生命周期的阶段（D）（图3）（BSI，2011）。B6和B7阶段是运营碳排放的阶段。隐含碳包含在建筑或基础设施的整个生命周期内与材料和施工过程相关的碳排放。

> 由于取代筏式基础中混凝土中的水泥含量而节省的碳量相当于5 757吨的二氧化碳，这几乎是运输产生碳排放的40倍。

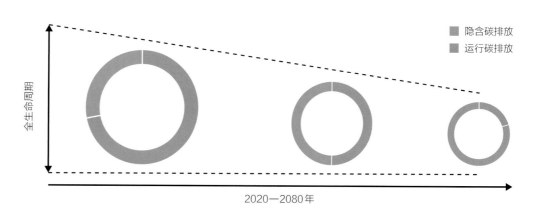

图2　与建筑环境相关的隐含碳的比例和影响预计在未来几十年内会增加。资料来源：世界绿色建筑委员会

前期碳排放包含在建筑或基础设施开始使用之前在全生命周期的材料生产和施工阶段产生的排放。最近，与全生命周期评估（Life Cycle Assessment，LCA）相比，人们越来越重视前期碳排放，因为全生命周期评估可能无法真正反映今天碳排放影响的紧迫性，以及我们现在就需要减少隐含碳这一事实。因此，应对A1—A3阶段给予额外的关注，并且在数据可用的情况下，前期评估也扩展到A4—A5阶段。但是，我们不能仅关注其中一个方面而忽视另一个方面，必须采取紧急行动来解决前期碳排放的问题，同时在设计时考虑整个生命周期的碳影响。

3　碳管理流程

碳管理流程（Carbon management process）首先让客户和设计团队能够了解建筑设计的影响，并掌握项目中隐含碳的主要来源。这一流程还为项目团队提供了一个不断审核和评估设计的机会，并通过在项目全生命周期内提出建议和作出改进，调整隐含碳排放。需要注意的是，随着项目设计阶段的深入，设计团队对减少隐含碳排放的影响就越小（图4）（Manidaki等，2016）。碳管理流程起始于在概念/规划阶段与客户一起确定目标和基线。客户和碳管理顾问之间应举办一系列研讨，以设定合理的关键性

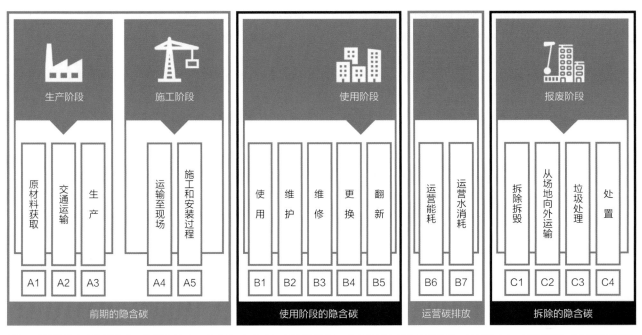

图3　建筑物的生命周期阶段，根据DIN EN 15978-1：2021-09标准绘制。本文的重点是隐含碳阶段，特别是A1—A3阶段的"前期隐含碳"。
资料来源：英国标准协会

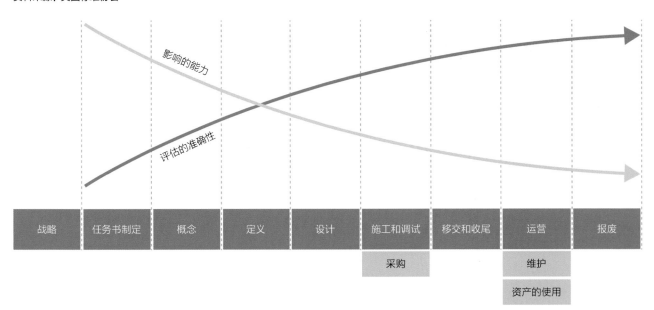

图4　随着项目设计阶段的深入，设计团队对减少碳排放的影响就越小。资料来源：Manidaki等（2016）

能指标（Key Performance Indicators，KPIs）并建立跟踪/报告工具。

碳核算（Carbon accounting）是碳管理过程中的一个阶段，在该阶段，设计团队建议的策略将通过可量化的事实进行验证。该过程的关键特性如图5所示。为了减少建筑的隐含碳足迹，必须将碳管理流程融入所有建筑环境行业和学科的发展中。碳核算使开发管理人员能够作出明智的决定，以实现大幅碳减排并挑战现状。

以下是通常被认为可能影响高层建筑总体隐含碳的主要材料和组件：混凝土/钢结构、砖、金属、木材、玻璃和饰面（Connaughton等，2013）。

本文侧重于图3中所展示的前期隐含碳生命周期阶段的A1—A3，并通过案例研究，证明通过优化各种结构混凝土构件可以实现显著的碳减排。本文根据碳与能源清单（ICE）V3.0碳转换系数（Hammond和Jones，2019）计算碳减排。

4 案例研究：像素大楼（Pixel），Makers区（七座塔楼）

Makers区位于阿布扎比沙姆斯区域内Reem岛东北侧，面向Saadiyat岛。总体规划中开发项目的总建筑面积约为730 000 m²，占地面积约176 600 m²。在Makers区的总体规划中，建筑设计公司MVRDV的像素塔方案非常迷人。MVRDV与笔者共同宣传这一标志性建筑。像素塔是一个具有混合功能的住宅开发项目，包括零售、办公、生活、工作、制造和艺术空间。该项目由七座塔楼组成，塔楼的高度从东到西逐渐增加。设计由大理石采石场获得视觉灵感，每个塔楼都被分割，从塔楼的较高部分减去"像素化"的长方体体量，并缔造添加到塔楼较低部分的效果。这使得地面层的空间更人性化，为零售、餐厅和创意互动创造各种不同大小的空间。图6是像素塔的效果图（MVRDV，2017）。

像素塔被归类为中高层结构，但所有塔楼的结构布局都不尽相同。尽管在各个塔楼内部和塔楼之间存在一些共性和重复性，但每座塔楼的独特布局意味着必须单独设计每组结构，同时仍最大化利用共性和重复性。

每栋建筑布局的独特性主要在于不同的高度（从G+8到G+20），每栋建筑和建筑之间的多层楼板设置，以及较高楼层的独特形体。一些楼层外围的立柱需要被移除，部分标准层的楼板也被移除。此外，每栋建筑都有不连续贯通的内柱，导致需要转换结构，设置不同形状的叶片柱、悬柱，或架设更大跨度的楼板（图7）。

自项目立项以来，结构团队不断优化各种结构混凝土构件的设计。通过采用以下设计策略，在每栋塔楼都实现了显著的碳减排。

塔楼的楼板由钢筋混凝土改为后张板，混凝土体积因此减少8%。表1显示了每座塔的节约量；图8显示了由此产生的碳减排量。

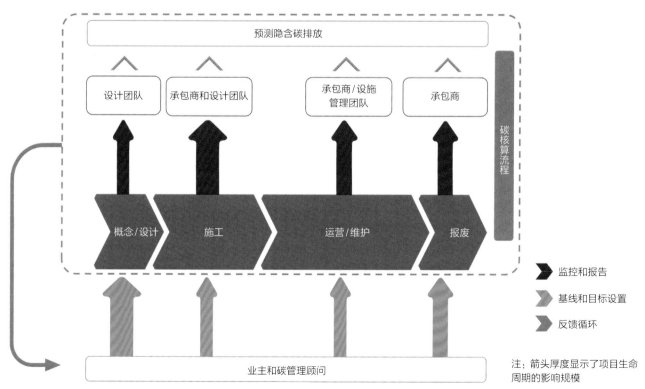

图5 碳核算过程的关键特征，其中设计团队建议的策略通过可量化的事实进行验证。资料来源：Connaughton等（2013）

图6　阿布扎比像素项目的效果图，包括七座不同高度的塔楼。这是一个具有混合功能的住宅开发项目，包括零售、办公、生活、工作、制造、艺术空间　© MVRDV

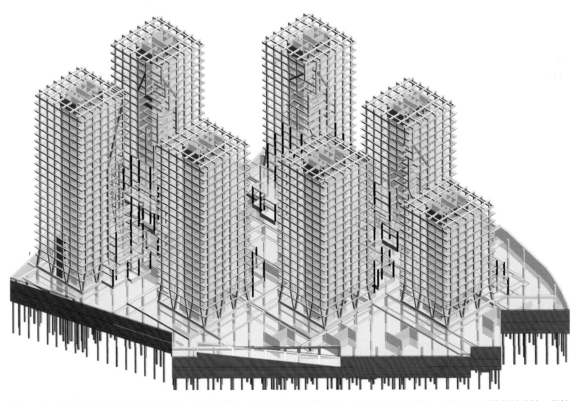

图7　阿布扎比像素项目的主要结构系统。每栋建筑的内部都有不连续的柱子，导致需要转换结构，设置不同形状的叶片柱、悬柱，或采用更大跨度的楼板　© Ramboll 集团

表1　选择后张楼板后所需混凝土体积的减少量 © Ramboll 集团

塔楼	L0层以上的楼层数	等级（磨细高炉矿渣）	混凝土的体积/m³	
			后张楼板	钢筋混凝土
T1	12	C50 (30%)	1 832	2 008
T2	18	C50 (30%)	2 817	3 084
T3	20	C50 (30%)	3 031	3 347
T4	22	C50 (30%)	3 475	3 774
T5	18	C50 (30%)	2 896	3 137
T6	16	C50 (30%)	2 729	2 931
T7	14	C50 (30%)	2 078	2 314
总　计			18 857	20 594
减少的混凝土体积			1 737	

表2　在整个像素项目中，由于边柱的尺寸减小，混凝土体积减少了。方案1为初始概念设计；方案2为垂直组件的优化、缩小尺寸的设计 © Ramboll 集团

塔楼	楼层	混凝土等级（磨细高炉矿渣成分）		混凝土的体积/m³	
		方案1	方案2	方案1	方案2
T1	B2至L4	C60 (30%)	C60 (30%)	997	966
	L5至L12	C60 (30%)	C50 (30%)	979	855
T2	B2至L9	C60 (30%)	C60 (30%)	1 629	1 546
	L10至L18	C60 (30%)	C50 (30%)	1 109	932
T3	B2至L9	C60 (30%)	C60 (30%)	1 692	1 609
	L10至L20	C60 (30%)	C50 (30%)	1 353	1 156
T4	B2至L9	C60 (30%)	C60 (30%)	1 748	1 680
	L10至L22	C60 (30%)	C50 (30%)	1 656	1 449
T5	B2至L9	C60 (30%)	C60 (30%)	1 629	1 546
	L10至L18	C60 (30%)	C50 (30%)	1 109	953
T6	B2至L4	C60 (30%)	C60 (30%)	1 001	970
	L5至L16	C60 (30%)	C50 (30%)	1 485	1 319
T7	B2至L4	C60 (30%)	C60 (30%)	1 001	970
	L5至L14	C60 (30%)	C50 (30%)	1 234	1 068
总　计				18 662	17 019

表3　取消项目中某些转换梁和边梁后混凝土体积的减少量 © Ramboll 集团

优化	塔楼的楼层	混凝土等级（磨细高炉矿渣成分）	混凝土体积的减少/m³
消除转换梁	All-L2	C50 (30%)	884
消除边梁	T1-L3至L10 T2-L3至L16 T3-L3至L18 T4-L3至L20 T7-L3至L12	C50 (30%)	1 041
总计减少			1 925

设计优化的另一个重点是结构的垂直构件。外围柱的尺寸减小，同时较高楼层采用低等级的混凝土。表2显示了场景1最初的概念设计，以及与优化过垂直构件的场景2相比较的结果。

图9显示了隐含碳的减排量。

如图7所示，项目在地面层和2层之间设置了许多V形柱。这使得七座塔楼都不必在2层使用转换梁。此外，延长楼板边线和使用平坦的楼板也省下了边梁的使用。表3和图10显示了削减梁的使用所带来的碳减排。

值得注意的是，由于5号和6号塔楼的布局不便大改，这两座塔楼的边梁因此无法消除，不然排放量将进一步减少。

最后，地下室2层（筏式基础）、地下室1层、夹层和裙房的楼板也进行了优化，即使用不同数量的水泥替代物。图11显示了在这些楼层上使用水泥替代物实现的碳减排。

水泥主要成分之一的磨细高炉矿渣（Ground-Granulated Blast-furnace Slag, GGBS）是一种玻璃状粉末，是通过用水淬熄炼钢过程中产生的铁水矿渣而获得的。它在中东地区并不常见，所以必须从国外运输，这会导致额外的运输相关碳排放。项目为了评估GGBS在运输途中的碳影响，对其进行了敏感性分析。假设GGBS从欧洲港口运输至迪拜杰贝尔阿里港口（海运10 000 km），则碳转化系数为0.003 54千克二氧化碳当量/（吨·公里）（这里假设使用平均散货船运输，并使用英国政府制定的

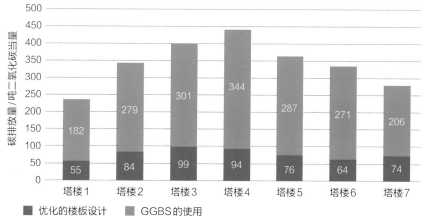

图8　选择后张板设计而非钢筋混凝土所减少的二氧化碳当量 © Ramboll 集团

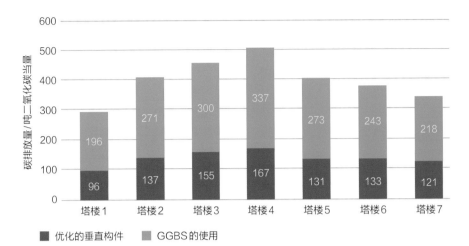

图9 通过选择较小尺寸的垂直构件减少的二氧化碳当量 © Ramboll 集团

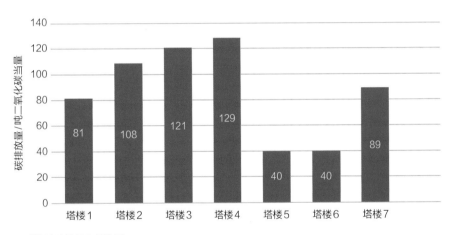

图10 在像素项目中通过消除边梁和转换梁而减少的二氧化碳当量 © Ramboll 集团

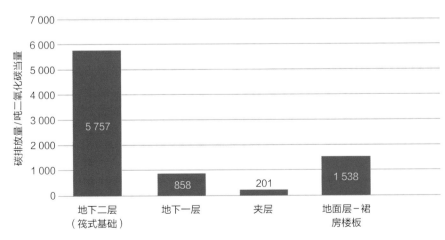

图11 由于在像素项目的地下室、夹层和裙楼楼板中使用GGBS，合计的二氧化碳减排当量 © Ramboll 集团

公司报告温室气体转换系数中的碳转换系数）。

本项目筏式基础所需的GGBS总量约为4 188吨。因此，这些GGBS的运输碳排放量可按如下方式计算：10 000公里 × 4 188吨 × 0.003 54千克二氧化碳当量/（吨·公里）=148吨二氧化碳当量。

因取代筏式基础中的混凝土中的水泥含量而节省的碳量相当于5 757吨的二氧化碳，这几乎是运输产生碳排放的40倍。因此，通过可用的最低碳排放运输方式（如海运）进口此类低碳材料能够有助于实现总体碳减排。

通过各种设计优化措施实现的总计碳减排量等于14 435吨二氧化碳当量，即与同类建筑构件相比，节约了37%（图12）。具体而言，这些二氧化碳减排量相当于普通油车行驶7 800万km（采用英国政府制定的用于公司报告的温室气体转换系数中的碳转换系数）。图13展示了像素案例研究中使用的结构优化策略的百分比贡献：减少楼板体积、优化垂直构件、消除水平梁以及在地上地下结构中使用GGBS。

降低隐含碳主要是通过优化设计和节省材料的消耗来实现的；因此，这对包括客户在内的所有利益相关者都是有益的，因为它将优化价值工程的成果和成本节约。在设计阶段越早考虑并规划降低隐含碳，节约的资金就越多。按照阿联酋混凝土代表性的市场价格，该项目估计可节省约490万美元。

5 结论

各种一致的且可验证的隐含碳基准数据似乎很少。为各种类型的高层建筑开发提供一个可靠的基准将是进一步研究的主题。这将使设计师能够根据这些基准评估他们设计项目的碳足迹，并进一步节约投资以实现净零碳目标。■

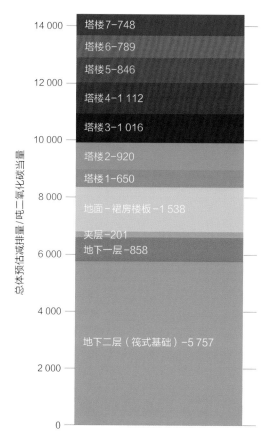

图12 基于本文中描述的所有优化策略，以吨二氧化碳当量表示的总体减排量 © Ramboll 集团

设计优化节省的百分比

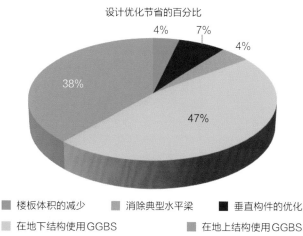

图13 本文中描述了每种优化策略按吨二氧化碳当量计算的总体减排量的百分比 © Ramboll 集团

> 按照阿联酋混凝土代表性的市场价格，该项目估计可节省约490万美元。

参考文献

British Standards Isntitution (BSI). BS EN 15978:2011. Sustainability of Construction Works. Assessment of Environmental Performance of Buildings. Calculation Method. London: BSI, 2011.

Connaughton J, Weight D, Jones C. Cutting Embodied Carbon in Construction Projects. 2013. http://www.wrap.org.uk/sites/files/wrap/FINAL%20PRO095-009%20Embodied%20Carbon%20Annex.pdf.

Declan P. The Widespread Damage From Climate Change. The Economist 16, 2020.

Drew C, Quintanilla N. The Path to Life Cycle Carbon Neutrality in High Rise Buildings. International Journal of High-Rise Buildings, 2017 6(4): 333–343.

Hammond G, Jones C. Embodied Carbon – The ICE Database. 2019. https://circularecology.com/embodied-carbon-footprint-database.html

Houghton J T, Ding Y, Griggs D J, et al. Climate Change 2001: The Scientific Basis. Cambridge: Intergovernmental Panel on Climate Change (IPCC), 2001.

Intergovernmental Panel on Climate Change (IPCC). Global Warming of 1.5°C, 2018: 3–24.

Manidaki M, Depala P, Ellis T, et al. PAS 2080: 2016. Carbon Management in Infrastructure. London: British Standards Institution (BSI), 2016.

MVRDV. The Pixel. 2017. https://www.mvrdv.nl/projects/301/pixel.

United Nations Department of Economic and Social Affairs (UN DESA). Growing at A Slower Pace, World Population is Expected to Reach 9.7 Billion in 2050 and Could Peak at Nearly 11 Billion around 2100. 2019. https://www.un.org/development/desa/en/news/population/world-population-prospects-2019.html

United Nations Environment Programme (UNEP), International Energy Agency (IEA). Global Status Report 2017. Nairobi: UNEP, 2017.

United Nations Environment Programme (UNEP). Emissions Gap Report 2019. Nairobi: UNEP, 2019. https://wedocs.unep.org/bitstream/handle/20.500.11822/30797/EGR2019.pdf?sequence=1&isAllowed=y.

World Green Building Council. Bringing Embodied Carbon Upfront. London: WorldGBC, 2019.

（翻译：李颉歆；审校：王欣蕊，王莎莎）

本文选自CTBUH Journal 2021年第3期。除特别注明外，文中所有图片版权归Ramboll集团所有。

复杂建筑的数字设计策略

文/王斌，解立婕

王 斌
北京市建筑设计研究院有限公司
高层建筑设计研究中心BIM经理

王斌，BIM经理和数字设计师，精通使用不同的软件并会开发Python和C#脚本。独特的专业经验使他能够创建有意义的解决方案来提高数字工作流程效率。他拥有珠海大剧院、望京SOHO等项目经验。

摘要

本文基于北京CBD Z6大厦的数字设计经验，讨论了数字技术在设计复杂结构中不可或缺的作用。借鉴计算机科学的概念，介绍了用于设计数据的生成、组织与管理、提取与查询、循环与交换的特定策略、软件和工具。通过实例说明了数字设计策略在不同领域中的一些典型应用和使用这些策略所带来的改进结果。

关键词：BIM；复杂结构；数字设计

1 引言

数字工具在设计专业中越来越受欢迎。特别是在大型和复杂结构的三维设计中，数字技术发挥着越来越不可或缺的作用，北京CBD Z6大厦（图1）就是这样一种利用数字技术设计的复杂结构。其功能的复杂性和玻璃幕墙单元的不规则形状决定了数字技术必须贯穿整个前期设计过程。否则，无法按时、按预算交付高质量的结果。

在一组实用可行的数字设计策略的帮助下，Z6大厦项目以高标准高效完成。这些策略在设计不同类型的复杂结构（如超高层建筑、机场、研究所和文化设施）中得到广泛应用。

解立婕
北京市建筑设计研究院有限公司高层建筑设计研究中心设计负责人

解立婕，国家一级注册建筑师，担任BIAD高层建筑设计研究中心的设计负责人，专注于超高层建筑和城市综合体的设计和研究。她在工作中较早地引入了三维设计系统，通过实践与合作伙伴总结了高效的三维工作方法，并合作开发了各种小程序以提高效率。

2 挑战与必要性

超高层建筑是最复杂的建筑类型之一，其主要技术挑战之一是幕墙的构造，繁重的工作量要求超高层建筑设计应尽可能精确和高效。北京中央商务区Z6大厦位于朝阳区CBD东扩展区的西南部。该塔占地面积为11 007 m²，集办公、高端酒店、商店和地下停车场于一体。总高度为405 m，总建筑面积为238 800 m²，其中地上部分为190 000 m²（68层），地下部分为48 800 m²（5层）。该塔内有约140 000 m²的甲级写字楼和一个豪华五星级酒店。地下层和裙房也有少量高端商店。

Z6大厦幕墙设计将标准弧面分成对角网格，均为双曲面。然而，在实际施工中，所有与双曲网格相关的构件都被拉平，包括玻璃幕墙单元、立杆和横梃、对角网格结构和铝板覆盖，从而造成了错缝接缝的问题。数字技术的出现使设计师能够处理这些复杂问题，考虑幕墙的视觉效果和可施工性，最终开发出高精度的设计方案。

3 数字策略

3.1 定义几何规则

设计复杂结构的关键在于定义完整的三维几何定位系统。为此，所有建筑构件应该被赋予简明的数学生成规则，这些规则可以展示它们的相对位置和大小。虽然在一开始，这些几何规则并不代表任何真实的构件，但当它们建立了一个骨架结构，就定

图1　北京CBD Z6大厦是一座高405 m的办公大楼，位于北京市东部

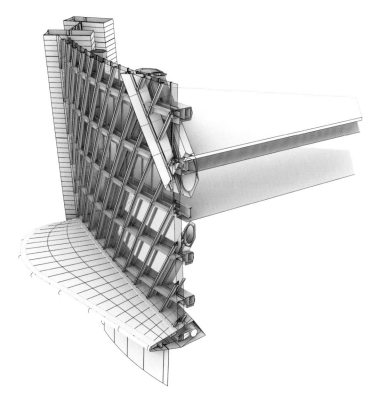

图2　北京CBD Z6大厦局部细节的参数化生成模型

该项目使用VB.NET作为编程语言，并在Rhinoceros软件上进行编码，以利用其强大的几何处理能力和Grasshopper可视化编程环境。

3.3　建立完整数据库

该项目的数据库由表达所有建筑构件几何生成规则的代码组成。虽然有BIM LOD标准可以分类细化程度，但在实际设计过程中，特别是对于幕墙，它仍然过于笼统。基于以往的经验，本项目使用的细化标准可以逐渐发展以满足不同设计阶段和每个参与者的需求，并充分描述每个阶段和每个参与者的结果。

优化的几何系统是最简洁的逻辑系统，简化了所有空间定位点和相互约束。在传统的工作流程中，几何系统由固定的3D模型控制。然而，由于缺乏几何逻辑，随着模型的细化和修改，误差逐渐累积，这会逐渐削弱设计师对设计的控制。此外，维护那些零散和复杂的模型需要大量重复的工作。因此，对于超复杂结构，急需一个可以通过调整关键参数和逻辑进行修改的动态模型数据库，因为它们需要高精度的设计和重复修改。看似复杂的数据库实际上是一组简单的计算逻辑。所有设计都反映在这个数据库中，这样设计师可以更方便、更高效地修改、优化和控制设计。

在早期的数字设计项目中，通常只有一个模型可用于每个项目。单一模型无法包含所有尺寸信息，数据提取通常也很困难。同时，大多数模型的细节、精度和完整性都不足。由于缺乏信息，设计师最终会失去对整个项目的控

义了整个立面系统（图2）。所有后续的设计和优化都应该基于这个结构。在某种程度上，这些几何规则是建筑的DNA。

3.2　编程规则

由于几何规则简洁明了，可以被翻译成计算机语言进行参数化生成。因此，在Rhinoceros软件上编写了数万行代码，准确地描述了整个建筑物的立面。

整个立面结构的3D模型是通过代码生成的，没有进行任何手动建模。在早期阶段，编码耗费了很多时间，这种方法并没有比传统的手动建模更具竞争优势。一旦完成，精确、全面和基于逻辑的系统（尤其在项目进行的过程中）可以极大地提高效率。

制，下游公司不得不花费更多的时间和精力来拼凑设计。因此，项目成本飙升，质量受到影响。

生成规则的数据库可以提供比模型更精确的细节和更好的信息访问。在这个项目的具体情况下，数据库使用强逻辑规则进行组织和管理。它产生的精确和完整的模型使设计师能够对每个细节进行全面掌控，并使项目的优化成为可能（图3）。

3.4　信息提取和交换

数据的提取和交换是充分利用综合数据库的关键。Z6大厦项目有许多参与者以及很长的设计周期。挑战在于为所有参与者提供一个统一、方便和准确的模型平台，使信息可以被共享、交换和集成。

作为解决方案，本文建立了一个命名系统来组织项目的所有组成部分，从几何形状的基本描述（如坐标点、弧和标准面）到结构中心线、玻璃单元和覆层。每个组件的名称，连同其描述文本、图表、数据表、公式和坐标点，被放入一个描述文件中，以便保存、提取和交换每个组件的几何信息。这些文件兼容各种软件平台，允许参与者在自己的软件平台上创建不同的几何形状。通过这种方式，参与Z6大厦项目的业主、顾问、咨询师、海外设计团队和当地设计机构可以相互交互、协调工作，并共享和管理模型、文件和数据。

此外，由于整个过程是数字化的，每个组件的生成方法和原始定义数据都被代码捕获，可以使用Rhinoceros软件上的Grasshopper插件随时提取数据。以玻璃单元为例，玻璃单元由层间控制线上的四个点定义。然而，这些点并不能反映单元的实际尺寸。它的尺寸是由横梃和纵梃的尺寸决定的，这些尺寸又进一步由制造商确定，他们对外立面的设计进行精细化处理。因此，玻璃单元的尺寸经常被调整，四个点的定位参数是单元的真正决定因素。这些参数又与玻璃单元高度处的基本弧的定义相关联。随着高度的增加，这些弧会收敛和发散。在设计过程中，我们经常编写脚本来快速有效地提取所有单元所需的数据。然而，如果没有这个数据库，就不可能提取这些数据，因为无论固定模型有多详细，它们都无法保留这些重要数据，更不用说让人们访问这些数据了。

在我们的项目中，所有定义都通过逻辑规则和代码链接在一起，形成一个参数化的数据库，保存了与位置和尺寸相关的所有数据，并在必要时易于访问。这个数据库可以满足不同项目参与者的需求，并提供数据表、相关设计条件和生成逻辑。这样的数据库比单纯的模型更为全面。

3.5　不同软件之间的数据交换

在实际操作中，使用数据库需要在各个领域、各个阶段以及所有参与者之间交换数据。这是一个具有挑战性的任务，因为设计师对模型的不同部分感兴趣，需要不同的精细程度，而有些文件格式只能在特定软件中使用。即使模型可以成功地交换，很多相关信息也会丢失。此外，工业标准如工业基础类（Industry Foundation Classes, IFC）并不被所有软件广泛支持，因此需要无缝数据交换的解决方案。

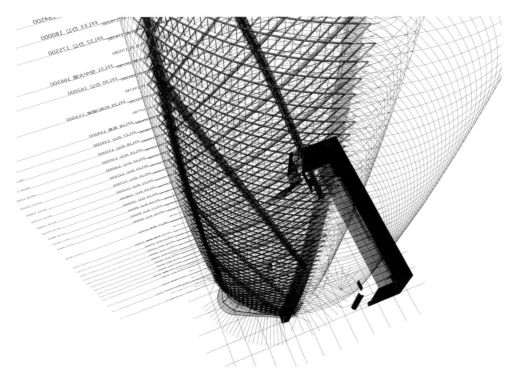

图3　北京CBD Z6大厦的BIM模型，以线框模式显示

在Z6大厦项目中，由于设计过程数字化，信息由代码生成并存储，因此数据可以在不丢失信息的情况下在各个软件之间交换。目前，所有的设计软件都提供了应用程序接口（Application Programming Interface，API），允许用户自定义其功能。例如，强大的几何设计平台Rhinoceros、具有内置的可视化编程平台Grasshopper，都适用于通过参数设计几何形状。BIM软件产品Revit近年来也推出了自己的开源可视化编程工具，以帮助设计师使用API接口创建外部库或Autodesk产品的工具。此外，这两个软件产品都支持Python，使没有编程背景的设计师可以为项目编写脚本。Z6大厦项目利用上述工具进行优质设计（图4）。

除了软件平台开发的这些工具外，跨平台和开源程序也成为了一种新趋势。由Robert McNeel & Associates赞助的新程序Rhino.Inside，无缝连接了Revit、Rhinoceros和Grasshopper等软件。它旨在包括更多的具有不同功能的软件，包括AutoCAD、ArcGIS、Unity和BricsCAD。像Rhino.Inside这样的跨平台程序提高了专业工程团队在设计大型结构时的合作效率（图5）。

4 设计过程中的应用

上述数字化设计策略在Z6大厦项目的所有阶段都得到了应用。本节将详细介绍这些策略在不同领域的应用，以阐明数字技术为设计带来的好处。

4.1 建筑

Z6大厦的形态设计是通过将一个大的三维表面对角线划分而来的。所有的三维构件都需要被展平以便施工，而且需要通过一套严格的逻辑来生成，以实现接缝处的视觉对齐。以室内对角巨型桁架和标准层密集桁架的铝板覆盖为例，它

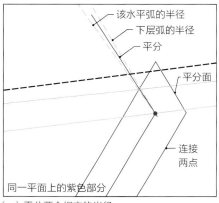

（a）平分两个相交的半径

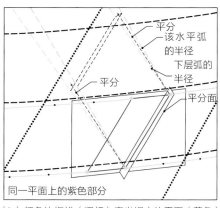

（b）红色边框线（竖杆）定义相交的平面（蓝色）和平分面（紫色）

图4 通过Grasshopper和CATIA将幕墙规格转换为三维形式给幕墙制造商

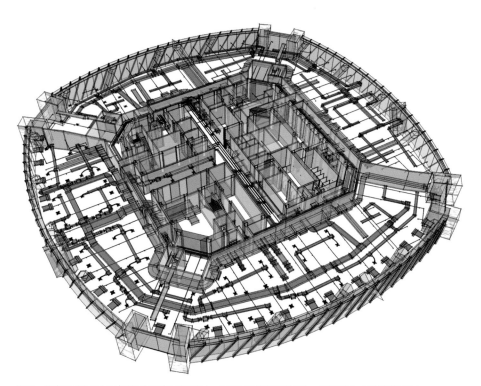

图5 北京CBD Z6塔中的MEP布局轴测图，由BIM模型集成到Revit中得出。需要通过Rhino.Inside在各种平台之间进行转换，以生成这种复杂性的连贯模型

们的几何形状是通过以下步骤生成的：

- 参考竖向结构定位线的参数，柱的中心定位线，楼层高度，楼层之间柱子上下段的尺寸，大桁架外立柱的连接框架位置，柱子绝热层的厚度，结构保留距离等参数；
- 根据以上这些参数计算出最小覆盖面积；
- 将六个铝板表面展平；
- 通过调整每个面板的法线偏移距离，将巨型桁架和密集桁架的相邻覆盖面板的接缝对齐；
- 确定六个面板、高度与楼层相同的面板和屋顶面板的覆盖几何形状。

这五个步骤是为了确定一个接头的覆层几何形状。整个建筑中有超过40个这样的接头，它们的相关参数不断调整。如果要尝试用手工模型反复生成这些复杂的设计，那是无法想象的，而代码和参数可以用来生成准确的结果，并在整个过程中有效地调整设计。在Z6大厦项目中，每个细节都通过这种参数化设计策略得到精确控制。

4.2 结构

Z6大厦的结构和外立面是以一种整合的方式设计的，以产生完美的视觉效果并确定适当的配置（图6），不同于传统过程，它是一种复杂项目设计结构的过程。首先，建筑师和结构工程师交换意见并决定基本的结构设计。其次，建筑师利用几何建模生成结构定位模型。结构工程师将这个概念模型放入专业软件进行模拟，再反馈给建筑师，建筑师可以相应调整模型。通过一些及时反馈的来回交流，结构工程师可

> 确定接缝的表皮几何形状需要进行五个步骤。整栋建筑中有40多个这样的接缝，其相关参数不断调整。

在复杂的大型支撑框架和小型支撑框架交汇处保持边缘/面的对齐和层次结构

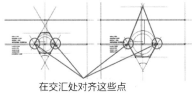

在交汇处对齐这些点

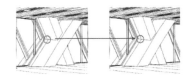

（a）由于这些交汇处的几何形状复杂，需要对GMS结构进行一定调整，以便对齐关键的边缘/面

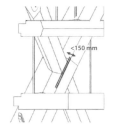

平行偏移大型支撑框架的面，保持至少150 mm的间隔

（b）当大型支撑框架和小型支撑框架的背面过于接近时，通过将小型支撑框架的面进行平行偏移（背面保持相同宽度）以保持至少150 mm的间隔，从而保持层次结构

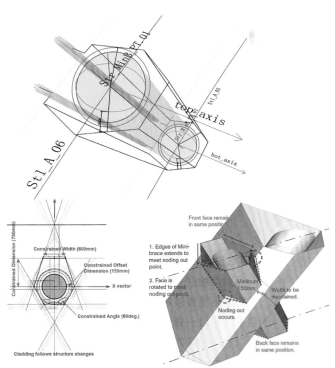

图6 带有大型支撑框架和密集支撑框架的表皮交叉节点详图

以生成一个适当的结构设计，同时考虑到外立面的特点。

Z6的结构咨询团队具有强大的参数化设计能力，因此参数成为贯穿数字设计过程的常见设计语言。在对巨型支撑件的设计中，从结构美学的角度来看，它们应该呈现出光滑优雅的样条曲线形状，以展现强度感。从结构应力的角度来看，巨型支撑件应该与楼板交汇，而不是在楼层中间交汇，以避免遮挡视野。考虑到这两个矛盾的要求，本文分析不同位置参数的不同组合，并进行应力分析。最终，所有主要连接点的位置都得以100%对齐（图7）。

在这个过程中，参数化策略使设计师能够快速生成所有可能的解决方案，并通过评估每个迭代来决定最佳结果。由Autodesk推广的衍生设计工具和Rhinoceros中已经成熟的遗传算法插件Galapagos，都为这种设计策略提供了简单易用的算法。许多在传统流程中被认为具有挑战性的问题现在可以轻松解决。

4.3 外立面

数字技术的精确性和可控性极大地有益于玻璃幕墙单元的制造和外立面的建造。在Z6大厦项目中，外立面的设计是在与外立面顾问和制造商多次磋商后确定的，旨在创造最佳的室内和室外视觉体验，并满足热工学、光学、安全和预算要求。

例如，用于玻璃幕墙单元的分隔条和横梃的详细设计是为了容纳不同层和相邻单元之间的倾斜角度所造成的不对齐，通过有限的公差来解决这个问题。所有精细的接头都通过参数化方式进行检查，以避免超出公差范围。最终，所有接头都被简化为六种类型。

玻璃幕墙单元的尺寸和数量与制造成本有关。理论上，需要生产400多种玻璃幕墙单元，不包括具有对称结构的类似单元。在设计过程中，团队的数字工具提供了精确的单元尺寸数据，然后通过计算机科学中广泛使用的聚类算法进行处理。单元类型的数量从446个减少到73个，接头处的最大公差为15 mm（图7和图8）。数字设计工作的高潮是对幕墙部分的全尺寸模型进行的制作。

4.4 其他应用

Z6大厦项目的综合数字设计系统可以通过提供相关模型来满足不同的设计需求。通常来说，不同领域的专业人

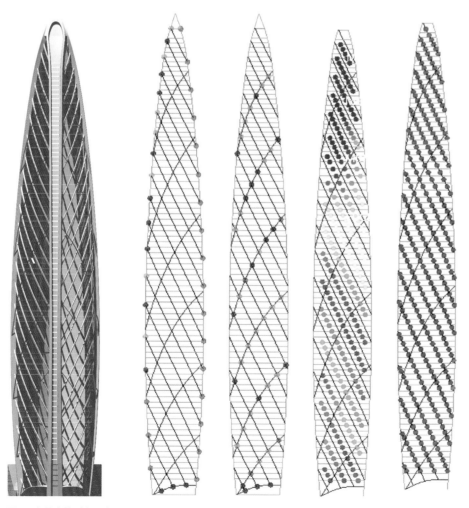

节点形式	节点率
大型支撑巨柱	100%
小型支撑巨柱 下坡节点 上坡节点	100% 9%
大型支撑 – 小型支撑	56%
总计	65%

9m　12.9m　60°　70°

图7　在节点处对大型支撑架和小型支撑架进行对齐　© 福斯特建筑事务所，北京市建筑设计研究院

士需要不同格式、不同精度级别和不同范围的模型。例如，在建筑物理分析中，仿真软件只能使用带有关键几何信息的简化模型。在这个项目中，可以轻松从几何数据库中提取关键数据来生成分析模型，并对建筑物进行各种物理分析。Grasshopper上的Ladybug插件甚至可以动态地使用各种分析引擎以参数化的方式进行声学、光学、热学、物理和环境分析（图9）。

5 结论

整个过程中的数字化设计改变了传统的设计方法。在数字技术的帮助下，像Z6大厦这样的超复杂结构可以高精度地设计和制造。本文提出的数字化设计策略是基于我们的项目经验得出的，可以用于未来设计复杂结构。

此外，设计团队的技术人员需要适应新的设计策略。对于复杂的设计，团队内的建筑师应该有能力使用3D数字工具进行创作和设计。同时，还应该有专业人员提供专业的数字支持，包括几何逻辑生成、数字编程、全信息3D数字建模、虚拟构建和调试、全信息数字展示等。如果可能的话，最好的验证是创建一个全尺寸的模型来确认模型的计算和假设（图10）。■

> 通过使用聚类算法，单元类型的数量从446个减少到73个，在接头处的最大公差为15 mm。

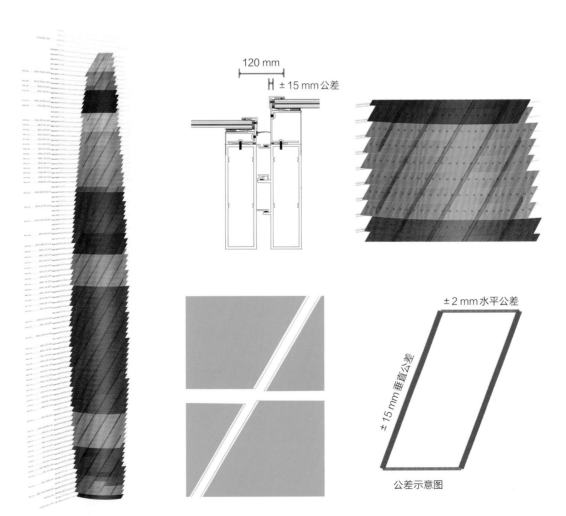

图8　幕墙公差优化 © 福斯特建筑事务所，北京市建筑设计研究院

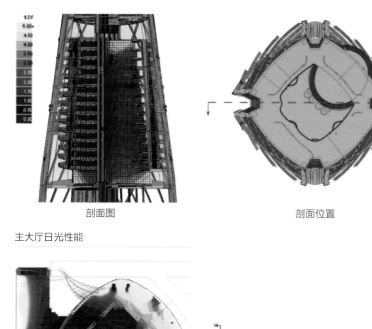

剖面图 剖面位置

主大厅日光性能

– 眩光问题不太可能发生
– 百叶窗的使用有助于降低对比度

太阳辐射　　　　热负荷　　　　冷却负荷

图9　使用Grasshopper的Ladybug插件完成的采光、温度和环境分析 © 福斯特建筑事务所，北京市建筑设计研究院

图10　生产了一个真实尺寸的外立面模型来验证3D模型的计算和假设

（翻译：倪江涛；审校：王莎莎）

本文选自CTBUH Journal 2022年第2期。除特别注明外，文中所有图片版权归作者所有。

在设计初期减少高层建筑结构的碳排放

文/罗兰·贝克曼（Roland Bechmann），斯蒂芬妮·魏德纳（Stefanie Weidner）

罗兰·贝克曼
维尔纳·索贝克董事总经理

罗兰·贝克曼是国际工程咨询公司维尔纳·索贝克的董事总经理兼合伙人。在完成结构工程的学位后，罗兰开始在维尔纳·索贝克工作，很快被任命为总监，然后成为总经理，最后升为董事总经理和合伙人。罗兰是竞赛部的主管，是项目管理、轻量化结构和钢结构方面的专家。他在许多重要高层项目中拥有丰富的经验，自2013年以来，他还担任世界高层建筑与都市人居学会（CTBUH）的国家代表。

摘要

在商业高层建筑中减少碳排放和减少资源消耗是建筑业减少碳足迹的重要策略。本文针对汉堡市中心的一块场地的实际项目，对三个设计方案的碳排放进行了简要研究。研究表明，与传统混凝土结构相比，选择混合木结构设计可以减少多达78%的碳排放，优化混凝土结构可以减少47%的碳排放。

关键词：混凝土；去碳化；混合木结构

1 引言

直到最近，建筑行业的碳排放讨论仍主要集中在建筑的运营阶段。然而，在高能效标准的典型办公楼中，只有不到一半的建筑排放是在实际运营使用过程中产生的（Röck等，2020）。在单体建筑相关的所有排放中，有超过50%的排放源于隐含碳（Embodied emissions）的排放。其中约64%的隐含碳排放在建筑材料的生产、运输以及建筑本身的施工（生命周期阶段A）环节。22%的隐含碳排放在维护阶段（生命周期阶段B），其中14%来自拆除和废弃阶段（生命周期阶段C）（Röck等，2020）。

这意味着：高品质办公楼碳排放总量的1/3是在第一位用户入驻之前排放的。建筑经过50多年的运营后，其排放量才会达到隐含碳排放量的水平（Bechmann等，2020）。

此外，初始隐含碳对气候破坏的影响甚至比上述比率所显示的还要大。这是因为可以预期能源结构将日益脱碳化（Decarbonization），这个前提是需要满足《巴黎协定》的目标：截至2050年，全球所有能源生产都必须不能含有化石燃料。关于特定日期（例如2080年）的排放造成的损害，不仅需要考虑排放的总量，还需要考虑排放的时间。一方面，建造建筑时排放的温室气体（Greenhouse Gases，GHG）从一开始就对大气造成与气候相关的破坏。另一方面，运营排放和相关的损害在开始时是非常低的，而且只会随着时间的推移而增加（Sobek，2022；Weidner等，2021）。

因此，面向未来的可持续设计必须更多地关注我们用于建设的材料和建设方法。本文以德国汉堡市的一座塔楼为例，通过比较三种设计的全球变暖潜能值（Global Warming Potential，GWP），讨论最大限度减少商业高层建筑中碳排放和资源消耗的方法。

2 商业高层建筑的碳排放优化

本公司为一家来自汉堡的客户，详细研究了一座新塔楼在一定条件下可以实现

斯蒂芬妮·魏德纳
维尔纳·索贝克项目负责人

斯蒂芬妮·魏德纳曾在德国斯图加特大学和澳大利亚墨尔本大学学习建筑学。毕业后，她在轻量化结构和概念设计研究所（Institute for Lightweight Structures and Conceptual Design，ILEK）担任研究助理，并于2020年进行了博士论文《城市结构中资源消耗》的答辩。自2019年以来，她在维尔纳·索贝克担任公司建筑师和项目可持续设计的负责人，重点关注隐含碳排放和资源消耗等领域。2022年，她担任了维尔纳·索贝克在哥本哈根的新办公室负责人。

的最小碳排放量，该塔楼将建在竞争激烈的市中心地块。在这种特殊情况下，最大限度地减少隐含碳不仅是客户的愿望，还将帮助客户占得买下塔楼所在地块的先机。在德国市场，越来越多的人呼吁城市不要将房地产地块卖给出价最高者，而是卖给最具可持续性理念的人（Gefroi，2008）。因此，在投标的诸多因素中，可持续性评价成为与出价同样重要的一个因素。

在这项研究中，笔者研究了三种不同的设计，并对每个方案进行了生命周期分析（Life-Cycle Analysis，LCA）（图1）。研究的重点集中在建筑承重结构中的碳排放，这些排放发生在生命周期阶段A1—A3的建造过程中（图2）。研究中对于数据收集使用了通用德国数据库

（DIN，2013）。基于这项研究，客户和土地购买者决定了采用哪种设计方案。研究的三种设计方案是：

　　A. 作为基准的典型混凝土建筑；
　　B. 混凝土塔楼的优化方案；
　　C. 混凝土–木材的混合结构塔楼。
　　这三种设计层数相同，都是地上29层、地下3层。研究设定了45 000 m²的总建筑面积作为比较值。

3　设计方案A：基准塔楼

与德国大多数高层商业建筑一致，第一个设计方案由混凝土楼板和核心筒组成。平坦的楼板可轻松集成建筑设备，同时限定了较低的楼层高度。

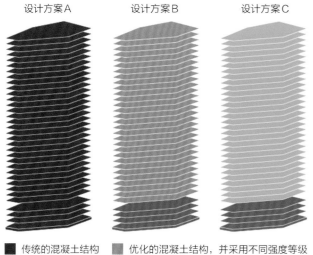

设计方案A　设计方案B　设计方案C

■ 传统的混凝土结构　■ 优化的混凝土结构，并采用不同强度等级的混凝土及优化的立面和室内装修策略

■ 优化的混凝土结构　■ 木结构并采用优化的立面和室内装修策略

图1　汉堡市中心塔楼三个设计方案的结构系统

> 高品质办公楼碳排放总量的1/3是在第一位用户入驻之前排放的。

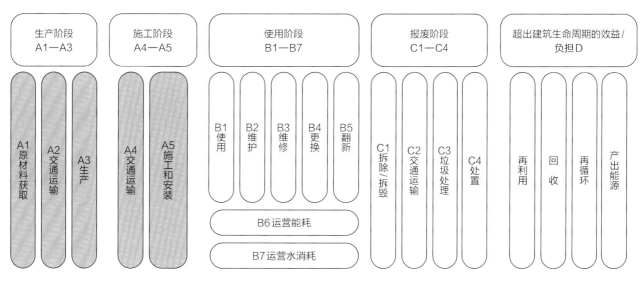

生产阶段 A1—A3	施工阶段 A4—A5	使用阶段 B1—B7	报废阶段 C1—C4	超出建筑生命周期的效益/ 负担D
A1 原材料获取　A2 交通运输　A3 生产	A4 交通运输　A5 施工和安装	B1 使用　B2 维护　B3 维修　B4 更换　B5 翻新 B6 运营能耗 B7 运营水消耗	C1 拆除/拆毁　C2 交通运输　C3 垃圾处理　C4 处置	再利用　回收　再循环　产出能源

图2　生命周期分析的系统边界，本研究中考虑的特定阶段用灰色标记。资料来源：BSV EN 15978:2011，由CTBUH重新绘制

此外，由于安装加固元件和模板的劳动力成本较低，且现场制作简单，钢筋平板混凝土楼板已成为德国和许多其他国家/地区的标准，尽管这不是材料系统的最优解（Berger等，2013）。

立面系统是典型的单元式幕墙。室内装修也很典型，配备了架空地板和石膏墙体。

采用传统建造方式的塔楼基准方案的结构部件总计产生13 834吨二氧化碳当量。每平方米的建筑面积将排放307.4千克二氧化碳当量。平均而言，混凝土占建筑结构产生的所有排放量的2/3，而钢筋占余下的1/3。图3显示了多种结构组件的温室气体排放的分布。

19 484吨二氧化碳当量的总排放量中包括外幕墙和主要的装修（不包括租户区专用装修和机电系统），换言之，每平方米产生433千克二氧化碳当量（建筑面积）。图4显示了整个建筑的隐含碳排放分布。

4 设计方案B：混凝土塔楼的优化方案

设计方案B的理念是在仍然使用混凝土的情况下尽可能减少塔楼的碳排放，毕竟混凝土在未来仍将是主要的建筑材料，尤其是高层建筑。优化方案包括特定的混凝土配合比以及经特别调整的结构系统和材料的生产，从而使碳优化设计和循环设计方法相结合。

具体而言，优化策略如下：

· 楼板设计

无论是何种设计方法，只要楼板下方有支撑梁，楼层高度就会增加，机电管道布线也会更复杂。因此，方案决定采用厚板设计。设计未优化外部几何结构，而是应用了维尔纳·索贝克教授（2016）提出的"分级混凝土"概念（图5）。对于按强度分级的混凝土楼板，从结构角度看，在未充分利用的楼板区域中设置空腔，通常使用的材料是中空塑料元件。然而，分级混凝土使用了无污染的混凝土

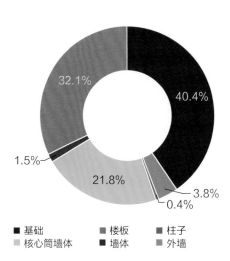

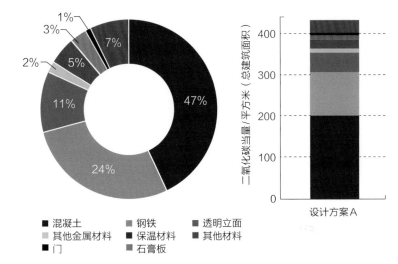

图3 基准的混凝土建筑（设计方案A）的结构构件在生命周期阶段A1—A3的全球升温潜能值（GWP）

图4 基准的混凝土建筑（设计方案A）的隐含碳含量分布

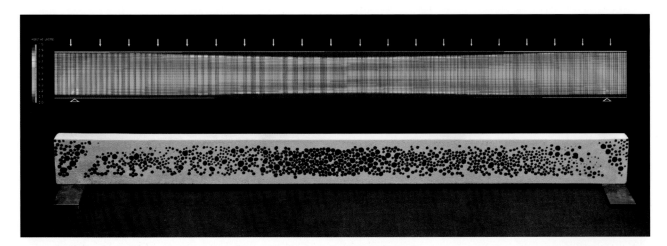

图5 不同强度的混凝土概念设置了梁和楼板中的空腔，这些空腔对结构强度的潜在影响最小。这样做可以减少所需的混凝土和钢筋数量，从而减少项目碳排放量12% © ILEK

板，其空腔分布更精准。这使得材料的回收性更好，楼层高度调节范围更大（施米尔和索贝克，2019）。此外，该技术可以通过压缩增加空腔比例，也可以应用于双轴应力板（Biaxially-stressed slabs）。

这种设计不仅减少了预理混凝土的用量，而且减少了钢筋的数量，可以显著减少楼板的总重量。因此，基础、墙和柱的尺寸也可以减小，从而总共节约2 319吨二氧化碳当量，或51.6 kg/m²（建筑面积）。因此，仅通过优化楼板设计就可以减少整个建筑在A1—A3阶段排放量的12%。

· 低碳的混合混凝土

与混凝土相关的高二氧化碳排放的决定性因素是生产波特兰水泥熟料所需的燃烧过程。在德国，生产1吨水泥熟料平均所排放的二氧化碳约为600 kg（IBU，2017）。当燃烧熟料时，石灰石（主要由化学物质$CaCO_3$组成）被加热至1 400 ℃。水泥的主要成分CaO是这一过程的产物。然而，化学反应的副作用是会产生大量二氧化碳的排放（占所有工艺相关排放的59%）。由于用于加热回转窑的化石燃料（19%）以及供应能源的电力（12%），生产过程产生了更多的二氧化碳排放。

目前，一种权宜之计的优化方法是尽量降低所用混凝土中波特兰水泥熟料的含量。在一定程度上，这可以通过精确测量水泥熟料的用量来实现，并考虑了二氧化碳的排放，因此应尽可能使用低强度的混凝土。除此之外，部分波特兰水泥熟料含量可以用其他骨料代替。合适的替代品包括钢铁工业的副产品矿渣和燃煤发电的副产品飞灰。然而，在生产这两种物质时，也会产生大量的二氧化碳。在生命周期分析中，这些排放主要分配给钢铁或电力生产，而不是水泥生产，因为分配是基于产品价格的。因此，这些替代品不是长期的解决方案；但在过渡阶段使用它们以实现协同减排当然是合理的。

为了优化本设计中使用的混凝土配合比，设计使用了具有高矿渣砂含量的CEM III水泥。环境产品声明（EPD）验证了这种水泥的二氧化碳排放量较低。此外，经过讨论和谈判，汉堡的一家水泥供应商同意使用基于可再生能源和替代燃料的无化石能源来完全满足该水泥的能源需求。这使得A1—A3阶段混凝土相关二氧化碳的排放量额外减少了2.2%。

此外，预计大约有50%的碎石将被粉碎后的拆除材料（即再生混凝土）替代。由于运输距离较短，这也对二氧化碳的平衡产生了少许好处：拆除材料通常可以在混凝土厂附近采购，不需要从较远的碎石坑运来。因此，生命周期阶段A2约占混凝土A1—A3阶段排放量的4%（IBU，2018），平均可减少20%。尽管如此，使用再生混凝土的主要目的是减少从自然界中提取的材料。

· 钢筋

在德国典型的商业项目中，钢材主要被用于生产钢筋。除了轧制型材外，生产钢筋所使用的原料是高达100%的回收废钢。因此，广泛讨论的初级钢铁生产的排放不适用于钢筋的碳平衡。对于钢筋，必须考虑的二氧化碳排放量来自两个方面：一个是用于熔化废金属，另一个是生产运输（制作的钢筋或垫片并将其运输到施工现场）。在现代轧机中，所有这些成型过程都是电气化的。因此，有可能与当地钢筋制造商达成协议，仅使用非燃烧能源产生的电力。此外，对运输到现场的过程进行优化，因此钢筋的碳足迹可以从通用数据集中的683千克二氧化碳当量/吨大幅减少到该特定案例中的250千克二氧化碳当量/吨。

由于在基准塔楼方案中，钢筋占总隐含碳排放量的24%，因此将这部分排放量降至最低，可额外减少15.4%（总计8 136吨二氧化碳当量）。因此，当全部应用这三项措施时，还剩下58%的排放量，即252.2千克二氧化碳当量/平方米（总建筑面积）。

· 室内装修

该设计还采用了先进的室内设计理念，以最大限度减少资源消耗和二氧化碳排放，其采取的措施包括使用带有黏土灰泥的黏土支撑板代替石膏板制成的内墙，以及仅使用从制造商处临时租赁的产品。这一概念基于城市采矿与回收（UMAR）实验单元，该单元是位于瑞士杜本多夫的瑞士联邦材料科学与技术实验室（Empa）校园内的可持续建筑技术（NEST）研究大楼的一部分（海因莱因，2019）。

例如，方块地毯在使用后将返还给制造商，并进行再利用。跨学科的规划过程确保所有装修材料采用完全可分离的连接方式，以便维护和拆卸回收。这些措施也有助于控制维护过程的隐含碳排放。

因此，更换石膏板和传统地毯可额外节省2%的隐含碳排放量，即10千克二氧化碳当量/平方米（总建筑面积）。

· 立面

在这项研究的背景下，碳中和的立面设计使用了可回收材料、生物降解材料以及木材。由银杉制成的未经处理的木制支撑型材用于立面透明部分。这些木材的表面包覆回收铝，以具备耐候性。该设计采用了隔热玻璃板，回收率高。该建筑立面上小部分的不透明区域由再生砖建造，内部使用以大麻为主的保温材料。通过这些额外的措施，建筑立面产生的排放量可以进一步减少12千克二氧化碳当量/平方米（总建筑面积）。

与标准参考建筑相比，排放到大气中的总共减少了9 090吨二氧化碳当量，隐含碳排放量减少了47%。图6描绘了生命周期阶段A1—A3的优化混凝土塔楼的总计减少排放量。在完整性方面，必须指出的是，不透明立面区域在生产过程中排放的碳通常比透明立面少。因此，通过减少玻璃用量可以实现更高的减排量。

上述措施令隐含排放量额外减少了近50%。换句话说，即使是用混凝土建造，也有可能将高层建筑的排放量减半。由于混凝土是建筑业最重要的材料之一，未来似乎仍可期待。

5 设计方案C：混凝土－木材的混合结构塔楼

设计方案C研究了将塔楼建造为混凝土－木材混合结构的情况。该方案假设地基、地下层和核心筒为混凝土结构，而所有上层楼板均设计为200 mm厚木板和100 mm厚混凝土顶板。已为设计方案B引入的所有其他措施也适用于此设计方案。

用这种混合结构建筑代替全木结构建筑，是德国常见的设计手段，因为它不需要特殊的消防安全措施。楼板上

的混凝土层提供了足够的结构和声学性能，因此技术质量可与全混凝土建筑相媲美，而木材则提供了额外的美学优势。出于结构原因，钢梁支撑着木楼板。这些钢型材是通过电炉生产的，因此在生产过程中排放的二氧化碳当量相对较少，仅为300千克二氧化碳当量/吨。故而，楼板在生命周期阶段A1—A3可以固存105.2千克二氧化碳当量/平方米。

显然，木材适合于减少建筑的碳足迹。在生长过程中，木材从空气中吸取二氧化碳并储存碳。由木板设计而成的楼板仅占总质量的1/5，它们不产生碳足迹，相反它们能固存二氧化碳。因此，将重型木结构用于高层建筑项目的新趋势受到了欢迎。在完全可持续的方法中，有必要在施工活动开始前种植足够数量的树木。还应注意的是，当仅考虑A1—A3阶段时，木材排放的负效应略微扭曲了结果，因为木材在生产阶段节约了大量碳排放，但是阶段C将抵消这些节约。

遗憾的是，由于胶水和涂层阻碍了回收过程，保持木制品在木材梯级中的水平（图7）在今天仍然难以实现。因此，在生命周期阶段D，它们只能被燃烧。在树木成为建筑材料之前已经被封存多年的碳，正以全球历史上最不需要的状态排放到大气中。因此，笔者认为消耗大量能源的木材回收不是可持续性的。

然而，A1—A3阶段的结果清楚地概述了木材方案的优势（图8）。嵌入楼板中的木材可以吸收4 936吨二氧化碳。因此，与基准塔楼方案相比，整个建筑的隐含碳排放量仅占总排放量的22%，即93.8千克二氧化碳当量/平方米（总建筑面积）。该建筑设计仅排放4 219吨二氧化碳，而非19 484吨二氧化碳。

表1总结了每平方米的建筑面积的汇总数据，图9直观地展示了总减排量。

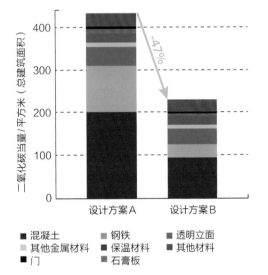

图6 传统混凝土建筑进行优化设计（设计方案B），减少了202千克二氧化碳当量/平方米，即47%的排放量

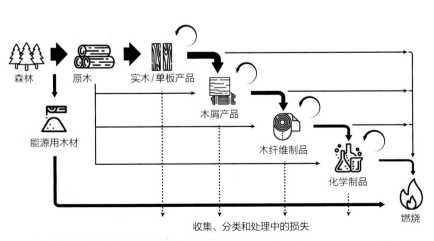

图7 木材梯级显示了木材产品不同的使用方式如何导致更长的二氧化碳封存时间，该数据基于Umweltbundesamt 2020

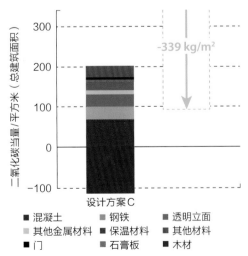

图8 使用混合木结构（设计方案C）将减少339千克二氧化碳当量/平方米，或比基准设计情况减少78%

表1 设计方案A、设计方案B和设计方案C的碳减排对比情况
单位：千克二氧化碳当量/平方米（总建筑面积）

项 目		设计方案A	设计方案B	设计方案C
减排量	不同强度的混凝土楼板	—	52	—
	低碳混凝土混合物	—	74	−57
	低碳钢筋	—	−55	−45
	优化的室内装修及立面	—	−21	−21
	木结构楼板	—	—	−110
隐含碳排放		433	202	94

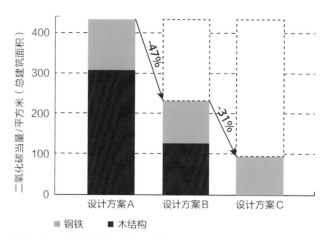

图9 隐含碳排放的总减排量，比较标准混凝土结构（设计方案A）、优化混凝土结构（设计方案B）和混合木结构（设计方案C）三种设计案例

6 结论

大幅减少碳排放是可能的。由于需要尽可能减少碳排放，高层建筑项目的设计师将不得不就设计产生的特定气候影响来证明未来所有设计决策的合理性。与社会可持续性影响或与单个设施管理的动态不确定性相反，隐含的碳足迹可以被非常精确地计算，从而客观地进行评估。设计师和开发商必须相应地调整其材料选择。这里展示的范例是标准混凝土结构塔楼、优化混凝土结构塔楼以及混合木结构塔楼的比较，显示了多种可以采用的解决方案。为了在预算驱动的房地产项目中实现这一目标，建筑师和工程师必须了解他们的选择之间的相互依存关系，并且在未来携手合作。■

参考文献

Bechmann R, Mrzigod A, Weidner S. Embodied Emissions in the Built Environment. Stuttgart, 2020.

Berger T, Prasser P, Reinke H G. Einsparung von Grauer Energie bei Hochhäusern. Beton Stahlbetonbau, 2013. 108: 395–403. https://doi.org/10.1002/best.201300019.

Deutsches Institut für Normung (DIN). SN EN 15804+A1: 2013; Sustainability of Construction Works – Environmental Product Declarations – Core-Rules for the Product Category of Construction Products. Berlin: DIN, 2013.

Gefroi C. Die Stadt als Kaufmann. Architekturqualität und Wirtschaftlichkeit in der Hafencity – Wid-erspruch oder Ergänzung? 2021. https://www.db-bauzeitung.de/allgemein/architekturqualitaet-und-wirtschaftlichkeit-in-der-hafencity-widerspruch-oder-ergaenzung/.

Heinlein F. Recyclable by Werner Sobek. Stuttgart: Av Edition GmbH.

Institut Bauen und Umwelt (IBU). Beton der Druckfestigkeitsklasse C 30/37. Berlin: IBU, 2019.

Institut Bauen und Umwelt (IBU). Zement. Berlin: IBU, 2017.

Röck M, Saade M R M, Balouktsi M, et al. Embodied Ghg Emissions of Buildings – The Hidden Challenge for Effective Climate Change Mitigation. Applied Energy 258, 2020. https://doi.org/10.1016/j.apenergy.2019.114107.

Schmeer D, Sobek W. Gradientenbeton. In Beton Kalender 2019. Berlin: Ernst & Sohn, 2019: 455-476. https://doi.org/10.1002/9783433609330.ch6.

Sobek W. Über die Gestaltung der Bauteilinnenräume. Fest-schrift Zu Ehren von Prof. Dr.-Ing. Dr.-Ing. E.h. Manfred Curbach. Dresden: Institut für Massivbau der TU Dresden, 2016: 62–76.

Sobek W. Non Nobis. Stuttgart: av Edition, 2022.

Weidner S, Mrzigod A, Bechmann R, et al. Graue Emissionen im Bauwesen – Bestands -aufnahme und Optimierungsstrategien. Beton- und Stahlbetonbau. 2021. https://doi.org/10.1002/best.202100065.

（翻译：李颉歆；审校：王欣蕊，王莎莎）

本文选自CTBUH Journal 2021年第4期。除特别注明外，文中所有图片版权归Werner Sobek AG所有。

新常态下的新方案

文/肖恩·米尔斯（Shonn Mills），安迪·布拉尼（Andy Brahney），斯图尔特·麦凯（Stuart Mackay）

肖恩·米尔斯
原Ramboll集团全球总监

　　肖恩·米尔斯是原Ramboll高层建筑的全球总监，也是CTBUH主席。他曾负责Ramboll的全球高层建筑业务，对高级建造、模块化建筑以及探索新技术在建成环境中的集成应用充满热情。

摘要

　　新冠疫情的暴发扰乱了全球的社会和经济，加速了建筑行业的关键转折。未来的长期不可知造成房地产投资量和商业租赁价格的急剧下降。业主、运营商和租户正在努力解决关键问题，也在寻找最佳的推进方案和策略。虽然疫情带来的经济影响是前所未有的，以至于市场上有数十亿美元的待投资本，利率也再创新低，但这也给予了业主和运营商发现新契机的可能。

　　设计和开发行业也从以抵御疫情为导向转为主动进行前瞻性思考，并开始作出积极回应。本文探讨了业主、运营商们面临的一些关键问题，并提出了"新的解决方案工具包"，这是一个不断扩充的、全面且实用的建立持久适应力的方案集合，也是如何寻找未来机遇的指南。

　　关键词：新冠疫情；新常态；疫情应对措施；韧性；智能技术；用户体验；健康

安迪·布拉尼
Ramboll集团SMART负责人

　　安迪·布拉尼负责领导中东和亚太地区的SMART工程咨询业务。作为SMART工程服务的联合创始人，他热衷于创造创新解决方案，帮助客户实现业务目标，从而创造一个可持续、更宜居的社会。

1　引言

　　从2020年开始，持续的疫情重创了世界社会的经济运行，房地产市场和城市的运作方式发生了天翻地覆的变化。目前，办公楼的全球入住率为10%~15%，很大一部分员工仍居家办公（仲量联行，2020）。随着消费者转向电商，线下的零售客流量下降了50%（Abraham，2020）。这给建筑管理、公共交通和餐饮（F&B）行业带来了连锁反应，催生了强烈的不确定性，导致2020年上半年房地产投资和租金价格大幅下降（仲量联行，2020）。

　　全球建筑业主及运营商正在面临不断变化的建筑入住率、快速变化的租户需求和监管环境所带来的挑战。新冠疫情的影响让房地产开发行业措手不及，因此，建筑的韧性和适应性至关重要。疫情带来的挑战是复杂的，暂时还没有有效的、单一导向的解决方案或战略。这种复杂性急需全面的评估方法和适应多种状况、实用的解决方案工具包。建筑行业既需要能够管理风险及满足卫生要求的策略来应对新冠疫情和未来其他疾病的传播，也需要创建韧性空间的新思维，它有助于高价值的互动，也能提高工作场所中人们的健康和舒适度。新冠疫情带给世界惊人的变化速度，这一现实进一步凸显了空间的适应力和空间韧性对于保证建筑资产的寿命和竞争力的重要性。

斯图尔特·麦凯
Ramboll集团技术总监

　　斯图尔特·麦凯是Ramboll的建筑服务技术总监。他在商业、酒店和工业项目领域拥有丰富的实践经验，擅长智能建筑技术的应用。

　　在充满不确定因素的环境中，业主及运营商都在努力解决一个关键问题，即可以采取哪些实际措施来应对持续的疫情，以及可以采取什么样的策略来应对未来类似的事件。有趣的是，这些讨论已经慢慢超越了"应对疫情"这个主题，正在转向"接下来是什么？"这个问题。传统的模式已经被颠覆了，人们开始展望疫情的长期影响。尽管当前房地产投资还处于低迷状态，利率也处于历史低点，但是市场上仍有数十亿美元的资本在观望。对雄心勃勃的业主和运营商来说，在新常态下，仍然有许多寻找和创造新机遇的可能性。

2　挑战

疫情给建筑各部分带来广泛的挑战：基本的卫生、健康和安全，以及办公空间的再组织。作者的公司已经与许多建筑环境领域的客户交换意见，尽管一切都处在不断变化中，但在不同分类下，以下五个主要问题一直重复出现：

- 人员流动："如何安全有效地管理建筑内外的人员流动？"
- 窄点："如何安全地管理'窄点'与大堂、电梯等密集空间？"
- 劳动力："如何有效地管理人力资源以满足新的要求？"
- 健康/用户体验："如何确保租户愿意重返工作场所？"
- 投资："如何做出明智的投资决策，以保持物业的长期韧性和适应性？"

3　新常态的工具箱

疫情给业主和运营商带来了各种复杂的挑战，尚没有一剂一针见血的良方。在此基础上，作者的公司开发了一种跨学科的方法论来评估这些问题。通过研究以及与科学家、顾问和供应商的合作，该团队创建了一个不断迭代的实用解决方案工具包。为了进行评估，该团队还改造了一套标准的分析和建模工具包，以分析疫情带来的挑战的具体情况。这些包括但不限于：

用户足迹绘制。这个过程通过绘制用户在建筑物中的路径，有效跟踪他们与建筑物的内部空间和功能系统的互动。足迹绘制旨在确定需要分析和干预的问题。

人流模拟。行人建模软件被用于建筑物中的关键空间。空间中人员的互动被绘制下来，以此来确定"窄点"或者因互动受限而可能导致风险的区域。

电脑分析。详尽的分析，如计算机流体动力学（Computation Fluid Dynamic，CFD）建模，被用来彻底评估"窄点"的产生，以开发和测试适合该空间的干预措施。

考虑一系列运营、技术和建筑的干预方法之后，解决方案诞生了。提案是基于2020年众多加速的全球趋势的影响，例如数字化、自动化、对用户体验的关注和健康相关问题。

新的解决方案工具包具有科学基础。它基于分级控制的原则，该原则被广泛应用于工业环境中，且被多个安全组织接受和推荐用以风险管理，包括美国职业安全与健康管理局（National Institute of Occupational Safety and Health，OSHA）和英国健康与安全执行委员会（Health and Safety Executive，HSE）（图1）。

分级控制是一种对设计解决方案或操作措施在建成环境中管理风险的有效性进行分类的系统。倒金字塔结构显示了解决方案的层级，一般认为处于顶部的解决方案比底部的更有效。如图1所示，行政管控和个人防护装备是疫

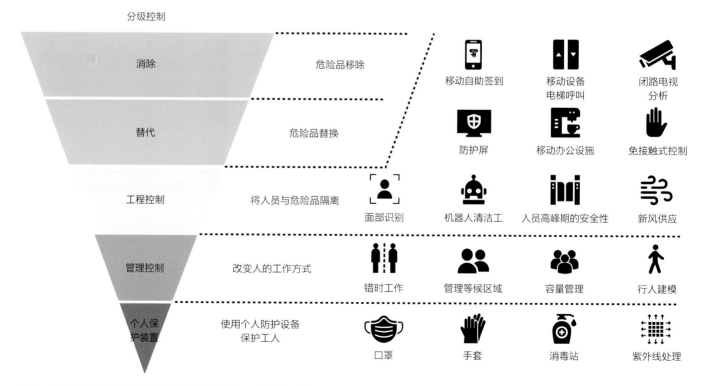

图1　分级控制是被普遍接受的用来降低风险的系统。在行动金字塔上，行动所处的位置越高，从长远来看被认为越有效。右侧的图标展示的是可以在工作场所实施的来实现每个控制操作的一些具体解决方案 © Ramboll 集团

情的直接应对反应，它们在中短期内是有效的，但从长远来看，有效度会降低。位于金字塔顶端的设计和工程解决方案是更可持续的长期解决方案，也更有效。

4 人员流动

人员流动："如何安全有效地管理建筑内外的人员流动？"

据《福布斯》报道，"随着市长们在2020年3月下令实施封城，以阻止新冠疫情的扩散，世界主要城市96%的人员流动消失了（McMahon，2020）。"人员流动是城市的血液。人员、商品和服务的自由流动是健康现代城市的

动力。新冠疫情大流行以及其后果证明了当代城市的脆弱性，限制人员流动将产生破坏性的社会和经济影响。

在城市中心，自由的人员流动下降最初只受了居家办公令的影响，而现在它的主要原因是公众了解风险，于是遵守法规。由疫情带来优化流通路径的需求，它主要受限于保持社交距离的原则。在正常情况下，人类之间互动的平均距离是0.7 m，而为了应对疫情，社交距离被扩大到1~2 m。这些新准则大大降低了公共空间的安全容量。

为了应对这一挑战，作者团队利用了一套操作和分析的组合工具，这些工具在疫情暴发以前就已被用于评估建筑物中的用户足迹。定制的足迹模型被用以测试建筑布局和配置，如此一来，有风险或不合规的问题区域将无处可藏。一旦确定了这些问题区域，用户就可以选择新解决方案工具包中的干预措施，包括运营控制、新技术和空间的临时或永久的重新配置，以恢复高效运营。

全球对疫情的监管措施差异很大，对建筑业主的法律要求也时时变化。在新加坡等一些亚洲国家，进入公共场所受到严格的监控，几种不同的控制措施被同时使用，例如体温测量、个人防护措施检查以及密接追踪。相反，一些西方国家的准入要求则取决于当地政府的解释。场所准入要求的不同限制了公共商业空间的可达性。新的解决方案工具包提供了多种选择，不同的技术组合满足不断变化的准入要求，例如现在市场上出现的分析摄像头和自动签到系统。图2展示了公共建筑通道和准入限制的潜在解决方案。

> 市场上有数十亿美元的闲置资本和创纪录的低利率，所有者和运营商有很大的机会转向并利用新的机会。

挑 战	解决方案	供应商
签到	自动自助签到系统	TBC 待定
体温检测	热成像摄像机	Intercorp PENSEES
口罩检测	闭路电视分析系统	智能视觉TBC 待定

图2 工具包中的潜在解决方案，关于人员流动、社交距离和优化受限出入口周围的流通潜力 © Ramboll集团

5 窄点

"如何安全地管理'窄点'和大堂及电梯等人员密集空间？"

正如范德比尔特大学预防医学教授威廉·沙夫纳（William Schaffner）在接受《商业内幕》采访时所说："这种病毒真的很喜欢人们在室内封闭的空间里长时间进行近距离接触（Meisenzahl，

2020)。"解决方案工具包使用用户足迹绘制技术来识别人们密切接触的区域，并将其归类为"窄点"。

举个例子，电梯这个"窄点"是高层建筑运行的基础。在分析垂直运输量的时候，考虑社交距离等实践和法规，关键困境浮出水面。在采取社交距离的控制措施时，原本可容纳21人的电梯容量减少到3~5人。显然，垂直运输能力减少70%将对建筑运营产生重大影响，且会在其他空间中造成排队和窄点。还有一个挑战是，传统电梯操作时需要使用触摸和呼叫按钮，因此电梯常见的接触表面会给用户带来直接风险。在近距离接触的电梯轿厢里病毒的传播风险更是提高。电梯突出了建筑用户在疫情新常态下的日常路线中将面临的一些挑战，除此之外，许多其他明显的"窄点"还有大堂、走廊和会议室等。

为了解决"窄点"问题，团队使用行人建模、电梯性能垂直运输软件和CFD等详细分析方法来全面评估每个问题，以了解密集空间的环境条件。一旦确定了"窄点"，量化评估了真正的风险后，团队就会向客户提供一组可用的工具选项，以缓解挑战带来的难题并整体提高建筑性能。

为了评估这些工具选项，团队还与行业、业主和供应商合作，了解哪些运营实践、技术和空间的重新配置将产生最佳的效果。团队还会考虑到可行的控制手段，例如错开工作时间，或采用工程解决方案，包括增强建筑系统等。最终，团队会调整用户足迹并纳入解决建议方案，还将告知在何处应将个人防护措施作为最后一道防线。

图3展示了由电梯带来的"窄点"问题的挑战和潜在解决方案。

6 全体员工

"如何有效地管理全体员工以满足新的要求？"

随着人们重返工作岗位，建筑的入住率提高了，业主和运营者却发现，新的要求和法规为运营带来了新的员工和人力的需求。尽管监管和应对措施因地区而异，各地建筑业主都会面临新的任务，例如体温检测和个人防护装备检查、接触者追踪、加强清洁制度和控制某些空间的使用。此外，一些租户还有自己特殊的要求以保障员工福利，所有这些都需要建筑运营人员履行额外的职责。由于这些新任务增加了建筑运营人员的需求，成本增加不可避免。此外，这些应对措施往往还会阻碍人们使用零售和餐饮区域等设施。

显然，这并不是一个理想状态，可能的解决方案可以从建成环境中日益明显的数字化和自动化趋势入手。市面上的许多技术，例如公共入口处的红外摄像机，现在也像访问控制和访客管理系统一样普遍了。

在最初的疫情应对措施中，技术主要是人工流程的一部分。随着行业思维的迅速发展，现在，这些新任务所需的技术正在被打包到集成解决方案中，以满足人员配备的

挑　战	解决方案	供应商
容量管理	目的地控制系统	富士达 通力 迅达
接触式表面	集成无接触电梯控制	富士达 通力 迅达
空气质量	过滤、紫外线处理、电离	富士达 通力 迅达
表面清洁	紫外线处理（无人区域）	富士达 通力 迅达

图3　电梯是建筑物中最受限制的环境之一。本图讨论了潜在的挑战和解决方案 © Ramboll集团

需求（图4）。

例如，监控分析设备正逐渐上市，它可以检测体温、监控社交距离，并根据需要检查口罩或其他个人防护用品的佩戴情况。好消息是，对于已经拥有现代化系统的建筑，这些新服务只需要小幅度升级。

另一个例子是自动化系统的使用，如清洁机器人、无人机和自动导引车（Automated Guided Vehicle，AGV）将接管某些任务。自动导引车正被广泛地用于医疗保健和工业领域，现在许多商业和办公综合体建筑也在配备它们。自动化将成为派送、安保和额外清洁需求解决方案的一部分。配备紫外线灯的清洁机器人等设备方案现已面世，它们可以用于对房间和墙面的消毒工作。

7 健康/用户体验

"如何确保租户愿意回来工作？"

据美国有线新闻电视网报道，"谷歌有意将员工居家办公的时间延长到最早2021年7月（Fung，2020）。"虽然一些员工正在返岗，但全球办公的入驻率仍处于历史最低水平；像这样的头条新闻表明，租户正在重新考虑他们未来对办公空间的需求。随着居家办公率预计从平均20%增长到27%（Boland等，2020），许多公司正在仔细计算其办公室的面积需求，并考虑缩小规模、分散办公或者全远程工作等。长租约在短期内利于资产所有者，但很快就会有强烈的迹象表明会出现中断等动态变化。

业主和运营商正在寻找能帮助物业满足动态变化的租户需求，还能让他们在市场站稳脚跟的解决方案。有迹象表明，租户将要寻找的不仅仅是能吸引员工重返工作岗位的办公桌，作者预计，关注用户体验以及工作场所健康和保健的趋势将日渐明晰。

在新冠疫情暴发前，建成环境出现了一些面向用户的设计方法，特别是针对健康因素。这种关注催化了WELL（绿色健康建筑认证）等认证系统的兴起，该系统"旨在通过为设计干预措施、可行协议和政策制定标准以助力健康，并致力于培养健康保健文化（国际绿色健康建筑研究所）。"

健康在疫情暴发后的工作场所中的重要性显著增加，个人健康的充分保护开始成为让人们回到工作场所建筑的吸引点。美国的一项研究报告称，61%的员工对重返工作场所感到不适："大多数员工还没做好冒险的准备，并期望在他们回到工作场所之前采取有效预防措施（国际质量指标，2020）。"

改善健康设计方案的激增不仅受到企业的推动，也受到了个人建筑用户的拥戴，比如一些对工作环境期望越来越高的员工。

科技公司因以人为本的工作场所而闻名，那里经常设有桌上足球桌、咖啡吧，还有多样化的工作环境。借助应用产品开发中的用户体验技术，他们能看到以人为本的办公体验如何提高员工的绩效。

用户体验就在我们身边。当使用网飞（Netflix）或脸书（Facebook）等服务时，我们的体验是经过精心设计和策划的，它能反映出品牌和公司的价值观。虽然这种方法在科技上很普遍，但是直到最近才应用于大楼和建筑。用户体验设计过程可以成为确保房地产有效满足租户要求的强大工具。

挑　战	解决方案	供应商
劳动力管理	用户友好的清洁时间表	待定
表面清洁	紫外线处理	待定 通力 迅达
清洁	清洁自动导引车	待定

图4　由控制病毒传播的新限制条件引起的清洁和运营人员配备增加问题所带来的挑战和潜在解决办法
© Ramboll 集团

用户体验设计过程的关键在于业主和运营商对租户需求的实时数据收集，以及快速调整设施以满足这些要求的能力。现有的建筑系统和传感器能收集数据，以报告温度、光照水平和占用率等参数，这些参数都是健康的关键指标。更有价值的是直接用户调查，这些调查能够收集用户对工作空间的需求和期望（图5）。未来，业主和租户的关系可能会演变成更持续的对话和伙伴关系，而不是在租赁时关于需求的静态对话。

例如，在挪威航运和房地产公司斯梅德维格/维尼（Smedvig/Veni），"我们利用技术来深入了解我们的建筑用户的需求。有了来自建筑系统以及内部移动应用程序的传感器数据，可以实现直接为客户定制服务，并通过信息和培训来帮助他们作出健康的选择。作为回报，我们看到我们的资产成功地在市场困难时期实现增值，因为他们有能力为全球性的挑战作好准备并作出应对，就像我们现在正在经历的那样（Heather Bergsland，Veni）。"

最后一步是针对上述信息制定跨学科的解决方案：在员工决定回到办公岗位之前，我们如何确定办公室的安全容量？我们如何实施分析，帮助用户在整个工作日保持社交距离？我们应该如何调整建筑空间以创造高价值的互动并提高生产力？提前规划和实施对疫情后工作场所的应对措施，可以确保我们的干预措施适合我们的业务和人员。此外，它让在未知期的员工体会到制度的透明和全体协作，他们就能感到被赋权。以这种方式解决问题，不仅可以使我们的企业复工，还可以让复工员工集中精力提高工作效率，一个新的用户足迹也随之诞生（图6）。

8　投资

"如何做出明智的投资决策，以实现长期的韧性和适应性？"

我们正在从被动防疫阶段转向一个更具前瞻性的主动应对阶段。尽管短期内我们将会经历不确定和加速变化的时期，但鉴于市场上有大量的自由资本以及创纪录的低利率，看起来现在正是给未来韧性和适应性投资的合适

时机。"一个例子就是受到全球旅行减少严重影响的酒店业。一些酒店正在开放他们的餐厅、酒吧和便利设施空间用于共享办公，以此来提供酒店级别的人性化体验和服务。要重返工作场所，健康、安全和舒适是最重要的因素。企业需要激励员工回到他们的工作场所，他们能够在活动驱动的社会环境中获得娱乐性，在经过重新设计的协作空间里满足他们的需求（Jenny Soo，仲量联行亚太区工作场所体验主管）。"

业主和运营商意识到需要进行投资以应对新常态，但因为持续的高度不确定性，他们需要一个明智的决策框架。作为新解决方案工具包的一部分，我们利用详细的成本/收益分析（CBA）来呈现提案，以及它们如何匹配具体开发的业务案例（图7）。CBA是一种定量和定性结合的方法，被广泛用作政府支出决策过程的一部分。CBA的目标是根据开发中基线情景衡量提出的干预措施的成本和收益。这使业主和运营商能够清楚地知道要选择哪些工具选项。

> 用户体验设计过程的关键组成部分是业主/运营商收集有关租户要求的实时数据，以及快速调整资产以适应这些要求的能力。

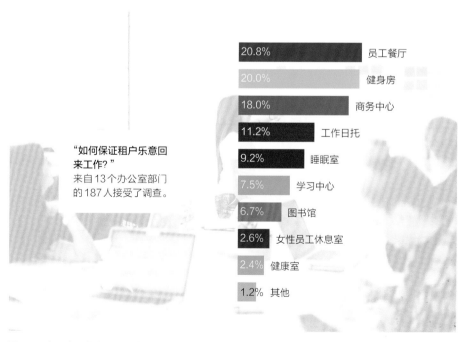

"如何保证租户乐意回来工作？"
来自13个办公室部门的187人接受了调查。

20.8%	员工餐厅
20.0%	健身房
18.0%	商务中心
11.2%	工作日托
9.2%	睡眠室
7.5%	学习中心
6.7%	图书馆
2.6%	女性员工休息室
2.4%	健康室
1.2%	其他

图5　租户调查是整个工具包中一个重要的工具，它不仅能揭示关键需求和差距，还有助于在不确定的时期与业主建立更好的关系 © WeWork, Ginza Six, You X Ventures（cc by-sa），由CTBUH重新绘制

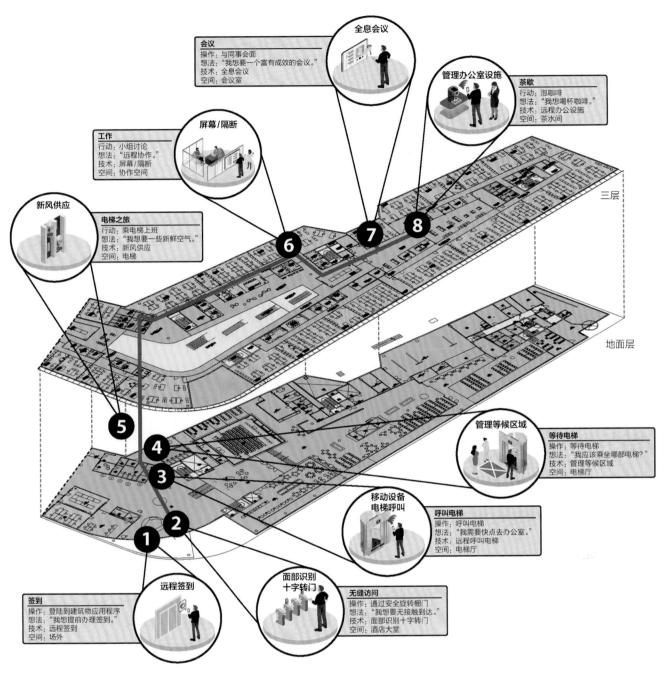

图6 不仅是关注建筑空间内的用户体验，还是物理环境中日常交互的整个端到端的"旅程"，将是推动租户安全高效地重返工作岗位的关键
© Ramboll 集团，由 CTBUH 重新绘制

在CBA方法中，有两种成本：资本支出（CAPEX）和运营支出（OPEX）。CAPEX是提出的干预措施的初始投资，其中可能包括现有空间或新硬件的装修、安装和调试。OPEX表示建议解决方案设计生命周期的持续成本，例如许可证花费、维护成本或更换费用等。

与成本一样，CBA将收益分为有形和无形两种。有形的收益是那些可以被直接量化的收益，例如减少的劳动力或节约的能源。无形的收益是那些需要使用间接方法量化的收益，例如安全性或用户体验。在后疫情时代，无形收益已经向价值链上游移动。一个很好的例子就是商业办公空间对健康和用户体验的新关注，运营商和雇主竞相证明他们的场所是安全的，且能提供有价值的互动。

除了CBA之外，业主和运营商还需要实时信息、基础设施和治理方法以便对变化作出快速反应。在这个短期的不确定时期里，资产所有者应考虑对适当类型的基础设施和高级技术人员进行投资，并继续收集和挖掘优化性能所需的数据。

9　未来常态

2020年的事件表明，当今城市规划的许多标准是脆弱的，而颠覆的时机已经成熟。这导致一些全球趋势急剧加速，对曾经被视为固定常规做法的信心也受到打击。"新解决方案工具包"提供了一个框架来评估快速变化的情况所带来的影响，并为建筑环境提供实用的解决方案，来恢复高效的生产运营。这个过程的关键是，业主和运营商需要在开发的过程中建立韧性和灵活性，这样才能实现不断发展以应对"未来常态"。未来常态下的韧性将意味着实时访问租户数据和用户需求，以及允许后期改造的运营管理规则，以便提供个人健康服务和体验空间，这些都是可以推动市场发展的需求。2020年经济形势较往年更加严峻，经济活动大幅下滑，再加上主要市场存在大量资本以及历史性的低利率，对于雄心勃勃的业主和运营商来说，只要能够做出正确的投资决策，推动定义未来常态的新趋势，这就是一个巨大的机会。■

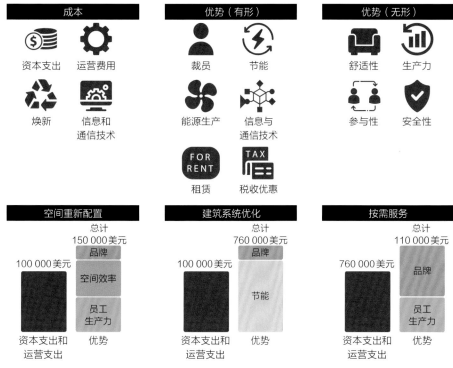

图7　后疫情工作场所的成本/收益分析模型（CBA）样本 © Ramboll集团，由CTBUH重新绘制

参考文献

Abraham T. With Footfall Down 50 per Cent, How Long Can Shops Really Stay Open? 2020. https://www.telegraph.co.uk/fashion/brands/footfall-50-per-cent-long-can-shops-really-stay-open/.

Boland B, De Smet A, Palter R, et al. Reimagining the Office and Work Life after COVID-19. 2020. https://www.mckinsey.com/business-functions/organization/our-insights/reimagining-the-office-and-work-life-after-covid-19.

Fung B. Google Will Let Employees Work from Home until at Least Next Summer. 2020. https://edition.cnn.com/2020/07/27/tech/google-work-from-home-extension/index.html.

International Well Building Institute. WELL v2 Overview. 2020. https://www.wellcertified.com/certification/v2/.

JLL. Global Commercial Real Estate Markets Feel Impact of COVID-19. 2020. https://www.jll.com.sg/en/trends-and-insights/investor/global-commercial-real-estate-market-feel-impact-of-covid-19.

McMahon J. App Data Capture the Plunge in Urban Movement as Cities Enter Coronavirus Lockdown. 2020. https://www.forbes.com/sites/jeffmcmahon/2020/03/26/app-data-captures-plunge-in-urban-movement-as-the-worlds-cities-enter-lockdown-for-covid-19/#23674d672155.

Meisenzahl M. (2020). Designers Created an 'Infection-free Playground' for Children Made up of Individual Play Areas-Take a Look. 2020. https://www.businessinsider.com/german-playground-concept-enforces-social-distancing-for-safety-2020-5.

Qualtrics X M. Return to Work / Back to Business Study, Part 2. 2020. https://www.qualtrics.com/m/assets/wp-content/uploads/2020/07/Back-to-Business-Round-2.pdf.

（翻译：宫本丽；审校：王欣蕊，王莎莎）

本文选自 *CTBUH Journal* 2020年第4期。

超越工业4.0的城市系统化设计

文/乔伊斯·芬（Joyce Ferng）

乔伊斯·芬
AECOM副总监

乔伊斯·芬作为注册专业工程师，与国际知名建筑师合作，在澳大利亚、英国和新加坡等地承接了20多年的复杂城市项目。凭借经验和系统化技术专业知识，芬目前正在领导AECOM模块化倡议，与数字颠覆者密切合作，将工业4.0技术与建筑预制化领域中的成熟精益方法相结合。芬还是斯威本科技大学（Swinburne University of Technology）的兼职行业研究员和墨尔本大学的行业技术顾问，同时也是澳大利亚预制建筑协会（PrefabAUS）的理事会成员，致力于倡导预制化建筑在澳大利亚的发展。

摘要

"从资源利用和精准制造的角度重新思考建筑构件和系统的生产效率"这一议题在目前变得愈发重要。本文回顾了过往预制装配式的建筑与空间产品，并评估了目前的工业4.0技术，提供了一个超越4.0系统化愿景的技术整合预测。建筑物不应再被视为定制元素，而应被视为集成、系统化产品，并可进行大规模定制，设计用于自动化，同时通过创意、适应性的外壳保持美学和独特性。4.0以外的工业革命将聚焦于价值创造，围绕人们的体验、喜好和需求展开，人工智能（Artificial Intelligence，AI）和机器学习（Machine Learning，ML）将成为日常环境的一部分，建筑供应链将成为一个几乎完全自动化的过程，以最少的人力参与。城市将变得"智能"，"拆解"将成为新的流行词，而不是"拆除"，每种材料都将被选择和设计以便于再利用和易于拆卸。

关键词：人工智能；数字孪生；生命周期；预制化；系统化

1 过去和现在

与普遍观念不同，离场建造并不是一项新技术。早在公元43年左右，罗马人就已经将预制建筑元素应用于建造堡垒，以快速高效地推进他们的征服战役。快进到19世纪70年代至20世纪初的第二次工业革命，人们见证了制造业中机械的出现和钢材作为建筑材料的引入。结构钢预制化在工厂环境中进行，并在某些情况下被运送到不同的地区。自那时起，预制化除了在最近再次成为建筑行业的"热门话题"并被称为"现代建造方法"外，几乎没有什么变化。预制化为什么会再次引起人们的兴趣？为什么是现在？下一步又会是什么？本文通过回顾关键的当前趋势和描述基于证据的行业情景来探讨这些问题。它提供了一个以三个关键趋势确定性为框架的系统化设计和建造的未来轨迹：①有限的自然资源；②技能转移的代际变革；③指数级增长技术。这些叙述提供了一个可能超越工业4.0的未来发展轨迹。

2 有限的世界

随着世界以惊人的速度产生废物并消耗自然资源，年轻一代呼吁采取严肃的行动拯救地球。作为回应，联合国于2015年制定了"转变我们的世界：可持续发展2030议程"，该议程提供了一个共同的蓝图，为人类和地球的和平与繁荣提供现在和未来的解决方案。其核心是17个可持续发展目标（UN Sustainable Development Goals，SDGs），这些目标迫切呼吁全球合作伙伴采取行动，应对气候变化并致力于保护我们的自然环境。以下所列出的SDGs与建筑领域密切相关：

• 可持续发展目标9：建设弹性基础设施，推进包容和可持续的工业化，并促进创新。

• 可持续发展目标11：使城市和人类定居点具有包容、安全、弹性和可持续的特性。

• 可持续发展目标12：确保可持续的消费和生产模式。

人们已经认识到，建筑物在其整个生命周期内消耗了大量的能源和材料，包括大量的非可再生资源（Jaillon和Poon，2013）。

建筑活动本身对环境有显著的负面影响，例如污染和废物产生。近年来，出现了许多产品创新，以促进可再生能源的发电。尽管可再生能源在建筑物的运营期被认为是可持续的，但如果这些解决方案是在孤立的情况下开发和提供的，而没有考虑到末端处理，它们将无法发挥其全部潜力。

为了实现可持续目标，建筑行业应发挥重要作用，根据麦肯锡提供的统计数据，仅在美国和欧洲，建筑行业就是一个价值1.1万亿美元的行业。建筑业终于达成了一致的认识，即预制是最有效的建筑方法之一，仅在这两个市场上就有220亿美元的潜在节省贡献（表1）。这种节省是显著的，因为它也等同于可量化的废物减量潜力的潜在价值。

预制方法本质上有助于通过设计消除建筑和运营的低效率，包括那些超出材料寿命的低效率，从而最小化废物。生命周期设计将预制拆卸和解体纳入其中，以最大程度重复使用和回收建筑组件以及材料，以实现循环经济。

> 建筑业终于共同认识到，预制化是最有效的建造方法之一，仅在美国和欧洲就有潜在节省贡献高达220亿美元。

表1 欧洲和美国的模块化建筑，潜在节省高达220亿美元（资料来源：Bertram等，2019）

建筑①		建设支出② /10亿美元（2017）	额外可处理量③	市场潜力 /10亿美元	节约潜力④	节约量 /10亿美元	基本原理		
							可重复性⑤	单元尺寸⑥	价值密度⑦
居住建筑	单人家庭	376		30		5			
	多人家庭	277		45		6			
商业建筑	办公建筑	77		10		2			
	酒店建筑	40		10		2			
	商业建筑	42		5		1			
	物流/仓库	46		10		1			
公共建筑	教育建筑	59		15		3			
	医疗建筑	41		5		1			
其他建筑		70		5		1			
建筑总数		1 027		135		22			

注：① 欧洲国家包括奥地利、比利时、捷克共和国、丹麦、芬兰、法国、德国、匈牙利、爱尔兰、意大利、荷兰、挪威、波兰、葡萄牙、斯洛伐克、西班牙、瑞典、瑞士和英国。
② 仅包括新建项目。翻新/维护项目不太适合模块化建筑，但可提供其他生产力的提高潜力。
③ 经过评估的估计值。满月对应于（额外）模块化建筑的潜在建筑项目价值约为30%，因此，2020年的季度月亮约为7.5%。
④ 经过评估的估计值。满月对应于每欧元的建筑支出节省潜力约为20%，因此，2020年的季度月亮约为5%。
⑤ 没有独特的布局要求（无论是来自法规还是设计期望）。
⑥ 小型单元尺寸实现标准运输。
⑦ 单元复杂度高、湿度房间占比高等。
使用2017年欧洲建筑研究协会（Euroconstruct）数据中的平均年汇率，从欧元转换为美元。

3 未来的就业机会

相较于其他行业，建筑业在历史上一直依赖于熟练掌握体力劳动的工人。然而，随着人口增长带来的建筑量的增加，这种依赖对于行业已经不再可持续或有适应力了（图1）。随着当前劳动力的日益老龄化，包括对年长工人更加严格的安全和健康规定，以及下一代技能的根本转变，建设工作类型将在未来几年发生急剧变化。毫无疑问，今天的工作不会是明天的工作。

一些研究表明，在未来几十年里，先进技术可能会使高达75%的工作自动化（Quezada等，2016年）。能够完成例行任务（例如铺瓷砖和砌砖）的智能机器可能会在未来十年内成为该行业的一个固定配置，从而取代人工技能。新的能力和工作将出现，而其他工作将消失。具有娴熟技术的一代人（具有创新思维，在操纵机器和技术方面具有创造性的补充技能）将成为新的远程劳动力的核心，而不是传统的现场具体劳动力。

预制方法的本质使其能够补充这种范式的转变，重点放在结构化流程的自动化上，在安全和受控环境中进行，速度更快，质量和精度更高。

4 技术爆炸

毫无疑问，当今世界正在经历一个新技术时代的崛起，通常被称为工业4.0，其实质是更广泛的第四次工业革命的一个子集，该革命趋向于智慧城市的设计、建设和维护。建筑业的工业4.0利用了制造技术和流程中自动化和数据交换的进步，其中包括物理网络系统（Cyber Physical Systems，CPS）、物联网（Internet of Things，IoT）、共同数据库和云计算，以及带有人工智能和深度机器学习（ML）的认知计算。

在预制空间的专业领域内，技术驱动的跨界转移正在建筑业中得以实现。目前可在技术巨头如谷歌和亚马逊中看到，他们提倡并资助数字智能功能进入他们建造的空间作为基础。设计建造公司Katerra是当前建筑业一个极端颠覆者的例子。其方法是从端到端的全垂直整合，并将以"工业4.0"智能工厂预制建筑产品为中心。工厂包括带有无线连接传感器的机器、整个生产线的系统可视化，并在一定程度上进行自主决策。这个企业的成功尚需全面测试，但它清晰地展示了未来的方向和情境（图2）。

生物科学和材料科学行业在纳米技术领域的发展和突破，为创新建筑产品提供了应用机会，创建的智慧住宅和智慧城市既综合统一又有适应性。

5 系统化与超越

基于当前社会、文化和技术的变革，预计未来建筑业的发展方向将与我们所知的截然不同。社会多层次视角可以应用于三种主要的转型概念模式（Geels，2002）的分类。

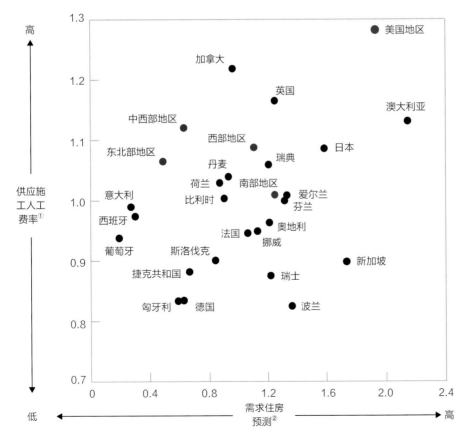

① 建筑工资除以国家中位数工资。
② 2017—2020年住房平均预测占国家住房库存的百分比。

资料来源：5 in 5 模块化增长计划（Ryan Smith）；ABS.Stat；CMCH；curbed.com；Euroconstruct；澳大利亚住宅产业协会（HIA Australia）；国际劳工组织统计数据库（ILOSTAT）；采访；日本贸易振兴机构（Ministry of International Trade and Industry）；三井不动产（Mitsui Fudosan）；加拿大自然资源部（Natural Resources Canada）；经济合作与发展组织（OECD）；预制房屋（Matthew Aitchison）；罗兰·贝格咨询公司（Roland Berger）；英国住房部（UK Ministry of Housing）；城市更新局（Urban Redevelopment Authority）；美国人口普查局（US Census Bureau）；麦肯锡资本项目与基础设施（McKinsey Capital Projects & Infrastructure）

图1 新住房需求与建筑劳动力供应的短期对比。资料来源：Bertram等（2019）

首先，基于对可持续产品和可持续建筑环境的人口意识要求，全球对气候变化挑战的认识将重新定义文化行为。在集体需求的推动下，产业得以回应，利用当前的工业4.0技术形成第一波变革。

第二个概念模式是快速城市化，融合了普遍认同的观念，即建筑物不再被视为定制的结构，而是被设计用于自动化、拆解和可回收利用的集成系统化产品的大规模定制。美学独特性不会被牺牲，而是通过材料纳米科学的创造性适应外壳实现大规模定制。

最终的行为模式是由设备的外部因素和趋势所驱动的——沉浸式互动，这对社会推测产生影响，推动人们期

望生活在一个完全响应的建筑环境中，其中的空间是按照生物哲学标准设计的。

正如新冠疫情所展示的那样，在足够的环境和政权压力下，社会行为的转变几乎是立竿见影且不可逆转的，比如接受在家工作的"新常态"。然而，随着这种变化的到来，人们对技术的依赖程度越来越高，期望在多功能的"家庭空间"和基础设施中实现即时连接和整合。

为了响应当前的社会转型，未来建筑行业的转变可以从各种角度描述。无论从哪个角度来看，它都基本围绕着系统化的概念来提供持续的韧性和适应性。正如图3所示，有五个领域可以实现完整的全面的系统化过程，其中方法

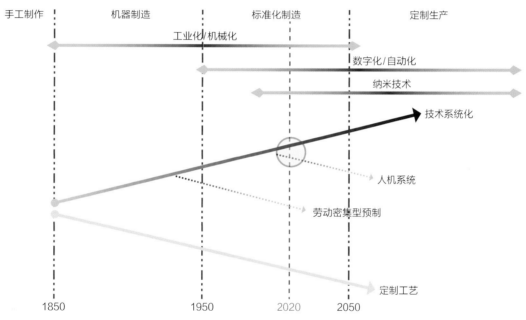

图2　自第二次工业革命到2050年及以后的预制趋势，显示了关键的扰动点。资料来源：Gann（2000）和Campbell（2020）

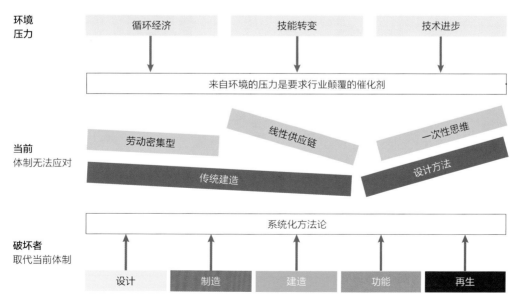

图3　建筑业所面临的环境和体制压力，加上破坏因素的影响，将迫使实践发生重大变化

论密切相关：设计、制造、施工、功能和再生。

5.1 设计

系统化设计的第一步是将传统的"外部-内部"设计思维改造成"内部-外部"方法。建筑构件被拆分并定向成具有共性分类的对象，采用"零件包"（KoP）技术。零件的基本几何形状由参数如结构完整性、零件互联性和制造及物流约束控制；通过参数化建模进一步精细设计，以实现最大效率。

接下来的设计阶段是集成分层，其中建筑服务和装饰应用于基础部件。然而，设计应该包括一个反向过程，以便进行层次分离，可实现使用寿命结束后的重复利用并具备转生能力（图4）。

此外，通过深度机器学习（DML）的应用，可以在将系统化零件包转换成制造数据之前，通过将系统化的KoP优化为建筑组块，生成特定现场建筑配置。DML的应用成功依赖于共享的全球大数据平台，以最大化准确性，通过"人工神经网络"促进智能决策的制定。

5.2 制造

共同的数据交换平台允许将设计信息传递给计算机数控（Computer Numerical Control，CNC）路由器，在智能生产设施中由人工智能执行自主任务。结合物理机器和业务流程的复杂CPS应用促进了作为DML形式的网络认知。这使得过程具有自诊断、自配置和自适应的特性，以确保在保持生产线精益的同时，提供质量稳定的系统化产品。

智能设施内部和外部的互联性由物联网提供和支持。例如，从基本来源到最终组装产品以及在其寿命周期中进行原材料的数据跟踪。物联网应用是自动驾驶车辆（Software Define Vehicles，SDV）上的传感技术，用于材料处理，以提高在运输系统化产品时的效率和安全性。

此外，区块链技术用于促进整个过程中的材料和服务的财务交易，为分布式网络中的共享分类账本提供透明度和可追溯性。区块链技术的分配不仅限于财务交易，还提供了一个单独的共同平台，允许信息存储的最高效传输。

5.3 建筑施工

无人机或"无人机"技术用于将系统化产品从距离实际工地不远的智能工厂运输过来。预测研究表明，最早到2036年，天空就可能遍布工业用的无人机。更小、更复杂的部件使用可持续复合材料在这个临时的本地化生产区域进行3D打印。DML被用来将施工过程序列化，实现"按需交付和安装"。在实际现场组装之前，通过DML测试流程映射与数字孪生，数字孪生是物理物体的精确复制品，以虚拟格式存在，旨在提供有关产品或系统性能的监控洞察力，完整的预测结果将被应用于现实世界中（图5）。

基于以上内容可知，现场处理将仅限于监督机器人系统、检查数据源和AI编程。预计所有重型起重工作都将由敏捷的机器人劳动力完成。操作机器的人员可以距离装配现场几英里，而在实时IoT连接的支持下，他们仍然可以提供足够的现场支持。

5.4 功能

完成的系统化基础设施将作为"生活栖息地"，采用仿生学概念建模，平衡地球资源的使用方式。自然界始终在经济和高效的原则下运作，不产生浪费。系统化产品共同工作，生成具有反应性、响应性和修复性的智能空间。

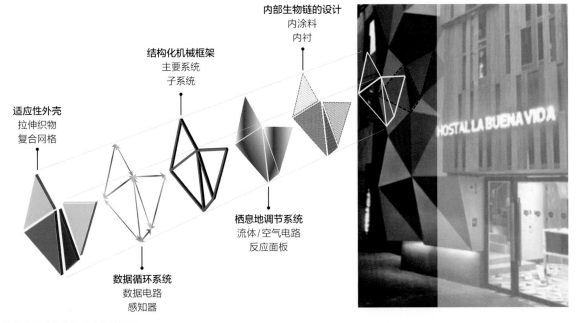

图4 综合分层系统化解决方案的插图

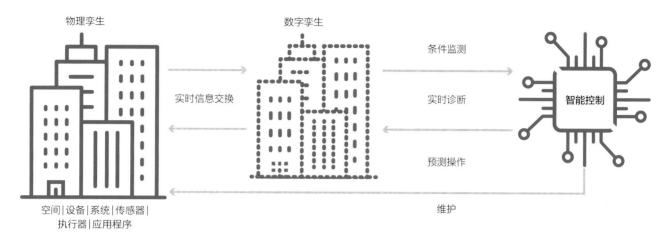

图5 数字孪生将在工业4.0的系统化建造流程中发挥关键作用。资料来源：Pressac Communications Ltd.（2021）

> 现场操作将仅限于监督机器人系统、检查数据反馈和AI编程。预计所有重型起重工作都将由灵活的机器人劳动力完成。

嵌入系统化元素的传感器探头收集并处理栖息地的性能实时数据，然后自我调节参数以实现持续优化。感测技术不仅局限于环境质量，如空气温度、冷却和二氧化碳含量，还可以检测空间居民的信号，并随后作出相应反应。

例如，利用纳米技术应用于系统化墙体上，房间的颜色可以根据居民的心理需求进行校准。当内部建筑对居民作出反应时，外部装饰以自然化的方式对环境作出反应。仿生技术不仅仅可采用自然的几何形状，如图6所示，还可以应用于建筑性能。图7显示了2013年建成的汉堡BIQ"藻屋"建筑的图片，其设计采用了活性微藻，称为"生物反应器立面"。藻类控制建筑物中的光线，并在需要时提供阴影。当足够多的藻类生长时，它们被收获并用于生产生物气体（一种由原材料制成的可再生能源）以供应建筑物。目前，"定制"的单件构造可能很快就会被系统化、大规模地生产。

正如所展示的那样，未来仿生学应用潜力巨大。最新

图6 以树木为灵感的住宅塔楼，位于法国蒙彼利埃 © RSI-Studio

图7　BIQ "Algae House"（海藻屋），位于汉堡，将活体微藻纳入其"生物反应器立面"中 © Novarc Images

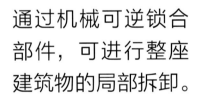

> 通过机械可逆锁合部件，可进行整座建筑物的局部拆卸。

的研究可能性之一是，建筑立面能像"仿生叶子"一样，利用水、阳光和二氧化碳的组合进行光合作用，转化为能量和 O_2，然后用于服务建筑物（Reuell，2016）。一部分灵敏的、系统化的建筑组块也被自动化，具有适应气候的活动能力。

　　系统化产品上循环的集体数据形成了生命线，进入一个集中处理平台，进行自我诊断并解决问题，产生修复性调整的返回传输，确保一个持续的功能性、反应性生活属地。

5.5　再生

　　通过自感材料进行持续不断的建筑健康监测，及时发现报废或存在缺陷的产品，并设计为易于更换的产品。通过机械可逆连接部件，将支持整个建筑的局部拆卸和拆解。拆卸后，系统化KoP的状态将被智能评估，以进一步重复使用、重新调整用途或回收利用，而不是直接送往垃圾填埋场（图8）。

　　设计的KoP允许剥离系统化的层次，并使用新技术进行更新，同时重新使用基础框架。已删除的层次可回收利用，以实现最小化浪费并保持循环经济周期（Peaks和Brandmayr，2019）。

拆卸
系统化产品被移除，层次被重新评估以进行直接再利用或翻新

再生
系统化产品组件被翻新以进行第二个生命周期

重新组装
系统化产品重新引入建筑循环

图8　最小化废物的再生循环，以维护循环经济。资料来源：Peter Strong 室内设计（2014）

6　时间线预测

　　转型之路已经开始，其规模的不断扩大预计会发生在未来的几十年里。但受新冠疫情的额外压力影响，这种变化极有可能进一步加速。根据麦肯锡在2020年6月进行的一项调查，有80%的受访者认为建筑行业在20年内将发生根本性变化（Pinner等，2020）。最初的加速转型将涉及到促进远程办公的技术；数据互联、可访问性和可视化，如具有产品设计和附加价值制造的物联网技术，以及建筑

中的自动化机器和人工智能。

史无前例的全球大流行病破坏了日常工业活动，为自然界提供了扭转多年滥用环境资源情形的机会；为现实的气候变化和一个干净的替代世界提供了依据，这将成为当前可持续战略变革的催化剂。现在是投资可持续发展相关绿色技术的最佳时机，特别是因为预计大多数国家在新冠疫情后将通过公共建设项目，至少部分地恢复其经济。这代表了一个重新评估和重新引导的机会，为未来创造经济和环境的适应性。

同时，正如前面讨论的，生物和纳米科学技术的进展将最终转化为交叉转移应用。图9说明了关键技术领域的集体收敛与系统化建筑环境的时间线。轨迹表明，这可能会在今后的15~20年内发生。

7　结论

当前建筑行业面临的环境压力正在汇聚成一个奇点，需要有效、可持续和韧性的响应。预制建筑，从其基本定义来看，已经存在很长时间了。然而，随着工业4.0技术的应用，它将以系统化的形式得以跨越式发展，成为一个

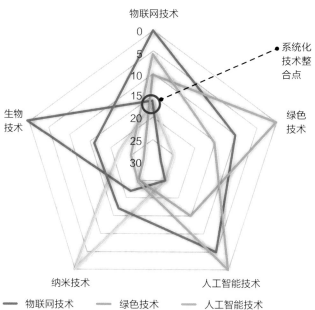

图9　整合系统化建筑环境中全面技术转移和应用的预测时间表（以年为单位）

严肃的应对者和破坏者。本文所描述的探索性叙述可能需要时间才能完全实现，并且在实现过程中无疑会面临各种挑战。尽管如此，从当前基于证据的行业场景来看，受技术支持的系统化预制正在朝着正确的方向发展。

需要注意的是，整个系统化过程是相互关联的；设计、制造、建造、运营和再生。虽然本文聚焦于一个系统化建筑的生命周期，但这个叙述可以扩展到创建一个完整的智能城市。为了实现这个愿景，需要行业、政府和学术界的合作来为超越明天的韧性工程打造基础模块。成功取决于全面的方法，以一个更可持续的未来为共同目标。■

参考文献

Bertram N, Fuchs S, Mischke J, et al. Modular Construction: From Projects to Products. London: McKinsey & Company, 2019.

Campbell A, Cooper M, Waugh A. Manufacturing Buildings for People and Planet. The Structural Engineer, 2020, 98(I).

Gann D. Building Innovation: Complex Constructs in a Changing World. London: Thomas Telford, 2020.

Geels F. Technological Transitions as Evolutionary Reconfiguration Processes: A Multi-Level Perspective and A Case-Study. Research Policy, 2002, 31(8–9): 1257–1274. https://doi.org/10.1016/S0048-7333(02)00062-8.

Jaillon L, Poon C S. Life Cycle Design and Prefabrication in Buildings: A Review and Case Studies in Hong Kong. Automation in Construction, 2013(39): 195–202. https://doi.org/10.1016/j.autcon.2013.09.006.

Peaks L, Brandmayr C. Building a Circular Economy: How Infrastructure Can Support Resource Efficiency. London: Green Alliance, 2019.

Pinner D, Rogers M, Samandari H. Addressing Climate Change in Post-Pandemic World. McKinsey Quarterly, 2020.

Pressac Communications Ltd. Insights. 2021. https://www.pressac.com/insights/.

Quezada G, Bratanova A, Boughen N, et al. Farsight for Construction: Exploratory Scenarios for Queensland's Construction Industry to 2036. Brisbane: Commonwealth Scientific and Industrial Research Organisation (CSIRO), 2016. https://doi.org/10.4225/08/58557e0b380ab.

Reuell P. Bionic Leaf Turns Sunlight into Liquid Fuel. The Harvard Gazette, 2016. https://news.harvard.edu/gazette/story/2016/06/bionic-leaf-turns-sunlight-into-liquid-fuel/.

United Nations. Sustainable Development Goals. 2015. https://sdgs.un.org/goals.

（翻译：倪江涛；审校：王莎莎）

呼吸式幕墙的性能评估与运行优化

文/周　浩

周　浩
EMSI［君凯环境管理咨询（上海）
有限公司］技术中心技术经理

周浩是EMSI［君凯环境管理咨询（上海）有限公司］技术中心技术经理，他主要负责建筑可持续设计的性能化研究和咨询业务，拥有10年以上的商业综合体和超高层建筑可持续设计经验。相关领域包括建筑室内光热环境、建筑室外微气候、建筑节能、可再生资源利用、污染物扩散以及设备散热等。

摘要

呼吸式幕墙因其卓越的热工和声学表现，在中国的既有建筑和新建建筑中屡见不鲜。然而，因为在投入使用之前缺乏有效的设计和运行分析，导致部分项目并未真正获得呼吸式幕墙所带来的好处，一些业主甚至选择长期关闭幕墙通风系统。本文通过计算流体动力学（CFD）和动态热模拟（DTS）对某高层办公楼的呼吸式幕墙的热工性能进行仔细研究，从安全、节能和舒适度的角度提出幕墙通风方式和运行策略建议，并以此为例，引出呼吸式幕墙性能设计的主要关注点。

关键词：呼吸式幕墙；幕墙通风；建筑性能评估；运营优化分析；动态模拟

1　引言

呼吸式幕墙是由外层玻璃幕墙、空气间层和内层玻璃幕墙组成的多层结构。内外层幕墙之间形成一个相对封闭的空气间层，空气在此间层内流动并与内外幕墙不断进行热量交换，就好像在呼吸一样。拥有"呼吸"的幕墙可以抵御外部环境条件对室内热舒适度和空调能耗的负面影响，而空气间层本身也增强了幕墙整体隔声性能。呼吸式幕墙的这些特点对于关注节能低碳和人居环境的高层建筑而言格外具有吸引力。

呼吸式幕墙按结构类型一般分为箱体式、箱井式、廊道式和多层式。不同幕墙结构的区别见表1。考虑到消防要求和施工难度，目前采用箱体式幕墙的项目占比较高。

在国内，呼吸式幕墙已经得到了广泛的应用，成为提高高层建筑品质和竞争力的重要手段。然而，经过调研发现，多数建设项目在前期设计过程中并未对呼吸式幕墙的性能和实际效果进行充分的分析论证，在后期也很少依据合理的运营策略进行使用和维护，导致部分项目从呼吸式幕墙获得的收益不明显，甚至因为操作不当而产生了更多负面影响，最终放弃使用。

本文以某既有高层办公楼为例，评估呼吸式幕墙的热工性能表现，并揭示如何通过优化运行策略来改善建筑整体能耗和室内热舒适度。

2　案例描述

该办公楼位于中国北方寒冷地区，地上建筑面积约6万m^2，地上建筑层数20层，建筑高度100 m。呼吸式幕墙为箱体式结构（图1），空气间层设计有中置遮阳，可人为控制，幕墙通风方式是将室内空气经过空气间层后由排风管排出室外（图2），幕墙间层的空气直接被排出室外。该项目幕墙通风长期处于关闭状态，实际运营发现大楼空调能耗偏高，室内局部热舒适度欠佳。业主考虑重新启用幕墙通风系统，希望通过合理的技术手段分析并评估可行性。

表1　不同类型呼吸式幕墙的比较

类　型	结构形式	示意图	优　点	缺　点
箱体式	每个箱体设置开启窗，水平及垂直方向均有分隔，每个箱体都能独立完成换气功能		· 内部隔声效果好 · 有利于消防设计 · 造价略便宜 · 施工难度小	· 不利于烟囱效应形成 · 外部隔声效果较差
箱井式	由箱体式窗和延伸数层楼的连续风道组成一个箱井式系统，空气从开启窗进入，从风道排出，风道作为加强烟囱效应的手段		· 内部隔声效果好 · 造价略便宜 · 施工难度小	· 井道有利于烟囱效应形成，但高层箱式窗通风效果较低楼层差 · 消防设计增加难度
廊道式	内外层幕墙之间的空气间层在每层楼水平方向上封闭，沿水平方向的廊道仅在需要隔声、防火或通风处分隔		· 外部隔声效果优于箱体式和箱井式	· 不利于烟囱效应形成 · 转角处会有较大压差，故常在转角处分隔部隔声效果差 · 消防设计增加难度
多层式	内外层幕墙之间的空气间层在垂直和水平方向上将多个房间连通，空气间层通过靠近底楼和顶楼的开口实现通风		· 外部隔声效果好 · 通风效果好	· 内部隔声效果差 · 夏季高楼层比低楼层舒适性差 · 消防设计增加难度 · 造价高 · 施工难度大

图1　呼吸式幕墙单元结构

图2　幕墙通风示意

3　方法论

设计一个行之有效的呼吸式幕墙方案，应该结合当地室外气候条件、建筑朝向、室内功能布局以及空调系统等特征，综合考虑多种因素的影响，合理选择幕墙结构与通风形式。本项目的幕墙结构和通风形式已经确定，因此本次研究将聚焦在幕墙通风系统如何影响热工表现和通风系统运行策略的优化上。

3.1　热安全

夏季，幕墙间层的空气将受到室外气温和太阳辐射的热影响，空气被持续加热，产生明显的温度梯度。过高的

温度梯度会增加热应力且会产生玻璃破裂的风险。因此，利用幕墙通风系统将过热空气及时排出，可以有效降低幕墙玻璃温度，通过消除热量积聚提高结构稳定性。需要注意的是，本项目通风系统设计为内循环，冬季通风可能会带来结露的风险。

在本研究中，应考虑外部环境、通风量和通风策略对幕墙热安全的影响。

3.2　节能

夏季利用通风及时带走聚集在幕墙空气间层的热量，降低经围护结构传入室内的冷负荷，达到降低空调能耗的

目的。本项目采用了机械式通风系统，排风机所带来的额外能耗不能被忽略，因此通风带走的负荷与风机消耗的电能需要得以平衡。在保证幕墙维持高效的热工性能前提下，降低排风机能耗，可以从幕墙通风量的设定、通风时段的选择以及建筑朝向对通风需求的角度进行分析。

3.3 热舒适

幕墙对室内热舒适度的直接影响是内侧玻璃对人体的热辐射，利用幕墙通风改善内侧玻璃温度，降低室内人员感受到的平均辐射温度（Mean Radiant Temperature, MRT），进而提高热舒适度。通过计算不同时间的内侧玻璃平均温度，可获得室内热舒适度的变化规律。幕墙对热舒适度的影响程度可通过估算朝向幕墙一侧的平均辐射温度随幕墙相对位置的变化关系（图3）进行评估，见式（1）。

$$MRT = T_g + \left[\arctan\left(\frac{L}{H-h}\right) + \arctan\left(\frac{L}{h}\right) \right] \cdot \frac{T_w - T_g}{\pi} \quad (1)$$

式中　MRT——平均辐射温度；

T_g——幕墙内侧玻璃平均温度；

T_w——内墙温度；

L——观测点离幕墙的距离；

h——观测点离地的距离；

H——幕墙高度。

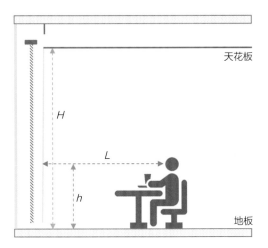

图3　办公室空间尺寸示意

3.4 模拟方法

本次研究针对不同的分析方向，运用了两种模拟工具。为了获得空气流动的空间特征和空气间层温度分层现象，模拟需要考虑空气湍流、温差形成的浮升力以及玻璃与遮阳帘的导热、辐射换热和对流换热等多种空间物理现象，故采用CFD进行模拟计算，分析工具为FLUENT。夏季模拟工况选择太阳辐射影响最大的时段，而冬季模拟工况选择全阴天时段。详见表2。

表2　CFD模拟工况与条件

季节	朝向	室外温度	时刻
夏季晴朗	北	33.5℃	12:00
	东	33.5℃	09:00
	南	33.5℃	12:00
	西	33.5℃	16:00
冬季阴天	—	−9.9℃	—

幕墙CFD模型如图4所示，包含120万个六面体网格单元。CFD模拟涉及的物理模型如表3所列。

建筑能耗水平和办公时段室内热舒适需要关注幕墙全年整体运行表现，因此，采用DTS进行模拟更为有效，分析工具为EnergyPlus。图5是标准层的DTS模型。

表3　CFD物理模型

湍流	可实现k-e模型（Realizable k-e）
太阳辐射	太阳光追踪（Solar Ray Tracing）
辐射换热	面对面辐射（Surface to Surface）
浮升力	布辛涅司克近似（Boussinesq）

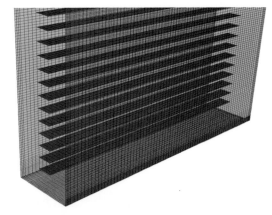

图4　呼吸式幕墙CFD模型

4 结果分析与讨论

4.1 幕墙通风表现

（1）幕墙间层的空气温度

如图6所示，夏季西侧幕墙在太阳西晒影响下，间层

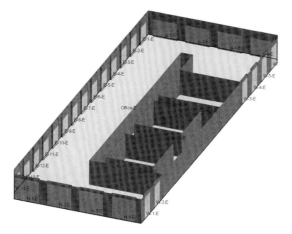

图5 建筑DTS模型

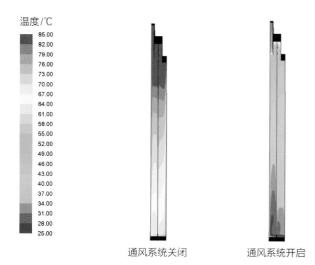

通风系统关闭　　通风系统开启

图6 晴朗夏季下午4点西向幕墙间层空气温度

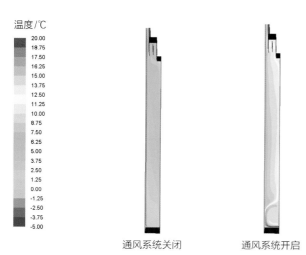

通风系统关闭　　通风系统开启

图7 全阴天冬季幕墙间层空气温度

的空气温度出现明显的分层现象。通风系统开启后，可以将间层顶部最热的空气冷却20℃以上。这将明显减少有幕墙进入室内的冷负荷，并提高玻璃幕墙的结构安全性。

图7呈现的是冬季全阴天条件下幕墙通风带来的间层空气温度变化。可以发现，在邻近进风口的幕墙间层底部，通风带来的温升较高，空气温度分层现象不明显。

（2）幕墙玻璃内表面温度

如图8所示，夏季极端条件下，通风系统开启后，可以显著降低受到太阳辐射影响的东、南、西朝向幕墙内表面温度，使其温度接近甚至低于舒适度要求的平均辐射温度上限35℃（PMV=1.0），可基本消除幕墙温度引起的不舒适感。而北面幕墙受太阳辐射影响较小，间层空气温度不高，通风后温度变化不大。

冬季全阴天条件下，图9显示通风使玻璃内表面玻璃温度上升2.6℃，对冬季热舒适度的提升有限。通风后幕墙底部外侧玻璃（surface 2）温度远低于空气露点温度，结露风险较高。

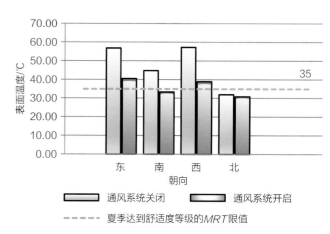

图8 夏季幕墙表面（surface 4）平均温度

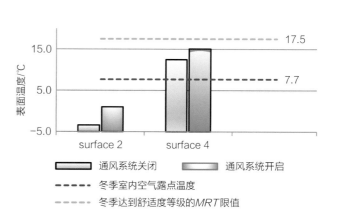

图9 冬季幕墙表面（surface 2, 4）平均温度

（3）中置遮阳帘对通风的影响

当中置遮阳帘被展开时，遮阳帘会对幕墙通风产生阻力。利用CFD分析研究它的影响程度。

分析发现，遮阳帘展开后，使间层气流形态产生了较大变化，特别在底部进风口附近，完全改变了气流速度分布和流动形态（图10）。但整体风量测算显示，遮阳帘展开后，通风量仅降低了3%，这一影响在本项目中是可以被接受的。

（4）热舒适

针对西侧幕墙研究了室内热舒适度，这通常是太阳辐射强度最大的朝向。图11显示夏季晴天16:00和冬季全阴天时西侧幕墙对室内PMV的影响范围。从趋势可以看出，当室内人员离幕墙越近，热舒适度影响越大，随着室内进深的

增加，这一影响会逐渐减弱。夏季在幕墙不通风时，3 m进深内的区域可能出现不舒适，而在开启通风后，不舒适区域缩短到0.6 m以内。与夏季情况相比，冬季通风对舒适范围的影响不明显，不舒适的进深从1.0 m下降至0.5 m。

（5）幕墙传热

幕墙对室内冷热负荷的影响主要是利用热传导传递的热流，而太阳辐射透过热并不被视为该计算的一部分，因为它不受幕墙间层内通风状态的影响。

夏季幕墙通风明显减少室内热传导得热，从而减少制冷能耗，见图12。过渡季晴天与夏季类似，见图13。但需注意的是，过渡季太阳得热和室外温度下降，多数时段幕墙间层温度比夏季低，向室内传入的热量减少，为了平衡风机和空调的能耗，应该制订合理的幕墙通风时间表。冬季室内得热有助于减少采暖能耗，晴天条件下，可能存在太阳得热传热室内的情况，开启幕墙通风系统后，会减少进入室内的热流，反而对空调节能产生负面影响（图14）。

4.2 幕墙通风优化

（1）通风量

幕墙间层的通风量是基于间层空气温度和能耗两项因素得以优化的。

增加通风量将促进间层空气与幕墙之间的热传递，降

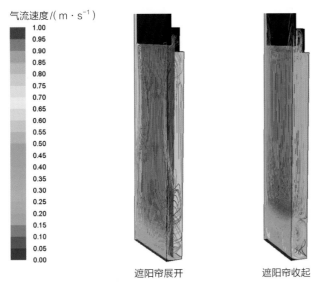

图10 幕墙间层内的气流组织

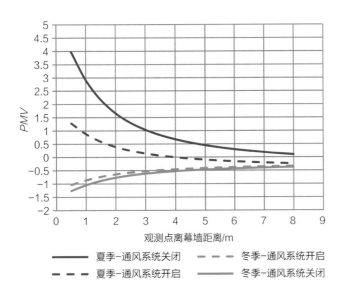

图11 PMV随室内进深的变化趋势

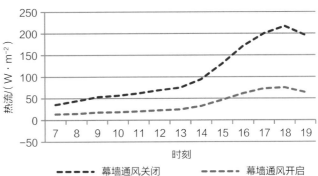

图12 夏季西侧幕墙热流（晴天）

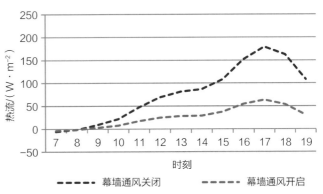

图13 过渡季西侧幕墙热流（晴天）

低玻璃内表面温度。如图15所示，随着幕墙通风量的增加，玻璃内表面温度逐渐降低，从趋势上看，通风量达到300~400 m³/h时，温度下降趋势减弱，那么可以认为若再提高风量就没有太多收益了，而原方案通风量为350 m³/h，正好处于上述范围内。

能耗包括建筑空调和幕墙通风系统的风机能耗。如图

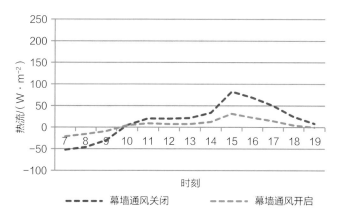

图14 冬季西侧幕墙热流（晴天）

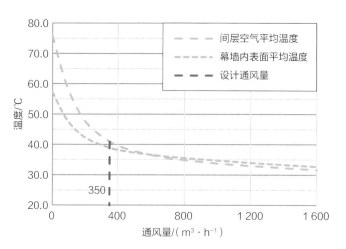

图15 幕墙内表面温度随幕墙通风量的变化趋势
（夏季，16：00，西侧幕墙）

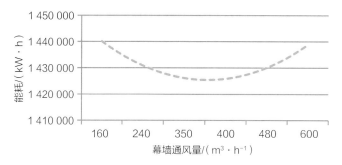

图16 能耗随幕墙通风量的变化趋势

16所示，能耗最优的通风量居于350~400 m³/h范围内。

因此，原方案幕墙通风量（350 m³/h）是一个合理的设计值。

（2）全年运行策略

幕墙通风的全年运行策略对提升呼吸式幕墙性能起着至关重要的作用。制订运行方案需要考虑两个因素。

一是能耗。在冬季，前述多个维度的分析表明，应该通过关闭幕墙通风系统来节约空调能耗，并降低幕墙结露风险。在夏季，幕墙通风应在人员主要活动时段开启，以提高热舒适度并及时排走过热空气防止出现热安全问题。在过渡季节，需要制订更详细的运行时间表，以最大限度地提高幕墙性能。表4给出了两种全年通风运行模式。模式A为过渡季幕墙通风全开启，模式B根据前述性能验证，并结合全年气象特征，选择过渡季较热月份午后开启幕墙通风。对这两种模式进行分析比较。

如表5所示，虽然模式A的空调节能量较高，但过高

表4 幕墙通风全年运行模式

方　案		模式A	模式B
过渡季	月	3月—5月，9月—11月	5月，9月
	开启时段	7：00—19：00	12：00—17：00
夏季	月	6月—8月	
	开启时段	7：00—19：00	
冬季	月	12月—次年2月	
	开启时段	—	

表5 不同模式下全年能耗比较

单位：kW·h

模式	朝向	节能量		净节能量
		空调	幕墙风机	
A	东	9 903	-22 991	-37 865
	北	2 882	-9 196	
	南	3 902	-9 196	
	西	9 822	-22 991	
B	东	3 913	-3 564	1 351
	北	1 315	-1 425	
	南	1 664	-1 425	
	西	4 437	-3 564	

的风机运行时长拉低了整体的节能表现，最终导致能耗不降反升。单从节能的角度考虑，在过渡季根据气候特征选择性地开启幕墙通风可能是更好的选择。

二是热舒适度。夏季幕墙通风可以显著增加室内热舒适小时数，且达到Ⅰ级舒适度（−0.5<PMV<0.5）的时段增加最多，见图17。在过渡季，模式A较长的幕墙通风时

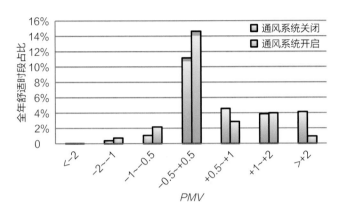

图17　夏季热舒适度时段比较

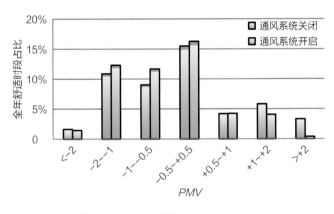

图18　过渡季热舒适度时段比较（模式A）

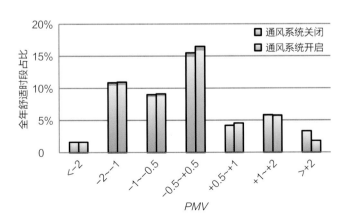

图19　过渡季热舒适度时段比较（模式B）

间能够增加117 h的舒适小时数；而在模式B中，增加的舒适小时数变为50 h，见图18和图19。

可见，幕墙通风设计总会在节能和舒适性之间寻求平衡点。通过两种模式的比较可知，模式B可能是一种更平衡的考量。虽然模式B的舒适度比模式A稍差，但兼顾了幕墙风机产生的能耗影响。

5　结论

综合以上分析，有效的幕墙通风对拥有呼吸式幕墙的建筑来说至关重要，否则可能存在能耗偏高、玻璃辐射温度影响舒适度、幕墙间层结露，甚至因过热而损坏玻璃或结构胶等诸多风险。

可见，呼吸式幕墙并不是一个固化的产品，而更像是一个复杂的系统。它的性能和安全需要通过精心的设计（表6）和运营来保障。

与传统幕墙相比，呼吸式幕墙在不同季节展现的不同优势为：冬季能减少采暖能耗，夏季能提高室内热舒适度。显然，这些好处与气候变化密切相关。中国气候带较多，国内没有"一刀切"的呼吸式幕墙设计标准，其设计应根据环境条件，从不同的角度进行评估和分析，具体建议如下：

呼吸式幕墙的运作主要集中在通风管理上。根据多数项目的经验，通风总是在夏天打开，在冬天关闭。但是，中国南方的冬天比较暖和，类似过渡季节，呼吸式幕墙可能需要因地制宜地设计适时通风。

> 呼吸式幕墙并不是一个固化的产品，更像是一个复杂的系统。它的性能和安全需要通过精心的设计和运营来保障。

表6 呼吸式幕墙的设计关注点

常　规	
气候特征	室内噪声
室外空气品质	室内自然采光
建筑消防	建筑结构
初投资	建筑室内可用面积
细　节	
呼吸式幕墙形式	呼吸式幕墙结构尺寸
幕墙玻璃材质	遮阳帘
通风量与通风效率	风道设计
幕墙间层温度控制	玻璃结露
热回收	通风策略

此外，定期的维护检查也必不可少。应监控幕墙通风量和间层空气温度，确保良好的热工性能，避免热量积聚而产生的极端温度，出现异常情况应及时采取补救措施。■

参考文献

Gao Yunfei, Zhao Lihua, Lili, et al. Simulation and Analysis of Thermal Performance of External Respiration Double Skin Facade. HVAC, 2007(37): 1.

Lan Jianxun, Lin Zhenwu, Chen Subin, et al. Key Technologies of Breather Double-layer Curtain Wall Used in Pyramid-shape Building in Cold and Wind Area. Construction Technology, 2010, (39) 3.

Li Peng, Cao Liyong, Lou Wenjuan, et al. Research on Ventilation on Performance of High-rise Office Building with Double-skin Facade by Wind Tunnel Tests. HVAC, 2004(34): 11.

Li Wenxin. Application of ABB I-bus Intelligent Control System in Port Affairs Building of Shanghai Port International Passenger Transport Center. Building Facilities Control & Management, 2010, (4) 4.

Shameri M A, Alghoul M A, Sopian K, et al. Perspectives of Double Skin Facade Systems in Buildings and Energy Saving. Renewable and Sustainable Energy Reviews, 2011(15): 1468-1475.

National Building Standard Design Gallery 07J103-8- Double Skin façade. China Building Standard Design and Research Institute, 2007.

Tanzhe. Energy-efficient and Comfortable Respiratory Double Curtain Wall: Preliminary Discussion of the Curtain Wall Design for Beijing Wanda Plaza Phases II Project. Architectural Journal, 2005(10).

Tun Jiangbin, Chen Dafeng. Analysis on Application of Double-layer Curtain Wall in Beijing. Architecture Technology, 2011, 42(10): 892-895.

超高层建筑声污染控制的探究

文/王 洋，潘雄伟，尹久浩，陈子瑜，刘 莹

王 洋

中建国际建设有限公司设计管理中心副总经理（总工程师），国家一级注册结构工程师、高级工程师、硕士，ASCE会员和CTBUH会员。主持并参与多地城市地标超高层建筑、复杂综合体及大型会展场馆的设计咨询和管理工作，多次获得中国《全国优秀工程勘察设计奖》在内的国家级、省部级优秀设计奖项。

潘雄伟

中建国际建设有限公司设计管理中心设计咨询工程师，国家注册公用设备工程师、高级工程师、硕士。

尹久浩

中建国际建设有限公司设计管理中心设计咨询工程师，国家注册公用设备工程师，埃及新首都CBD标志塔项目设计管理工程师。

陈子瑜

中建国际建设有限公司设计管理中心设计咨询工程师，谢菲尔德大学可持续建筑学硕士。

刘 莹

柏林工业大学城市设计硕士、同济大学建筑学硕士，资深建筑设计师。

摘要

超高层建筑是建筑技术的集大成者，设计建造过程中常面临诸多问题，其中声污染控制问题日益凸显。本文将总结研究中建国际建设有限公司（以下简称"中建国际"）在埃及新首都CBD标志塔[1]（以下简称"标志塔"）项目的经验，以超高层高区酒店客房作为研究样本，提出超高层建筑所面临的声污染问题及解决方法。本文旨在为超高层建筑的声污染控制提供参考和启示，助力实现更高品质的超高层建筑声环境。

关键词：埃及新首都CBD；超高层建筑；声污染；幕墙隔声；设备噪声控制

1 引言

超高层建筑常被视为国家、民族和城市经济崛起的标志，具有极大的象征意义。超高层建筑发展至今，其建筑业态不再单一，逐渐发展成涵盖居住、酒店、会议和办公等多种业态的复合体，对建筑空间的舒适体验提出了更高要求。然而，超高层建筑均面临着复杂的内外部环境噪声，如何妥善地控制噪声，实现高品质人居环境，是近年来建筑领域的热门话题，更是考验超高层建设者技术实力和实施能力的试金石。

2 超高层建筑声污染现状分析

随着现代经济和科技的发展、现代化的居住办公需求以及土地资源的紧张，超高层建筑进入发展快车道，根据CTBUH发布的"2022全球摩天高楼排行榜TOP50"，中国有25座建筑榜上有名，占据榜单半壁江山，同时也是拥有150 m以上超高层建筑数量最多的国家。然而，超高层建筑亦伴随着一些为人诟病的问题，其中声污染问题愈发让人无法忽视。现代人更趋于追求建筑空间的环境品质，国际WELL健康建筑研究院已将室内声学性能作为健康建筑的重要考虑指标，如何打造高品质的声环境成为超高层建筑开发建设的一项重要课题。

超高层建筑的噪声控制面临两大主要困难。一是因其垂直高度的特殊性，易受室外复杂自然环境的噪声影响；二是与现代建筑的时尚外观和功能需求相匹配的配套设施愈发繁多、系统愈发复杂，在其运行中不可避免地会产生噪声和振动。

超高层建筑噪声控制逐渐受到重视，但目前控制效果未尽如人意，究其原因主要有以下两方面：一是前期缺乏系统、专业的噪声治理规划，在设计初期没有进行噪声环境评估，没有考虑到建筑物结构、材料、设备等方面的问题，噪声控制措施针对性弱，从而导致噪声控制效果不佳；二是建设过程中未落实噪声控制措施，建设过程中存在降低噪声控制措施质量以降低成本的现象，如未按照专项策划目标实施、选用的隔声减振材料性能不达标、现场监管不力等情况均会导致噪声控制措施落实不到位等问题。

---

① 埃及新首都CBD标志塔为非洲第一高楼，总建筑面积27.4万m²，高度385.8 m，地上76层，酒店位于高区50—71层。

3 超高层建筑声污染控制方法探究

超高层建筑内置业态室内环境质量是其产品定位的重要体现。对于超五星级高档酒店而言，客房的噪声控制是提供舒适环境的必要前提，也是衡量其品质的关键。客房噪声源主要分为房间外部及内部噪声，其中外部噪声包含各类环境声（Ambient noise），如汽车鸣笛声、围护结构摩擦声、电梯及相邻设备层运作声、相邻房间干扰声、自然风声雨声等，内部噪声则包含设备运行的噪声，例如空调、管道啸叫（Pipeline howling）等。

本文以标志塔的超五星级酒店客房为研究样本（图1），从围护结构、设备和电梯的声污染问题入手，运用建模和声学计算等方法，多维度探究超高层建筑声污染的控制方法。通过本文研究所提出的技术与方法，可以为未来超高层建筑的噪声控制提供普适性参考。

3.1 围护结构的噪声控制

标志塔高区酒店客房围护结构采用玻璃幕墙，属于轻质建筑材料，易受高空风荷载影响产生共振。同时，不完善的隔声措施会导致风啸现象的出现，进而降低室内环境品质，并严重影响使用者的心理体验和正常行为活动。因此，着重考虑幕墙与楼板、分隔墙连接薄弱点的隔声处理，减少双层玻璃之间的吻合效应（Coincidence effect），将进一步提升玻璃幕墙的隔声效果。另外，门的密封处理也

塔冠
Top of Crown

观景
Observation Deck

酒店
Hotel

公寓
Apartments Units

公寓大堂
Apartments Sky Lobby

办公区3
Offices Zone 3

办公区2
Offices Zone 2

办公区1
Offices Zone 1

图1 标志塔实景照片及地上功能分区

是影响客房声环境质量的重要因素。

（1）幕墙与楼板、分隔墙连接处隔声处理

为加强幕墙与楼板、分隔墙之间的隔声效果，在其之间填充100 mm厚的防火岩棉，起到隔声和防火的双重作用。填充材料的两端使用镀锌钢板封堵，以确保隔声量。同时，在客房分隔墙与幕墙竖挺正交部分进行封堵，在分隔墙无法与幕墙竖挺正交的部位，采用结构密封胶对纸面石膏板与玻璃交接处进行密封处理。为确保声学效果，在内隔墙距幕墙250 mm处设置拐角，对内隔墙正交幕墙玻璃处进行对位处理，合理控制巨柱和幕墙的间距，并结合巨柱位置和立面造型进行幕墙玻璃分格，从而保证幕墙的密封性（图2）。

（2）扰动双层玻璃间吻合效应

中空玻璃可以隔绝高频噪声，但由于中空部分存在驻波共振（Standing wave resonance）问题，隔声吻合效应频段在250~500 Hz，而室外交通噪声频段（125~750 Hz）与该频段吻合。一般来说，遵循"质量定律"（即增加材料质量）可以改善隔声效果，然而此方法将大大增加玻璃重量却无法改变共振频率。因此，扰动双层玻璃之间的吻合效应是隔绝室外交通噪声的措施重点。一方面，将空气间层扩大到16 mm，作为玻璃片之间的弹簧，将振动能量传递到另一侧，使吻合频段向低频偏移；另一方面，在中空玻璃的内侧采用两层5 mm厚的夹胶玻璃，使得隔声吻合频段保持在3 000 Hz。以上两种手段都能使吻合频段远离交通噪声频段。此外，采用1.52 mm厚PVB夹胶能够起到减振阻尼的作用，使共振效应区的隔声量更加平缓，影响噪声频率范围，同时采用干胶法工艺，将极大避免后期发黄气泡削弱隔声性能。

（3）门的密封隔声控制

为降低开闭客房门产生的噪声并有效隔绝外界声音，对门面材、框架、接头和密封件等组件的选择应选用具备隔声减噪功能的品类。客房门采用通过美标ANSI A156.22、UL（Underwriter Laboratories Inc.）认证的隔声隔尘门底密封件，能够在门开启时自动升降，在门关闭时自动下压，并配备机械减振限停垫功能的闭门器、柱形门挡和密封条等多项隔声减噪的组件。客房内移门采用尼龙静音滑轮，从源头减少噪声影响。

3.2 设备的噪声控制

标志塔项目高区（L50—L71）为超五星级酒店，客房起居厅及卫生间噪声标准为NC35（Noise Criteria，将测量的各个倍频带声压级标示于倍频带噪声谱合在NC曲线上，以与频谱相切的最高NC曲线为该噪声的NC噪声等级），卧室噪声标准为NC30。由于其所处高度及复杂的机电系统，使得客房的噪声控制变得复杂。为实现其控制要求，标志塔项目从以下三方面着手解决：

（1）选用低噪声设备

标志塔项目在供应商选定及设备选型的环节，对设备噪声上限给出明确要求，见表1。

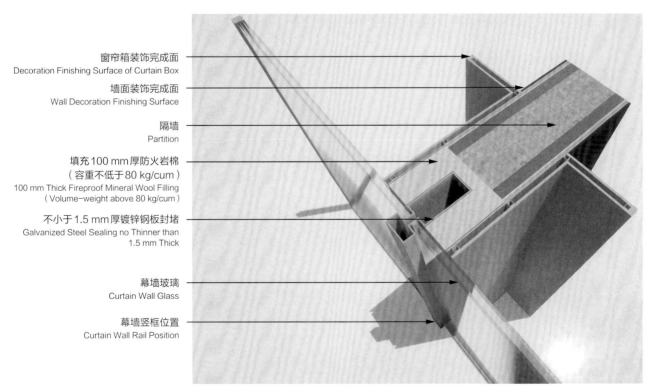

窗帘箱装饰完成面
Decoration Finishing Surface of Curtain Box

墙面装饰完成面
Wall Decoration Finishing Surface

隔墙
Partition

填充100 mm厚防火岩棉
（容重不低于80 kg/cum）
100 mm Thick Fireproof Mineral Wool Filling
（Volume-weight above 80 kg/cum）

不小于1.5 mm厚镀锌钢板封堵
Galvanized Steel Sealing no Thinner than
1.5 mm Thick

幕墙玻璃
Curtain Wall Glass

幕墙竖框位置
Curtain Wall Rail Position

图2 幕墙柱体与分隔墙相撞时的构造节点

表1　设备噪声要求限制　　　　　　　　　　　　　　　　　　　　　　　　　　　　　单位：dB

设备（Equipment）	倍频带声压级							
	63 Hz	125 Hz	250 Hz	500 Hz	1 000 Hz	2 000 Hz	4 000 Hz	8 000 Hz
组合式空调机组（Air Handling Unit）	94	90	89	89	89	84	82	79
补风机（Make-up Air Fan）	91	91	80	84	82	76	71	65
空调器（Air Conditioning Unit）	100	96	90	89	86	80	75	72
制冷机组（Unit Chiller）	98	98	96	95	93	94	88	81
冷却塔（Cooling Tower）	110	110	105	102	98	95	92	87
水泵（Pump）	85	80	82	82	80	77	74	72
风机（Fan）	55	50	48	47	48	46	42	37
车库通风机（Car Park Fan）	94	83	83	84	84	76	80	72

为降低空调通风系统中动力设备（风机、风机盘管、组合式空调机组等）的噪声等级，重点控制两个关键参数：风量（Air flow）和风压（Air pressure）。当设备噪声过大时，可将一台大型设备拆分为两台小型设备。例如，标志塔项目L50层的变配电室，其单台风机盘管制冷量达21 kW，若按单机设计，将造成走廊及相邻房间的噪声过大。在深化设计阶段，将大冷量风机盘管拆分为两台12 kW的风机盘管，同时优化风系统路由以降低风压。对于同一型号的风机，在性能允许的条件下应选用低转速风机，不同种类的风机作噪声对比时，应以比声功率级（Specific sound power level）或A声级作为首要条件（Jennifer，2016）。

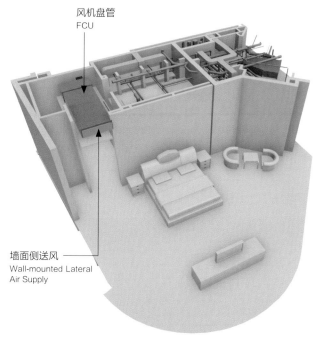

风机盘管
FCU

墙面侧送风
Wall-mounted Lateral
Air Supply

图3　常规侧送风布置图

（2）降低空调噪声传播

标志塔客房的空调系统采用风机盘管加新风。风机盘管提供冷热风，组合式热回收机组（Heat recovery air handing unit）提供新风。由于风机盘管位于客房内，所以对其运行噪声的要求非常严格，本文参照美国空调制冷与加热工程师协会（AHRI）885-08标准，采用对比分析法，对常规侧送风、无消声内衬吊顶送风以及带消声内衬吊顶送风这三种送风方式进行声学计算分析，以探寻更好的客房空调噪声控制方法。

侧送风系统的风机盘管安装于入门走廊处，送风口位于风机盘管出口处，回风口位于风机盘管下方，如图3所示，噪声衰减小，风机噪声直接通过风口传出，难以处理。经声学验算，当采用该送风方式时，房间的声学计算值为NC53，远大于客房要求的NC30。

标志塔项目采用吊顶送风，配合吊顶造型设置回风条缝。图4为标志塔酒店客房空调风管布置图，风口与风盘距离较远，噪声传递衰减大。当未设置消声内衬（Duct liner）时，经声学计算，房间噪声等级为NC43，此方式不满足客房噪声的控制要求。因此在深化设计阶段，对风管增加消声内衬（即在送风管壁内敷设长度3 m消声内衬，在回风管壁内敷设长度1 m消声内衬）（Stephanie，2012），再次经声学验算，房间噪声等级为NC28，满足噪声等级要求。图5为侧送风和吊顶送风两种送风方式下，同一时间的声波粒子分布示意图，噪声计算结果见表2。此外，由于中央空调的送回风系统连接多个房间，因此需要重视末端串声问题。标志塔部分客房紧邻会议室，为降低串声影响，会议室的新风管和排风管上均增设了消声器（Sound attenuator）。

（3）阻隔上下楼层及周围房间的噪声传递

标志塔项目的顶部设备层是L72层，其下层为酒店客房。因此，为制订完备的隔声减振方案需对该设备层中的

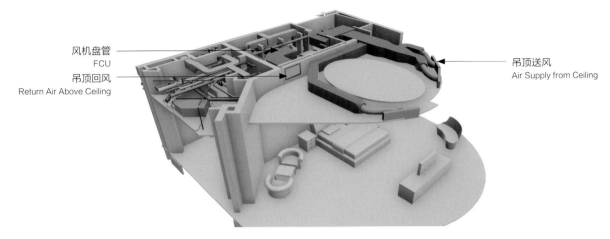

图4 酒店客房空调风管布置

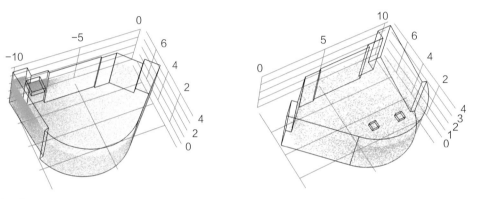

图5 声波粒子分布示意

表2 三种送风方式噪声计算

要求噪声（Required PNC Level）	噪声等级	倍频程中心频率的声压级/dB						
	PNC65	76	73	70	67	64	61	58
	PNC60	73	69	66	63	59	56	53
	PNC55	70	66	62	59	55	51	48
	PNC50	66	62	58	54	50	46	43
	PNC45	63	58	54	50	45	41	38
	PNC43	61.4	56.4	52.4	48	43	39	36
	PNC40	59	54	50	45	40	36	33
	PNC38	57.4	52.4	48	43	38	33.6	31
	PNC37	56.6	51.6	47	42	37	32.4	30
	PNC35	55	50	45	40	35	30	28
	PNC32	53.2	47.6	42.6	37	32	27	25
	PNC30	52	46	41	35	30	25	23
	PNC25	49	43	37	31	25	20	18
	PNC20	46	39	32	26	20	15	13
	PNC15	43	35	28	21	15	10	8
	倍频程中心频率/Hz	63	125	250	500	1 000	2 000	4 000

声学计算分析。标志塔项目从楼板隔声和设备减振两方面考虑，设备减振的计算分析方法如下：

（1）从供应商产品手册中查询每个弹簧的刚度，确定减振弹簧的总刚度（k），设备重量（m），设备转速（RPM）；

（2）依据确定的设备重量，计算其固有频率f_n：

$$f_n = \frac{1}{2\pi}\sqrt{\frac{k}{m}}$$

（3）计算比转速r：

$$r = \frac{RPM}{60 f_n}$$

（4）计算传递率T：

$$T = \sqrt{\frac{1}{(1-r^2)^2}}$$

（5）计算隔振效率：

$$Eff = 1 - T$$

对含有旋转部件的设备（风机、盘管风机、组合式空

调机组）采用弹簧减振器。水泵设置惯性基础（Inertia base），并采用减振支座等措施。小功率水泵及非动力设备（电加热器、水箱、配电柜、热交换器）直接使用橡胶垫隔振。标志塔项目对所有动力设备进行减振设计及声学计算，图6为该设备分布图，表3为设备减振计算表。当该减振措施不能满足减振要求时，则应采取其他措施，如设置减振楼板、吸声吊顶，避免项目完工后，因噪声测试不合格而产生二次拆改成本。

3.3 电梯的噪声控制

通常来讲，电梯噪声主要来自以下五方面：

（1）电梯主机运转的电磁噪声与机械噪声；

（2）抱闸机械撞击噪声与钢缆绳的机械摩擦噪声；

（3）高速电梯轿厢活塞效应（Piston effect）产生的风噪声；

（4）轿厢与轨道的机械摩擦噪声；

（5）大风天气室外风灌进电梯井形成烟囱效应（Stack effect）。

通常需要采取多项降噪措施，以控制电梯噪声。在本项目方案设计阶段，通过合理规划功能布局，避免电梯井道与客房相邻，最大程度减少噪声干扰。在土建施工阶

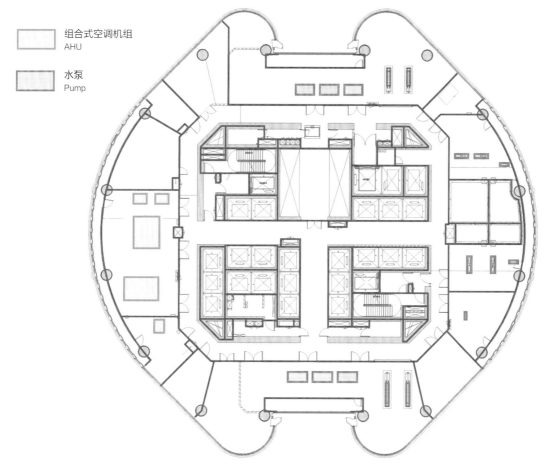

组合式空调机组 AHU

水泵 Pump

图6　设备层设备分布图

表3 设备减振计算

编号	设备编号 （Equipment No.）	楼层 （Level）	转速 （RPM）/ （r·min⁻¹）	重量 （Weight）/kg	减振选型（Isolation Selection）			
					数量（Quantity）/个	型号（Type）	f_n/Hz	Eff./%
组合式空调机组	AHU-A01-L72-01	L-40	1 494	991	1	DMSH 25-300	3.5	98
	AHU-A01-L72-02	L-40	1 543	805	1	DMSH 25-300	3.9	97.7
	AHU-A01-L72-03	L-40	1 505	884	1	DMSH 25-300	3.7	97.8
	AHU-A01-L72-04	L-41	1 941	694	1	DMSH 25-200	3.4	98.9
	AHU-A01-L72-05	L-40	1 786	1 444	1	DMSH 25-500	3.7	98.4
水泵	EFP-A01-L72-01	L-40	2 950	2 100	2	DMCSSIB-750	3.8	99.4
	EFP-A01-L72-01	L-40	2 950	850	2	DMCSSIA-320	3.9	99.4
	EFP-A01-L72-01	L-40	2 950	2 100	2	DMCSSIB-700	3.7	99.4
	CWTP-A01-L72-01	L40	1 486	332	3	DMCS25-300	3.2	98.3
	CWPT-A01-L72-01	L40	2 974	965	3	DMCS25-1050	3.6	99.5

注：当f_n<10 Hz时，Eff.>90%，满足要求。

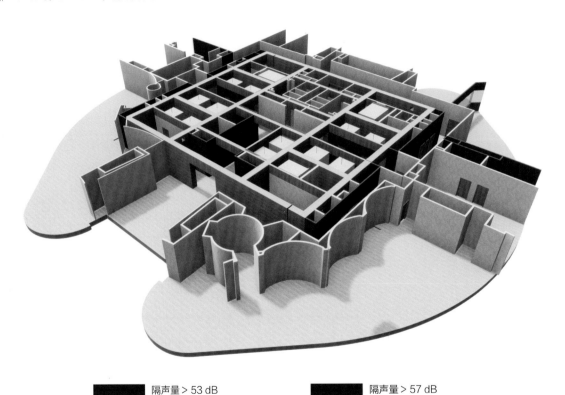

■ 隔声量 > 53 dB
Sound insulation volume>53 dB ■ 隔声量 > 57 dB
Sound insulation volume>57 dB

图7 核心筒隔声设计

段，核心筒隔墙进行隔声处理，采用高效的隔声材料ALC板加20 mm抹灰砌筑，并在使用率较高的空间（电梯厅和卫生间等）加厚隔声板，墙体隔声量如图7所示，经实地测量，核心筒走道内测试点的声音强度均在35~40 dB之间，达到了安静级别（35~40 dB）。在电梯安装阶段，采

取钢制弹簧减振器，以降低曳引机和电动机组件的振动和噪声，同时采用橡胶绝缘垫和建筑结构固定电梯轨道以降低轨道噪声，以及安装橡胶缓冲器以降低轿厢门关闭时的噪声。

标志塔电梯数量多且梯速快，轿厢在高速运行时压缩空气产生噪声，对客房的影响尤其显著。因此，降低轿厢活塞效应产生的风噪声，是本项目隔声降噪的重点之一。为此，通过在电梯井道顶部、底部及每个避难层电梯门洞上方开设通风口（通风口规格为800 mm×800 mm）的方式，快速、安全地将电梯井道的压缩空气排除以消除噪声和振动。

4　结论与展望

本文以埃及新首都CBD标志塔项目（385.8 m）为研究对象，聚焦围护结构、设备和电梯三大噪声源头，提出了具有普适性的声污染控制方法，通过超高层建筑前期专项策划建立系统的噪声控制体系，在设计初期设定严格的噪声限值，通过全时全尺寸数字建模分析、噪声振动工况计算，综合比选最优隔声减振措施，全过程保障声污染控制策划目标落地。

本文的探究对于超高层建筑噪声控制起到了一定的借鉴和促进作用，但多样化的噪声控制方法需要更深入地研究，声污染控制涉及建筑、机电、幕墙、内装等多个交叉专业领域，要改善建筑整体声环境，需要对全品类噪声振动源采取单项或综合隔声减振技术，尤其是主动噪声控制措施。但是，噪声控制方法的叠加效应还需进一步探究，

以避免相互独立效应和相互抵消效应。

同时，噪声控制方法的经济性需要引起关注，特别是对于一些大型噪声控制工程，现代的噪声控制技术和设备通常非常昂贵，甚至会影响整个项目的投资回报周期。未来，深入研究噪声控制方法的多样性、叠加效应和经济性，是解决噪声污染问题的重要方向，将对建立更加舒适、健康、低碳的超高层人居环境产生积极影响。■

参考文献

Jennifer E Russell. Noise Analysis of Heating, Ventilating, and Air-conditioning Systems: Modeling in the Trane Acoustics Program. The Journal of the Acoustical Society of America, 2016.

Stephanie Ayers, Jeffrey L. Fullerton. Reducing HVAC Noise with Duct Liner-Acoustical Benefits of Duct Liners and Available Choices of Liner Materials. HPAC Engineering, 2012.

ASTM -E 336-14 Standard Test Method for Measurement of Airborne Sound Insulation between Rooms in Buildings.

ASTM -E 1686-03 Standard Guide for Selection of Environmental Noise Measurement and Criteria, 2003.

高层建筑照明设计：历史、技术和可持续性

文/林志明，王莎莎

Chiming Lin 林志明
bpi总裁

林志明先生于1991年毕业于台湾中原大学，之后获得纽约帕森斯设计学院建筑照明设计硕士学位。

林先生先后服务于纽约的几家照明设计公司，包括bpi。他于2003年开始负责bpi亚洲市场，2018年被提拔为公司总裁。林先生设计过许多知名项目如台北故宫博物院、重庆来福士广场、上海中心、北京颐和园、开罗新标志性超高层及迪拜劳力士大楼。

林先生是北美照明工程协会会员、中国照明学会理事，同时也在多所大学及教育机构任教。

摘要

作为现代高层建筑设计的重要环节，照明设计负责整个建筑体系的照明系统，主要涉及自然光和人工照明这两种光源，以视觉艺术和科学为基础，满足技术要求，创造视觉趣味，增强空间体验。

关键词：高层建筑照明设计；自然采光；人工照明；能源效率；LED照明

1 高层建筑照明设计与应用概述

迪特里希·诺伊曼（Dietrich Neumann）在《黑夜建筑学》一书中说："电灯被认为是一种新的'建筑材料'，它所带来的观念变革，深刻程度不亚于钢铁和平板玻璃的出现。"20世纪初，白炽灯泡的研发彻底改变了人工照明，高层建筑的设计师们开始以创新的方式将电力照明融入建筑设计中。后来又出现了使用氖或氩的霓虹灯。20世纪五六十年代，荧光灯在高层建筑中开始流行，比白炽灯更节能，寿命也更长。近年来，LED照明在高层建筑中越来越受欢迎。LED照明比荧光灯更加节能，而且使用寿命更长，还可以通过编程改变颜色或图案，让建筑创造出独特的动态照明效果。

技术的发展改进了高层建筑中人工照明的常用方法。然而，20世纪后期建筑师们意识到了让自然光进入建筑的意义和重要性。自然光仍然被认为是可持续照明的唯一真正来源，人工照明系统无法取代自然光的积极作用。现代有许多高层建筑在设计中更多地融入了自然光照明，以减少能源消耗并改善居住者的身心健康。

1.1 挑战

鉴于绿色建筑、生态建筑和可持续建筑在设计师和使用者词典中的地位日益突出（Niu，2004），高层建筑的照明设计也须将可持续发展作为重中之重，能源效率是一项长期存在且具有现实意义的挑战。

自然光的高效对节能和人体健康的重要性已是普遍共识，但是自然采光最适合建筑外围护结构，所有设计师都会遇到一个共同的设计问题——建筑核心部分通常无法获得充足的自然光。而外部照明涉及的光污染问题已是备受关注的焦点，必须开发可持续的照明解决方案，以节约资源并防止不必要的光污染。光线使用不当会破坏感光生物的生理过程，不适当的照明亮度会扰乱夜间动物的睡眠模式。

日益严格的节能法规和降低运营成本的要求也是照明设计需要遵守的准则。而市场上可供选择的可持续解决方案较少。在设计的初始阶段，缺乏评估环境影响和用户友好的技术是一个重大问题。这些因素综合影响着设计人员在平衡自然光照明、可持续功能与安全要求等方面面临的巨大挑战，尤其是在预算有限的情况下。

1.2 驱动力

高层建筑照明设计的驱动主要遵循能源效率和可持续发展的原则。

对于室内照明，仅仅关灯并不是减少能源消耗的唯一办法。另一个有效的方法是自然光采集，能让我们在非必要时减少对人工照明光源的依赖。例如，在上午高峰时段，当自然光从窗户射入时，就可以减少所需的照明量。实施自然光采集不仅可以减

王莎莎
CTBUH亚洲区行业研究经理

王莎莎是CTBUH亚洲区行业研究经理，主要进行高层建筑及高密度城市发展的信息研究和行业推广，同时关注中国城市化建筑中的健康绿色发展路径。其于新南威尔士大学获得建筑学硕士学位，作为建筑师曾从事数年设计实践，主要涵盖商业综合体和高层建筑领域。

少能源消耗，还可以防止过度照明，创造一个有利于提高工作效率和员工舒适度的工作空间。

得益于灯具、传感器和控制技术的长足进步，极大地降低了成本，同时为使用空间提供更优质的照明。比如建模软件和模拟器，已成为照明设计师研究光线如何与特定空间内其他物体产生更真实互动的重要工具；3D打印技术的最新进展带来了更多可定制的照明装置，并提高了制造过程的效率，为整个照明设计项目节省了大量时间；传感器越来越受欢迎，可以实时适应照明需求，根据房间内的人数调整照明等级，为照明设计提供更多的定制化和高效性。

高层建筑的外立面照明驱动主要是与环境关联，需增强动态性和对环境的反应能力，更需注重降低能耗和减少光污染。比如，夜间暴露在人造光下会扰乱人类的自然昼夜节律和动物的迁徙模式，从而导致一系列健康和安全风险。减少光污染可以降低医疗保健和野生动物管理成本，通过使用适当的照明装置和遮挡物最大限度地减少光污染，照明设计师可以帮助人类和动物创造一个更健康、更安全的环境。

2　高层建筑自然采光

采用先进的现代自然光照明方法和系统可以大大降低建筑物的耗电量，同时能显著提高室内照明的质量。自然光的变化、质量和光谱组成对于营造舒适健康的室内环境非常重要，自然光照明设计应被视为整个建筑设计过程中不可分割的一部分。

被动式自然光照明策略旨在最大限度地利用自然光，而无需使用电力或有源系统。其中一种策略是重点考虑建筑物的朝向，因为这在很大程度上会影响进入空间的自然光量。天窗和侧窗也是促进自然光进入的常见策略。不过，在选择这些开口的大小和位置时必须小心谨慎，以避免出现眩光和过热等问题。此外，还必须考虑进入空间的光线质量，因为来自东、西方的光线可能会很刺眼，易造成不舒服的眩光。而位于墙顶周围的高窗，可使光线更均匀地洒向整个房间。

由于人们对可持续发展和能源效率的认识不断提高，采用自然光采集系统已变得越来越普遍。为了减少碳足迹和提高居住舒适度，建筑师和设计师正积极地将各种自然光策略融入他们的项目中。从直接采用磨砂玻璃窗户来管理光线扩散，到采用遮阳设备来控制太阳辐射热量和眩光，可供选择的方案大大增加。该领域的一个突出趋势是自然光采集系统，动态控制窗户的色调，优化自然光的渗透，同时减少不必要的热量和眩光。通过利用先进的技术和设计原理，为更绿色、更环保的建筑铺平了道路，为居住者提供更健康、更高效的室内环境。

美国亚特兰大侯爵万豪酒店的中庭是现代高层建筑自然采光的一个著名案例。项目于1985年完工，通过50层楼高的巨大玻璃结构，阳光可以照射到内部空间的深处，为酒店提供了一个明亮通风的环境。中庭最令人印象深刻的采光特点之一是使用了横跨整个建筑的巨大玻璃屋顶，让自然光进入酒店的内部空间，为客人营造出温馨的氛围。另一独特之处是使用了玻璃电梯，客人可以欣赏到中庭建筑的迷人景色。除了玻璃屋顶和电梯，中庭还设有玻璃桥，横跨内部空间，连接酒店的不同部分。这些透明的玻璃桥让自然光得以穿透，并提供了从高空俯瞰中庭的独特视角。总体而言，酒店中庭的设计不仅为内部提供了自然光，还降低了能耗，是高层建筑中利用自然光打造美观实用空间的杰出典范，对客人和环境都大有裨益（图1和图2）。

另一个案例是位于澳大利亚悉尼的中央公园一号，这是一座住宅和商业综合体。它以多种方式利用自然光，使其成为一座独特而创新的建筑。该建筑力求在城市环境中创造一个既实用又美观的空间。中央公园一号最显著的特点之一是位于大楼顶部的悬臂式定日镜。定日镜由一系列镜子组成，将阳光反射到大楼的中央中庭。这些镜子可以通过调节优化空间的进光量，效果令人惊叹。中庭充满了自然光，为住户和访客创造了一个明亮宜人的空间（图3和图4）。

3　高层建筑人工照明

人工照明通过操纵合成光，可以达到理想的照明效果。与自然光相比，人工照明更易于调节和引导特定物体，可以方便地加强、减弱、集中或着色，以满足特定区域需要的各种效果。

3.1　室内人工照明

3.1.1　目的和意义

提供功能性照明：室内人工照明为高层建筑内的各种活动提供功能性照明，确保适当的能见度，使居住者能够执行任务、浏览空间并有效利用不同区域。

增强建筑特色和美感：室内照明可以帮助突出高层建筑的室内设计元素和特色，吸引人们注意独特的结构、纹理和材料，展示其美感和工艺。同时也有助于营造各种理想氛围，可以是生机勃勃、充满活力的环境，也可以是宁静祥和的环境。

传达品牌形象：照明设计用于传达建筑的身份和品牌形象，结合特定的配色方案或照明模式，与建筑的目的或使用者的品牌形象相一致。

3.1.2　应用场景

一般照明和重点照明：顶灯照明装置或系统提供整体照明，确保室内空间光线充足，让使用者能够舒适地走动；用于吸引人们对室内空间中特定建筑细节、艺术品或陈列品的注意；产生视觉趣味，增加整体设计的深度；以及适

图 1　亚特兰大侯爵万豪酒店外景 © Timothy Hursley

图 2　亚特兰大侯爵万豪酒店中庭 © Jaime Ardiles-Arce

图 3　中央公园一号 © Simon Wood

图 4　中央公园一号 © J Gollings

用于进行详细活动的区域，如工作站、阅读区或会议室，提供重点突出、可调节的照明，为特定任务提供支持。

装饰照明：装饰性照明灯具或特征是高层建筑内部的艺术元素。它们增加了美学价值，创造了焦点，并有助于营造整体氛围。

动态照明系统：一些高层建筑采用动态照明系统，可提供可定制的照明体验。这些系统可以改变颜色、强度或图案，以满足不同场合或活动的需要。

3.1.3 主要设计策略

功能需求：包括光线分布强度、颜色和温度。选择适当的光照强度、色温和显色性对于在室内空间营造理想的氛围和功能至关重要。灯光在增强质感和空间界限方面起着重要作用，甚至会影响人们对空间的反应，照明设计应与这些特点相辅相成。另外，有效的光线分布可确保室内空间得到均匀、充足的照明，避免出现过暗或过亮的区域。同时考虑自然光一体化，与人工照明相辅相成，减少白天对电力照明的依赖。

能源效率：整合照明控制系统可实现灵活性和定制化。调光器、定时器和传感器有助于调节灯光亮度，对自然光作出反应并优化能源使用。高层建筑通常优先采用节能照明解决方案，如采用发光二极管（LED）技术，以降低能耗和减小对环境的影响。照明光源的选择受空间、所需光质和能耗等因素的影响。最常用的人工照明光源包括白炽灯泡、荧光灯泡和LED。虽然白炽灯泡价格低廉，却是最不节能的

选择。此外，荧光灯的能效比白炽灯更高，而且可以调光并与其他灯光控制系统集成。LED是目前最节能的照明光源，可轻松与各种技术和互联网连接，简化照明控制。

3.2 室外人工照明

3.2.1 目的和意义

增强建筑特色和美感：外部或外立面的人工照明一般用于提高高层建筑的美感和视觉吸引力。例如，在夜间营造迷人的效果，增添华丽色彩，使建筑在城市环境中脱颖而出。

传达品牌形象：商业建筑和地标性建筑的外立面照明可用于创建品牌形象及可识别的标志。量身定制的照明模式可结合公司相关的特定图案和颜色，以加强环境中的品牌识别度。

3.2.2 应用场景

夜间可见度：在深夜，外立面照明可使高大的建筑清晰可见。即使在光线较暗的时候，外立面照明也能帮助建筑保持其显著性和易识别性，有助于塑造城市天际线和城市美学。

地标和文化意义：外立面照明通常可以定制和调节，可根据特殊活动、节日或庆祝活动的需要进行修改。动态效果和变换颜色的能力将使照明结构成为全城庆祝活动的一部分，并营造出热闹的气氛。闻名的纽约帝国大厦历来就有将外部照明用于不同目的的传统。它经常改变其照明模式和方案，以纪念和标记各种事件，提高人们对社会事业的认识，或庆祝各种节日（图5和图6）。LED照明方案

图5　帝国大厦塔楼照明 © Marshall Gerometta

图6　帝国大厦塔楼照明 © Autism Speaks

旨在展示各种鲜艳多彩的图案和动态效果。从数英里之外就能观察到外立面照明。世界最高建筑哈利法塔，将泛光灯和LED灯具结合使用，拥有非凡的外立面照明系统。特别是在庆典和节日期间，照明方案经常结合动态变色效果和同步显示，营造出引人入胜的视觉效果，为建筑增光添彩（图7—图9）。

航空警示灯：高层建筑可能会在飞机近地飞行时造成潜在危险。为了降低这些风险，高层建筑会采用符合航空法规的照明系统。飞机警示灯（如信标或频闪灯）通常安装在高层建筑的屋顶或上部。这些警示灯可清晰显示建筑物的位置和高度，即使在能见度较低或夜间的情况下，飞行员也能识别建筑物并安全绕行。例如，纽约世贸中心一号楼的照明设计包括一个位于楼顶的灯塔，作为飞机警报灯（图10和图11）。

图7　哈利法塔外立面照明 © Daniel Taylor

图8　哈利法塔外立面照明 © Imre Solt

图9　哈利法塔外立面照明 © Terri Meyer Boake

图10　世界贸易中心一号楼 © John W. Cahill

图11　世界贸易中心一号楼塔顶照明 © James Ewing

3.2.3　主要设计策略

照明设计与控制：工程师和设计师必须确保外立面照明与建筑风格、材料和形式相一致，增强建筑的独特性和吸引力。控制系统的实施同样重要，须提供准确的色彩管理、强度和时间。照明设计应具有动态显示和节能运行功能。智能照明控制系统可在优化能源消耗方面发挥关键作用。定时照明操作、调光或在不需要时关灯，以及整合占用传感器或自然光传感器等功能，可确保根据周围环境的需要提供充足的照明。这种智能方法可以最大限度地减少能源浪费，促进更可持续的解决方案。

可再生能源和可持续性：能源消耗和可持续性是设计照明系统的重要因素。系统中必须使用LED等节能工具。LED的使用寿命越长，能效越高。另外，可以利用可再生能源的集成为外立面照明系统供电，向更环保、更节能的外立面照明解决方案迈进一大步。对于照明设备，仔细考虑照明系统组件的生命周期，选择耐用的材料和易于维护的组件，也是提高可持续性的重要策略。

光污染和环境影响：适当的光照方向和遮挡灯具有助于最大限度地减少光污染，防止不必要的光溢出到天空或邻近地区。这也是一种更负责任、更周到的做法。对于鸟

表1　世界最高的十座建筑及其外部照明设计策略一览表（截至2023年6月30日）

排名	建筑名称	高度/m	位置	外立面照明设计策略
1	哈利法塔	828	阿联酋，迪拜	具有变色功能的LED灯带，随音乐编排的壮观灯光秀
2	上海中心大厦	632	中国，上海	LED灯突出塔楼的垂直线条
3	麦加皇家钟塔饭店	601	沙特阿拉伯，麦加	发光钟面和装饰照明
4	平安金融中心	599	中国，深圳	LED灯凸显斜撑图案
5	乐天世界大厦	555	韩国，首尔	LED灯突出垂直线条和后退部分
6	世界贸易中心一号大楼	541	美国，纽约	尖顶上的集成LED灯营造出建筑效果
7	广州周大福金融中心	530	中国，广州	与外立面融为一体的LED灯带来视觉冲击
8	天津周大福金融中心	530	中国，天津	LED灯突出显示垂直和水平线条
9	中信大厦	528	中国，北京	具有动态效果的LED灯照亮外立面
10	台北101大楼	508	中国，台北	LED灯营造出生动的图案和色彩转换效果

> "高层建筑照明设计的驱动主要遵循能源效率和可持续发展的原则。

类而言，高楼大厦明亮强烈的灯光会吸引夜间迁徙的鸟类，导致它们迷失方向，增加它们与建筑物相撞的风险。鸟类可能会被光线迷惑，撞上窗户或其他建筑构件，造成伤亡。为了尽量避免造成这些影响，实施鸟类友好型照明措施至关重要，例如，使用暖色灯光、最大限度地降低光照强度、将光线向下照射，以及采用运动传感器或定时器来减少夜间不必要的照明。表1列举了全球最高10座建筑的外立面人工照明的主要策略。

4　结语

　　高层建筑的照明设计是一个复杂而又不断发展的领域，受到多种驱动因素和趋势的影响。如何平衡自然采光与人工照明一直是一项关键挑战，可持续发展和能源效率是当前环境下主要的考虑因素，而以人为本的照明因考虑到了照明对人类福祉和生产力的影响，也正日益受到重视。总之，高层建筑的照明设计是一个多维度的过程，照明技术的不断进步，加上可持续的设计实践，有助于在高层建筑中创造出视觉愉悦、高效节能、对使用者友好的环境。■

参考文献

Becker J J. Sustainable Lighting for High-Rise Buildings: Lighting Solutions for High-Rise Buildings in the Context of Sustainability. Journal of a Sustainable Global South, 2019, 3(2): 1. https://doi.org/10.24843/jsgs.2019.v03.i02.p01.

Buratti C, Palladino D, Franceschini C. Natural and artificial lighting in glazed buildings: Energy balance.

Bakshi N, Fuchs M, Garde A, et al. A Review of Artificial Lighting Design Techniques for Energy-efficient Office Buildings. Energy and Buildings, 2017, 137: 672-682. https://doi.org/10.1016/j.enbuild.2016.11.013.

Boyce P R. Human Factors in Lighting. CRC Press, 2003.

Chun C H, Cheong D K. Designing Daylight-responsive Systems for Tall Office Buildings: A Case Study of a Naturally Ventilated High-rise Office Building in Korea. Building and Environment, 2005, 40(7): 949-963. https://doi.org/10.1016/j.buildenv.2004.09.015.

DeKay M, Brown G Z. Sun, Wind & Light: Architectural Design Strategies. Wiley, 2013.

Guo Y, Ye X. Daylighting in High-rise Office Buildings: A Parametric Analysis of Office Layout and Glazing Ratio. Energy and Buildings, 2017, 140: 48-61. https://doi.org/10.1016/j.enbuild.2017.01.026.

Kensek K, Noble D. Building Information Modeling: BIM in Current and Future

Practice. Wiley, 2014.

Ko D-H, Elnimeiri M, Clark R J. Assessment and Prediction of Daylight Performance in High-rise Office Buildings. The Structural Design of Tall and Special Buildings, 2008, 17(5): 953–976. https://doi.org/10.1002/tal.474.

Liu J, Steemers K. Daylighting: Natural Light in Architecture. Routledge, 2010.

Mazria E. The Passive Solar Energy Book: A Complete Guide to Passive Solar Home, Greenhouse, and Building Design. Rodale Press, 1979.

Meek S S. Illuminated Buildings: Lighting Modernized Architecture. University of Texas Press, 2019: 1890-1939.

Wong N H, Jusuf S K, Tan A Y, et al. The Effects of the Green Urban Environment on Health Outcomes. Urban Science, 2014, 1(1): 1-16. https://doi.org/10.3390/urbansci1010001.

Yan C, Lam J C. Daylight Performance and Thermal Analysis of Atrium Design Options in Sub-tropical Climates. Building and Environment, 2012, 53: 127-137. https://doi.org/10.1016/j.buildenv.2012.01.021.

Zuo W, Guo Z, Daniel L, et al. Investigation of Building Users' Satisfaction with Indoor Environmental Quality in Green Buildings. Building and Environment, 2017, 122: 271-281. https://doi.org/10.1016/j.build.

5

数据分析

后疫情时代的高层建筑
全球木构高层建筑发展评估
具有重要意义的空中连廊
海平面上升的敏感性分析

后疫情时代的高层建筑

　　本数据研究构建了一个位于芝加哥、高200 m的常规办公楼试验模型，通过这一模型展现了当实施某些具有指示性的公共卫生限制措施后，可能发生的一些关键变化。

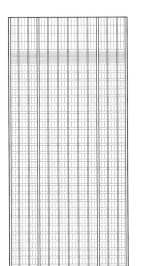

示例建筑模型

来自 CTBUH.org 的设定数据
- 高度：200 m
- 功能：办公
- 建筑年限：41 年
- 建筑层数：地上42层，地下1层
- 总建筑面积：103 200 m²
- 净使用面积：74 132 m²

来自案例的设定数据
- 结构：
  - 钢筋混凝土核心筒
  - 钢柱
  - 复合楼板
- 建筑核心筒：
  - 中心核心筒
  - 每层 480 m²
- 电梯分区：
  - 低区：1~14 层
  - 中区：15~28 层
  - 高区：29~42 层
- 电梯数量：18 台，每台可容纳 14 人

来自调研的设定数据
- 建筑使用密度：14 m²/ 人
- MEP 层数：2
- 气候设定：
  - 温度：21℃
  - 湿度：40%
- 办公时间：8 h/ 工作日（每年 261 个工作日）
- 通风条件：1.33 ACH（每小时换气次数）
- 过滤效率：MERV-8
- 呼吸/呼气：
  - 呼吸频率：0.66 m³/h
  - 呼气频率：6.0 quanta/h

注：
- 部分租赁：走廊与公共区域除外。
- 全部租赁：面积包括整个楼板到电梯/核心筒的边缘。
- 示例建筑模型是基于伊利诺伊州芝加哥库克县2020年10月12日的情况构建的。
- 年感染率中，假定微生物积聚水平与COVID感染率保持不变，并且不实行建筑冲洗。

使用
每个工作日，每位芝加哥办公室的工作人员可通过以下方式降低感染可能：

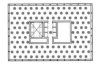 建筑使用率限制在 25%。

感染COVID前：123人
单日感染率：0.07%
年感染率：15.64%

感染COVID前：31人
单日感染率：0.02%
年感染率：4.1%

 所有员工都始终佩戴口罩。

佩戴口罩 0.02%
无口罩 0.07%
单日感染率

佩戴口罩 5.78%
无口罩 15.64%
年感染率

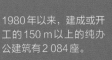
1980年以来，建成或开工的150 m以上的纯办公建筑有 2 084 座。

将外部空气的比例从20%增加到90%，使冷冻水和来自冷水机组的冷却液量的需求增加了一倍。

65%
在容量计算中，假设电梯承载65%的额定负载。

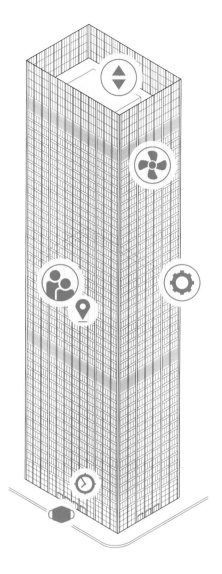

电梯
在示例建筑模型中，如果每部电梯可以乘坐3人及以上，那么建筑就可以承载25%的使用率。但如果每部电梯只乘坐2人或更少，那么就会导致电梯系统压力和等待时间的增加。

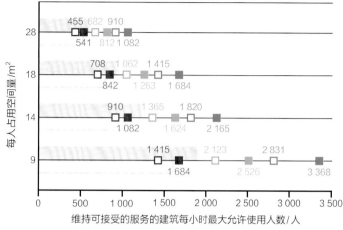

y轴：每人占用空间量/m²
x轴：维持可接受的服务的建筑每小时最大允许使用人数/人

数据标注：
- 28: 455, 541, 682, 812, 910, 1 082
- 18: 708, 842, 1 062, 1 263, 1 415, 1 684
- 14: 910, 1 082, 1 365, 1 624, 1 820, 2 165
- 9: 1 415, 1 684, 2 123, 2 526, 2 831, 3 368

图例：
□ 部分租赁　　部分租赁+25%建筑使用率　　■ 每部电梯2人
■ 完全租赁　　完全租赁+25%建筑使用率　　　每部电梯3人
　　　　　　　　　　　　　　　　　　　　　每部电梯4人

 错峰到达可以减少大厅等待和乘坐时间。

高峰到达间隔	每部电梯乘客量/人	平均等待时间/s	平均运行时间/s	平均所需时长/s
1 h	12~14	25.5	48	73.5
2 h	4~5	15.0	35.4	50.4
差 值	平均每部电梯每次减少8~9名乘客	10.5	12.6	23.1

注：根据HKA电梯咨询公司的阿兰·泰勒（Alan Taylor）的分析，低层、中层和中高层楼层（0~46）为2 340人服务的平均运行时间。

使用者职业
在相同的高层建筑中，使用人数可能会由于活动或者行业因素发生300%以上的变化。

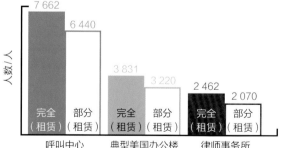

y轴：人数/人

数据：
- 呼叫中心：完全（租赁）7 662，部分（租赁）6 440
- 典型美国办公楼：完全（租赁）3 831，部分（租赁）3 220
- 律师事务所：完全（租赁）2 462，部分（租赁）2 070

暖通空调
在相对湿度为60%的空间中，99%的病毒只需要200 min即可衰减，而在24%的湿度下则需要7 600 min。在温度为24℃的空间中，99%的病毒只需要303 min即可衰减，而在20℃的空间中则需要510 min。

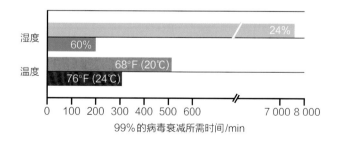

x轴：99%的病毒衰减所需时间/min

数据：
- 湿度：60%、24%
- 温度：68°F (20℃)、76°F (24℃)

将建筑物的过滤器从MERV8升级至MERV13可以将每年的感染率从15.64%降低至9.38%。

尽管较高的湿度可以抑制病毒传播，但在温暖的气候中，湿度超过60%会导致霉菌和冷凝问题。

休息时呼吸每小时可释放2.0个感染剂量（quanta）的病原体，而轻度运动和正常说话可产生26.3 q/h。

（翻译：刘益；审校：孔庆秋，王莎莎）

全球木构高层建筑发展评估

本研究涵盖了84座来自全球的8层及以上的建成或在建的大型木结构建筑，并将这些建筑按结构类型和地区分类。研究着重展示了每种类型的重点案例，同时用环形图展现了不同结构类型的木构高层建筑在各个地区的数量占比。每种结构类型中最高的三座建筑都以立面图的形式展现，并附有项目数据。

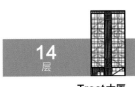

Treet 大厦
状态：已建成（2015）
地址：挪威，卑尔根
高度：49 m

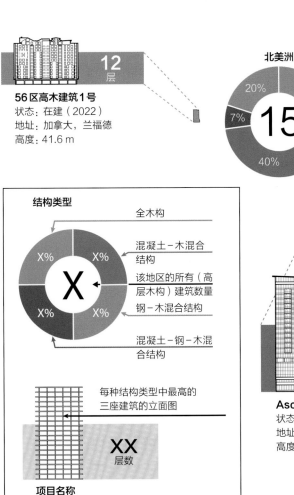

56区高木建筑1号
状态：在建（2022）
地址：加拿大，兰福德
高度：41.6 m

北美洲

20%
33%
7%
15
40%

结构类型

全木构

混凝土－木混合结构

该地区的所有（高层木构）建筑数量

钢－木混合结构

混凝土－钢－木混合结构

每种结构类型中最高的三座建筑的立面图

项目名称
状态：项目状态（年份）
地址：国家，城市
高度：××m

卡雷尔道尔曼大厦（De Karel Doorman）
状态：已建成（2012）
地址：荷兰，鹿特丹
高度：70.5 m

Hyperion 大厦
状态：已建成（2021）
地址：法国，波尔多
高度：55 m

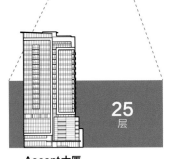

Ascent 大厦
状态：在建（2022）
地址：美国，密尔沃基
高度：86.6 m

HoHo 大厦
状态：已建成（2020）
地址：奥地利，维也纳
高度：84 m

49周
位于伦敦的 Stadthaus 大楼，其建成仅用时49周，而这种规模的混凝土框架建筑一般需要72周的施工时间。

CO_2
900吨
位于魁北克市的 Origine 大楼，其建设过程相比于传统的混凝土和钢结构建筑，减少了约90万kg的二氧化碳释放量。

17
位于维也纳的 HoHo 大楼建设所需的木材量，相当于奥地利森林17 min 的产量。

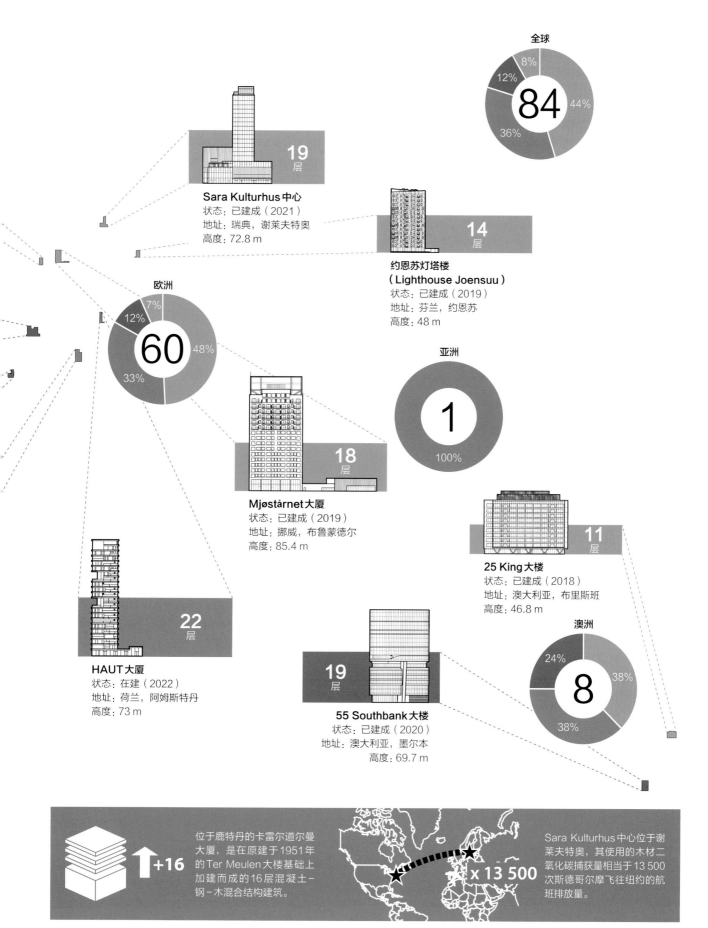

全球
84
44%
8%
12%
36%

Sara Kulturhus 中心
状态：已建成（2021）
地址：瑞典，谢莱夫特奥
高度：72.8 m

19
层

约恩苏灯塔楼
（Lighthouse Joensuu）
状态：已建成（2019）
地址：芬兰，约恩苏
高度：48 m

14
层

欧洲
60
48%
7%
12%
33%

亚洲
1
100%

Mjøstårnet 大厦
状态：已建成（2019）
地址：挪威，布鲁蒙德尔
高度：85.4 m

18
层

25 King 大楼
状态：已建成（2018）
地址：澳大利亚，布里斯班
高度：46.8 m

11
层

HAUT 大厦
状态：在建（2022）
地址：荷兰，阿姆斯特丹
高度：73 m

22
层

55 Southbank 大楼
状态：已建成（2020）
地址：澳大利亚，墨尔本
高度：69.7 m

19
层

澳洲
8
38%
24%
38%

+16
位于鹿特丹的卡雷尔道尔曼大楼，是在原建于1951年的 Ter Meulen 大楼基础上加建而成的16层混凝土－钢－木混合结构建筑。

× 13 500

Sara Kulturhus 中心位于谢莱夫特奥，其使用的木材二氧化碳捕获量相当于13 500次斯德哥尔摩飞往纽约的航班排放量。

（翻译：刘益；审校：孔庆秋，王莎莎）

具有重要意义的空中连廊

从高层建筑出现伊始，高层建筑的横向连接空间（不论是单纯的交通空间或是包含功能的空间）一直是一个令人着迷的主题。近年来，随着这些高层空中连廊实体范围的扩大与功能密度的大幅增加，世界各地建筑群的标志性与吸引力也在同步上升，这也引出了三维城市生活的新模式。

本数据研究源自CTBUH的研究项目：空中连廊——将水平空间带入垂直领域。本项目由蒂森克虏伯（Thyssenkrupp）电梯公司赞助。在研究中，"空中连廊"被定义为"一个基本封闭的空间，在高空中连接两个或多个建筑。"*

*"封闭"是指连廊内的行进路径是被遮蔽物覆盖的；"连接建筑"是指连廊在两个或多个独立的建筑物之间进行物理连接并得到整体支撑。"在高空中"是指高于地面六层及以上。

空中连廊的分类

- 封闭交通连廊：连廊主要供使用者在两座建筑之间通行。
- 封闭功能连廊：连廊包含特定的功能或设施，使其成为一个独立的目的地，如作为办公空间、住宅单元、观景台、健身房、餐厅等。
- 建筑式连廊：连廊是建筑本体的一部分，使得两个独立的塔楼看起来像一座整体的"拱形"建筑；内部通常是封闭的功能空间。
- 空中平台：一个水平的平面，由两个或更多的建筑物的屋顶延伸连接而成。其主要可用空间是室外空间，并位于建筑屋顶表面，通常会有植物配植，承担了类似公园的功能。

塔楼的平均连接高度

指连接到某一连廊的两座塔楼的平均高度。如果项目有两个以上的塔楼以及一个以上的连廊，这通常就指与至少一个连廊相连的所有塔楼的平均高度，作为建筑群中所有连廊的平均高度。

综合体中的最高可用连廊高度

与CTBUH的一般高度标准相同，这一数据是为了确认空间可以由居民、办公人员以及其他建筑使用者安全并合法地持续使用。可用空间不包括服务或设备空间，虽然这些空间会因维护等原因偶尔被使用。

+详情参见ctbuh.org/resource/height，获取CTBUH关于高度标准的完整定义。

世界上最高的十座空中连廊

注：HOSF=最高可用连廊高度；HTBC=综合体中最高建筑的高度。

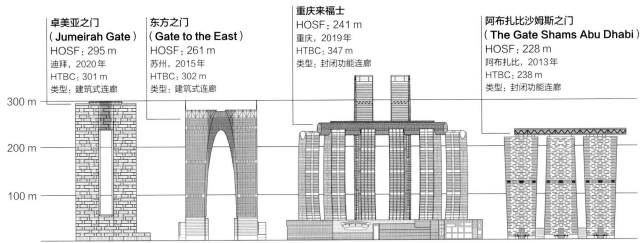

卓美亚之门
（**Jumeirah Gate**）
HOSF：295 m
迪拜，2020年
HTBC：301 m
类型：建筑式连廊

东方之门
（**Gate to the East**）
HOSF：261 m
苏州，2015年
HTBC：302 m
类型：建筑式连廊

重庆来福士
HOSF：241 m
重庆，2019年
HTBC：347 m
类型：封闭功能连廊

阿布扎比沙姆斯之门
（**The Gate Shams Abu Dhabi**）
HOSF：228 m
阿布扎比，2013年
HTBC：238 m
类型：封闭功能连廊

深圳腾讯滨海大厦的上层连廊重达3 000吨，由起重机提升到160 m的高度。

在纽约市的美国铜大厦（American Copper Buildings），人们可以在两楼之间距离地面87 m的连廊泳池中游泳。

296 m

如果将重庆来福士的空中连廊沿轴线翻转，它高达296 m，几乎是一座超高层建筑。

塔楼平均连接高度与最高可用连廊高度

- 项目收录在CTBUH技术指南《空间跨越：空中连廊和未来城市》。

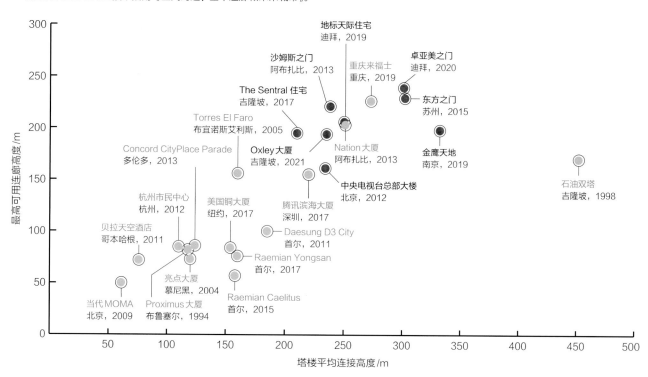

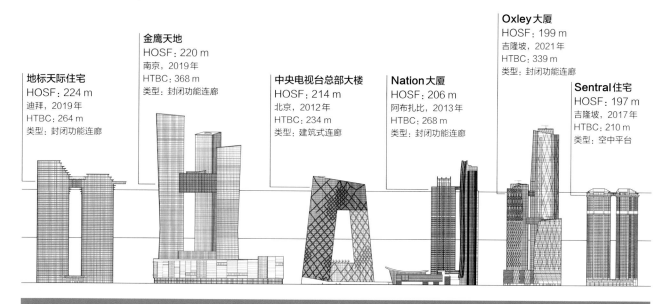

吉隆坡石油双塔（Petronas Towers）的连廊在结构上是与相连塔楼独立的，因此即使塔楼向不同方向摇摆，连廊也能保持稳定。

阿布扎比的Nation大厦的连廊包含了一个豪华的四卧室酒店套房，并配有一个水疗中心。

慕尼黑亮点大厦的"夹式"连廊是可移动的，旨在应对不断变化的需求，但到目前为止，连廊仍保持原状。

（翻译：刘益；审校：孔庆秋，王莎莎）

海平面上升的敏感性分析

到2100年，平均海平面预计将上升2.2 m（约7 ft）①。因此沿海城市以及相应的当地高层建筑，都将直面威胁。在本研究中，CTBUH评估了全球建筑的所在地，查看了它们与海岸线的关系以及其所处的海拔高度。在200 m及以上高度的建筑中，有40%位于距离海岸线仅10 km以内的范围。海平面上升对这些建筑和周边城市环境的威胁同样危及我们城市的活力，包括这些建筑与环境所服务的社区的活力。

本研究建立在蒙特利尔大学的相关工作的基础上，并得到了由台北金融中心赞助的2019年CTBUH学生研究竞赛的支持。研究的第一阶段由博士生曼达纳·巴夫基尼（Mandana Bafghinia）主要负责，城市设计专业硕士生康纳·德桑蒂斯（Conor DeSantis）协助完成。

高层建筑建设与海平面上升——自2000年

在世界现有的2005座高度200 m以上的建筑中，有1 762座（87.9%）是在2000年后建成的。同一时期内，全球平均海平面*上升了84 mm（约3.3 in），并有可能在未来十年内上升至119 mm（约4.7 in）。在评估气候对建筑物与城市的威胁时，除了建筑物与海岸线的距离外，建筑物与海平面的高度差也是至关重要的影响因素。

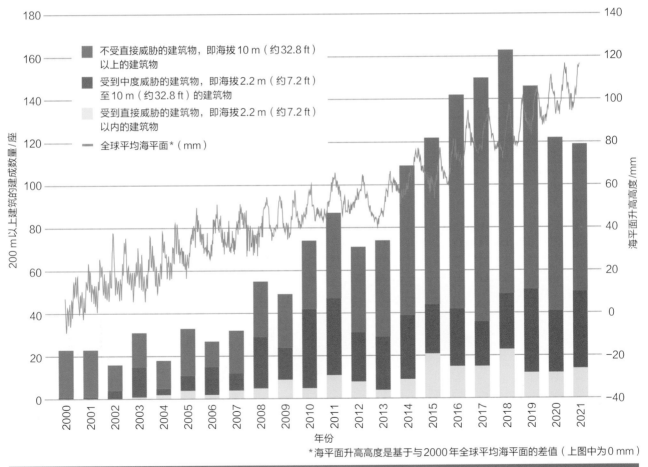

*海平面升高高度是基于与2000年全球平均海平面的差值（上图中为0 mm）

40% 10 km
高度为200 m及以上的建筑物中，有40%（共800座）距离海岸线10 km（6.2 mile）以内

70% 100 km
高度为200 m及以上的建筑物中，有70%（共1 399座）距离海岸线100 km（62 mile）以内

25%
到2100年，25%（50座）的超高层建筑（300 m及以上）有被淹没的风险

---

① NOAA. 2022 Sea Level Rise Technical Report, 2022.

潮汐上涨对沿海建筑的影响

沿海岸线的水位是动态的，会受到不利天气事件、热胀和其他因素的影响而变化。另外，更加频繁的山洪爆发、潮汐上升以及旋风引发的大浪，导致很大一部分的沿海建筑［距离海岸线 100 km（62 mile）以内的建筑］受到威胁。如下图所示，如果海平面继续上升，那么在不久的将来会有更多建筑受到影响。

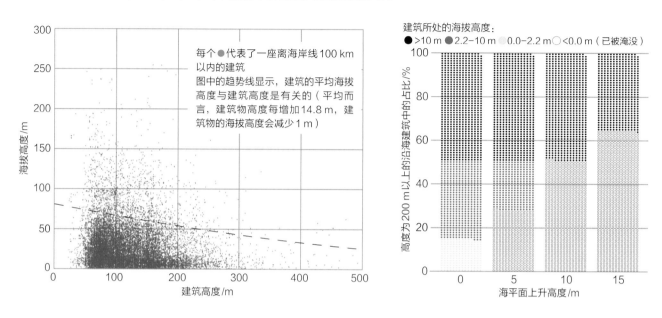

全球性问题

在全球 2005 座 200 m 以上的建筑中，近 70%（1 399 座）的建筑位于海岸线 100 km 以内。和海平面上升产生危险一样，建筑与海岸线的位置距离也存在风险，而某些地区的地理环境也可能更适于气候变化。下图显示了全球各地区容易遭受风险的建筑分布。

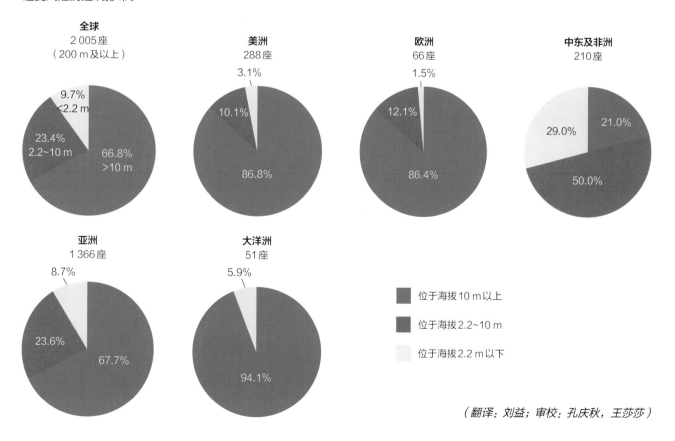

（翻译：刘益；审校：孔庆秋，王莎莎）

6

专家访谈

哈尼夫·卡拉：从跨学科走向非凡

哈尼夫·卡拉

哈尼夫·卡拉（Hanif Kara）获得了2022年世界高层建筑与都市人居学会颁发的法兹勒·拉赫曼·汗（Fazlur R. Khan）终身成就奖。该奖旨在表彰在技术设计和（或）研究方面表现卓越、并对高层建筑和建成环境设计学科作出重大贡献的人。由于哈尼夫·卡拉在世界各地的各种项目的土木和结构工程领域取得了卓越的成就，以及他对设计和研究的贡献，因此得到了业界广泛的认可。他是第一位获此殊荣的英国工程师。CTBUH期刊主编丹尼尔·萨法里克与他进行了对谈。

哈尼夫·卡拉出生于乌干达，是一位土木结构工程师，也是哈佛大学设计研究生院的客座教授。他是设计工程实践AKT Ⅱ公司的联合创始人之一（该公司目前拥有350多名员工，在50多个国家 / 地区开展项目），在过去25年多的时间里，他一直是公司跨学科精神的先驱。他的研究方法、研究成果和出版物共同推动了AKT Ⅱ的独特定位；他的成果已获得400多个设计奖项，其中包括四次英国皇家建筑师学会（RIBA）斯特灵奖。AKT Ⅱ公司的作品包括许多著名和风格独特的高层建筑，例如巴格达的伊拉克中央银行，米兰的忠利总部（与扎哈·哈迪德建筑事务所合作），以及伦敦的黑衣修士路240号项目（240 Blackfriars Road）[与奥尔福德·霍尔·莫纳汉·莫里斯（AHMM）事务所合作]，还有坐落在伦敦金丝雀码头的公园大道一号项目 [与赫尔佐格和德梅隆事务所（Herzog & de Meuron）合作]。

获得法兹勒·拉赫曼·汗奖对您来说意味着什么？

从各个方面来说，这真是太令人感动了，甚至还有点惊喜，这是我做梦也想不到的。我第一次读到法兹勒·拉赫曼·汗还是在读研究生的时候，我从没想过能和这么伟大的名字有联系。更令我惊讶的是，这是一个"终身成就"，我觉得我的人生才刚走到一半！所以，我希望未来会有更多的好事发生。我感到无比幸福且激动，结构工程师很少能获得这个奖。但显而易见的是，我与法兹勒·拉赫曼·汗有另一层联系：我自己也是移民。因此尽管我们处于完全不同的时代，技术也处于不同的阶段，但彼此看待生活的方式并没有太大的不同。

在我对林·比德尔（Lynn S. Beedle）终身成就奖获得者——彼得·韦恩·里斯（Peter Wynne Rees）的采访中，他高度评价了您为实现伦敦现代天际线所做的工作。回想您的过去，有哪些更具挑战性的项目已经被付诸实施，或者仍在努力推进中？

有很多项目，因为我们是一个大团队。伦敦的黑衣修士路240号项目（240 Blackfriars Road）（图1）是我们建造的第一批小塔楼之一，它在建的时候，伦敦城的摩天大楼正如雨后春笋般出现。相较于我们建造的其他高层建筑，这个场地里有七个作为关键性历史节点的景观走廊必须被保留，这更加限定了塔楼的造型。因为我们所处的伦敦城有4000年的历史，它的另一个复杂性是在地下的古老砖砌隧道和拱门，以及很深的下水道和其他岩土工程方面的挑战。还有一个特殊性，即设计上不仅要接纳保留观景走廊，同时还要激活其在形式上的表现，要更加令人眼前一亮。我们开发了一个偏心的"香蕉"形状的核心筒；因此，当建造时，核心筒必须通过一个偏心的平面形式将自己拉直。在这个过程中，它被偏移了大约150 mm，这对我们的业主来说有点可怕。作为工程师我们不仅要预测到这一点，还需要确保施工团队能够实现这一设计。当我们建造并开始给它增加荷载时，它按照当初计算的那样直立起来。直到完成最后一层的时候，我们才知道我们是否做对了，而且确保核心筒和楼板都没有开裂。

图1　伦敦黑衣修士路240号 © AKT Ⅱ

如果从外面能看到这样的亮点就好了，"香蕉"将会和"小黄瓜"这些建筑一样，成为伦敦天际线中被大家命名的建筑之一。后来发生了什么？

我认为是这个项目让我们被罗杰斯史达克哈伯及合伙人事务所（Rogers Stirk Habour+Partners）邀请加入到现在称为卡斯蒂利亚（Castilla）的建造中，它和黑衣修士路240号项目在同一个行政区，但稍微偏南（图2）。这个建筑设计的独特之处在于，这座50层高的塔楼的所有阳台都是吊装在塔冠上的；这在楼顶部形成了一个皇冠形状的结构，赋予了它标志性的形象。设计师始终保持着一个意识，即它需要设计得与众不同。我们用混凝土先将塔楼建造成一个角上有切口的正方形的平面，然后填上吊装的阳台。正如你所见，一系列的挑战让我们稍稍脱离了纯粹的结构工程领域，这正合我意。因为我的兴趣大部分在于作出更大的、具有城市级别影响力的设计决策，而不是一成不变的定量工作。因此在这两个项目中，我们都没有想过要完成不朽之作或赢得奖项。不过，由于这两个项目所处的特殊位置，它们已经非常具有标志性了。多亏卡斯蒂利亚没有观景连廊的限制，可以建得比较高，就看建造速度可以有多快了。

了解过这些伦敦市中心建筑物的形态，那么再谈谈金丝雀码头的项目吧，它更像是一块白板？

金丝雀码头主要是一个高楼区，是过去40多年里在码头上建设而成的，现在这里每平方英尺拥有的塔楼数量可能比欧洲其他任何地方都多。这些高层建筑主要是办公空间，而且是挤压的"后密斯"直线计划的成果。这里的大多数塔楼都显露出冷漠感，尤其当追求建设效率时，必须快速地建造，最终不可避免会得到一种高效但平庸的状态。现在，金丝雀码头的设计自由度受限于已建成的建筑群，而不是受保护的景观廊道。就现状而言，如果要我选出最具挑战性的、已完工的高层建筑项目，我会选伦敦公园大道一号（One Park Drive）（图3）。金丝雀码头建筑公司在那里建造了很长时间，并且清楚自己在做什么。我们是后来者。

AKT Ⅱ被视作"建筑师的工程师"；业主为什么要雇用我们？我们必须与建筑事务所建立新的合作关系。最令人兴奋的方面是，他们想要重塑一个称作伍德码头（Wood Wharf）的特定区域。简而言之，伍德码头的定位是将这个区域转为住区模式，因为大部分写字楼已经完工了，而一个新兴经济市场需要补充住宅。因此，这需要一个总体规划，而我们也参与其中。在总体规划的框架下，不同的建筑师分别设计了几座塔楼，伦敦公园大道一号就是其中之一。

这可能是最令我满意的高层建筑作品，一方面，因为它能够与城市很好地融合，另一方面，因为它是住宅，所以涉及了以人为本的概念。它还必须与20世纪90年代建造精良的漂亮的塔楼竞争。尽管都是住宅项目，但这个住宅的圆形大厅的独特设计来自不同建筑师融入了不同的原型设计。它像是一条垂直意义上的伦敦街道，你会在塔楼高区看到顶层公寓，接着是凸窗群，中间被设备层隔开，再往下是复式公寓。这样的设计反映在结构上变得非常有趣，和结合了先进设计方法的建筑师以及业主同桌商讨，这意味着我们可以破陈出新。比如，不能一开始就说"我们将使用支撑结构来稳定它"，我们得在很长一段时间内保持主要结构设计概念的开放性。

最终，稳定系统是应用在各个位置的一种核心筒和支撑结构共同作用的混合系统。从一开始就将80%的荷载分配给核心筒，将20%的荷载分配给外伸支架，这种依靠传统经验的方法限制很少，几乎可以自始至终都采用这种方式。在纵向上，四种不同"类型"的单元使我们能够改变结构系统。只有一部分塔楼完全由核心筒单独支撑。我觉得，这种额外的复杂性需要除了结构工程之外的更多设计层面的沟通。这需要对每一步进行定性和定量评估，因为通常认为这样的设计其成本更高，每个房间都是不一样的，而且需要与其所处区位相呼应。业主的愿景、建筑师的响应以及我们的投入就已注定了这个项目的不平庸，同时也

图2　伦敦卡斯蒂利亚（摄影：Zefrog）(cc by-sa)

图3　伦敦公园大道一号 © Blue and White Stripes (cc by-sa)

使得项目在该地区更具竞争力。

　　我想说，相比于其他高层建筑项目，伦敦公园大道一号的设计过程让我非常享受。它虽然刚刚建成，但室内局部却很漂亮。很明显地，鉴于经常可使用的阳台，该建筑的墙地比远远优于同类型塔楼的常规值。这个圆形建筑不像一些配置玻璃外立面的圆形建筑那样冰冷，因为它的表面有这种颗粒感，仿佛张开双臂欢迎你，让你想走进去。

　　当谈到"温暖"而非"冰冷"的建筑材料时，人们对高层建筑的大型木结构越来越感兴趣。您与哈佛大学设计研究生院的珍妮弗·伯纳尔（Jennifer Bonner）合作开设了一门课程，后来又出版了一本书，名为《空缺：对交叉层压木材的猜想》（*Blank: Speculations on CLT*）。是什么启发了您开展关于交叉层压木材的研究？您认为大型木结构接下来会怎么发展？

　　大型木结构并不是什么新事物，但它被当作新事物来讨论，并将解决我们所有的问题，尤其是在美国。每当"新"材料出现时，学术界、实操界和工业界都会采取傲慢的方法，这会导致过度专业化。在这种情况下，可以听到许多建筑界人士说，"只有我能做大型木结构。"我的启发

实际上是通过现实检验将大型木结构带入主流的，无论是在设计层面，还是在用它来建造的实施层面。

　　来自MALL事务所的珍妮弗·伯纳尔着手设计豪斯山墙项目（Haus Gables）（图4），这是一座位于亚特兰大的大型木结构单户住宅，AKT Ⅱ是项目的合作公司。这其中遇到的各种障碍让我们感到震惊。这样的房产能售出吗？与这样的建筑相符合的美学是什么？为什么要用这种新材料建造这么小的房子？这些都令人费解。我们最终得到了一家欧洲承包商的支持，不是为了收藏猎奇，而是证明它可以建成。当然，它取得了巨大的成功，也登上了许多设计杂志。

　　这段经历启发了哈佛设计研究生院的工作室开展"研究型设计"。它研究了这种材料既是外立面又是结构的理念。上一种真正可以做到这一点的材料是混凝土，但大型木结构是一种环保性能更好的材料。我们拜访了瑞典的制造商马丁松斯（Martinsons）和萨拉文化中心（Sara Kulturhus），以证明它可以在很多方面用作设计媒介。我们的学生了解到："你必须让自己的头脑摆脱被'薄'建筑所困。"这是玻璃、钢铁和混凝土已经被广泛使用的时代。我们必须对材料特性有不同的理解；例如，萨拉文化中心的一些柱子占了一米半见方（1米半见方即长和宽都是1.5 m）的面积。

图4　Haus Gables，亚特兰大（摄影：Naaro）

　　这个讨论与CTBUH目前正在进行的两个研究项目高度相关。我们必须仔细考虑材料实际上有多"绿色"环保，因为目前没有先例能验证如何在建筑寿命结束时回收这些材料。

　　若说木材是可持续的，而其他材料不是，这种说法是一种不协调的二元对立说法。因为这取决于它的生长地点和方式，以及你是向后还是向前封存碳足迹，所以我们使用交叉层压木材测量建筑物生命周期评估的方式很复杂。这是一种超级材料，在伦敦的谷歌总部里，我们使用这种材料建造了30 000 m²的楼板（图5）。大部分讨论应该都是关于：我们如何拆除它？如何使它可以被二次循环利用？如何以多种方式使用它而不是单一用途？这些问题都来自气候危机的议程。另外，我不确定美国市场是否已经准备好——当你住在木屋里时，有些美国人会称它为"桑拿房"，因为他们不喜欢这种外观和感觉。

　　这些年来，您对结构工程及其定位的看法是如何演变为跨学科协作实践的呢？是什么影响您产生这样的变化？

　　回溯当初我想成为一名工程师，那是大约10或12年前，我们还未完全进入高层建筑领域，当时我们正在参与第一座高层建筑项目。在我早期的职业生涯中，我在海上石油钻井平台和发电站工作过一段时间，一直想知道石油钻井平台是如何以及为什么建造在如此深的水下的。当进到建筑领域时，我们经常会遇到困难，因为学科和专业的重叠会造成障碍，而在海上石油钻井平台上却进行着更多的开创性工作。因此，作为一名结构工程师，我对技术的兴趣是从那里开始的，但我想拓宽自己的能力范围。

　　我曾经朝着工程师们持有的"中庸"方向而努力，这可能是引导我进入这些高级设计项目的主要途径。结构工程学科具有傲慢的态度，尤其是在涉及桥梁或高层建筑的设计时，有些工程师认为只有他们有权利设计一种特定类型的结构，而其他人不可以碰这个领域。因此，我更关注于采用更加文雅的方法来应用结构工程。我和我的同事运用我们的设计理念在高层建筑场景中占据了一席之地。

　　当时真的很幸运，彼得（里斯）在伦敦的设计界很有影响力，当人们提出质疑和鼓励时，他提出"如果AKT Ⅱ的人，比如哈尼夫有机会尝试这些会发生什么？"我们在设计上确实采取了稍微不同的方法，不仅仅是能够建得更高。

图5 伦敦谷歌总部 © AKT Ⅱ

> 我告诉学生："你必须让自己的头脑摆脱被'薄'的建筑所困。"这是玻璃、钢铁和混凝土已经被广泛使用的时代。我们必须对材料特性有不同的理解。

幸运的是，当时我是英国建筑与建成环境委员会（Commission for Architecture and Built Environment, CABE）的第一位工程师。我想彼得从来没有听过工程师谈论设计，因为他作为一名城市规划师，以前不可能听到过。这就是我们成功的关键。当我成为设计审查小组主席，随后成为委员会委员时，我便有了发言权。我开始倾听规划人士真正需要做些什么才能打造出像伦敦这样的城市，我对他们的问题产生了一些同理心，也感受到了建筑师试图建造类似"小黄瓜"或"碎片大厦"这样的建筑时的痛苦，同时也理解在那种环境中为设计腾出空间的难处。自从我们将建筑师和工程师分成两种不同的文化以来，这是一场延续了100年的战争。二者都有其缺点：结构工程师在很大程度上变得过于专业化，除了设计优化之外对任何事情都不感兴趣；而建筑师们变得过于理论化。我认为围绕设计和跨学科的讨论才是真正的中庸状态。■

（翻译：崔佳文；审校：刘益，王莎莎）

本文来自CTBUH 2022国际会议，哈尼夫·卡拉在"卓越的未来：更美好世界的梦想与现实"主题会议上致闭幕词。

彼得·韦恩·里斯：保持蜂箱的茁壮发展

彼得·韦恩·里斯

彼得·韦恩·里斯（Peter Wynne Rees）在2022年荣获世界高层建筑与都市人居学会颁发的林·比德尔（Lynn S. Beedle）终身成就奖。在担任英国首都伦敦的金融中心的城市规划官期间，他巧妙地将高层办公楼引入繁华的历史街区，不仅融合了高度与传统，也保留了城市心脏地带的活力。CTBUH期刊主编丹尼尔·萨法里克对里斯进行访谈时，也提到了这一具有纪念意义的时刻。

彼得·韦恩·里斯是伦敦大学学院教授。在供职公共部门之前，他就已经取得了建筑和城市规划的专业资格认证。作为伦敦市的城市规划师，里斯在1985—2014年期间领导了这座世界级商业和金融中心城市的规划和重建工作。他在世界各地演讲，为全球的开发商和城市管理者提供城市规划和设计方面的建议，并经常就这些话题的讨论在大众媒体上露面。里斯曾是英国广播公司BBC"文化秀"节目中的话题人物之一，并被列入英国最具启发性和影响力的"德布雷特500人"名单。他获得的荣誉数不胜数，因其在"建筑和城市规划方面的贡献"，里斯在2015年获得大英帝国司令勋章（CBE）。

您如何看待获得林·比德尔奖，和您与高层建筑界的关系？

当然，这对我来说是一个惊喜，也是一种莫大的荣誉。同样，我也感到非常惭愧，在伦敦建筑界我的老朋友哈尼夫·卡拉获得法兹勒·拉赫曼·汗终身成就奖的同年，我获得了这个奖。对我来说，这可能有点难以理清头绪，因为我对高层建筑有着爱恨交织的情感。不得不说，我通常恨得更多，而且我已经在CTBUH会议上表达了其中的一些感受。事实上，我经常表达我与CTBUH的共鸣更多的是在城市人居环境"Urban Habitat"方面，而并不是高层建筑"Tall Buildings"的部分。我更加关注的是城市人居环境和城市空间质量，我想这也是大众对我的期望。

高层建筑确实有其意义，但我始终将其视为最终不得已为之的妥协，而绝不是首选方案。千禧年之交时，我的确被伦敦金融城的超高层建筑群所吸引。那时，全球的金融机构对这个世界级的金融中心都趋之若鹜，致使其办公空间已供不应求。

这里的土地面积非常局限，面积只有一平方英里（约259 hm²）。如果我们不能向外拓展，那就必须往上发掘。这就是为什么我们在城市东部规划了一片小规模的、非常紧凑的高层办公建筑群，同时尽可能地远离壮观的圣保罗大教堂的天际线范围。我们尝试以其独有的方式、图案和形状来塑造这个办公建筑群，并沿着泰晤士河和城市的重要遗产部分的方向逐渐缩小建设规模。

不得不说，增加办公建筑面积的勇敢尝试虽然奏效了，却产生了不幸的影响，它导致大伦敦城的很多地区出现了一波"高层垃圾"建设浪潮。整个泰晤士河，从格林威治一路逆流而上到巴特锡，经过威斯敏斯特，在河的南岸，现在都是成堆的、我称之为"保险箱"的东西，只是些供获取不义之财的人存放资本投资的住宅塔楼。"高"往往并不美丽，而且绝对不会塑造场所。

新冠疫情如何改变了这种动态？

我生活在一个经历过黑死病、伦敦大火（摧毁了80%的城市）、闪电战、金融"大爆炸"和银行业崩溃的城市。所有这些影响都比新冠病毒的影响更大。但这次疫情发生的时候，人类的工作方式和生活方式已经发生了重大变化。

回溯2007年底到2008年初之际，我们经历了一场银行业崩溃。许多在伦敦金融城工作的年轻人失去了工作，随之而来的是金融危机。这些人很年轻，还不能退休，而且也没有足够的钱退休。但是他们有很多想法，他们想创业，将这些想法推广到新的金融产品或新的"金融科技"企业中去。他们负担不起老城区的租金，但又不想远离城市。

于是，他们在肖尔迪奇（Shoreditch）开始创业，就在伦敦金融城的北部。我带我的学生在肖尔迪奇附近散步，对他们说："看看那群在街上踢足球的年轻人，他们是在工作。盛夏时节，如果你从屋顶上看，会发现人们在晒日光浴，他们是在工作。咖啡馆里挤满了人，他们都是在工作。"

人们期望能够将休闲与工作融为一体。他们不希望在早上六七点上班的路上去健身房。他们希望能够在中午离开办公桌休息一下，然后去健身房。伦敦的某些公司已经开始意识到人们的这种需求，但是工作仍然需要在办公室内继续进行。当我的学生毕业去参加工作面试时，我对他们说："不要接受一周五天不需要你在办公桌前，且无法与其他人一起做项目的工作，因为在这样的工作里，你永远学不到任何东西。"

居家办公的想法非常自私。对于那些已经成家立业、收入稳定和已经掌握技能的职场人来说，在家办公很有吸引力。而对于那些二十多岁和三十多岁的职场新人，他们如果不在办公室里与更有经验的人一起工作，最终将一无

所获。在职场上，你的学习途径是通过聆听别人的电话交谈并观察他们如何处理项目和客户。你无意中听到的谈话，或者你向一位同事提出一个小问题，这些都是职场中的"谈资"。在办公室里，你能够看到同事们什么时候不是很忙，并且当你遇到问题时，都能够请教他们。这些情景都不会发生在网上。你不会打电话给你的老板询问如何做某事。如果你通过Teams或Zoom来询问，那就更糟了。所以，如果人们在家工作，这种在职的指导过程就会消失。在我看来，这会导致工作效率大大降低，我们将面临巨大的社会问题，产生大量的孤独感，社会将开始崩溃。

正如我一生所见，"工作场所"中的重要部分是"场所"。工作场所是大多数人社交生活的中心。大多数年轻人在这里互相认识，最终成为同伴。这是他们享受乐趣的地方，是他们学习的地方，也是他们可以给老板留下深刻印象并在生活中进步的地方。应该说，这是生活的重心。而在一些郊区，房子可能还不错，附近可能有很多绿地，这也许是抚养孩子的好地方，但是缺少了娱乐。伦敦金融城（图1）的成功在于它一直是人们想要去的地方。我在南威尔士长大，伦敦城的缤纷与潜力让我迫不及待地想去伦敦上大学。我是为了娱乐来到伦敦的，世界各地的人们

图1　如今已成为伦敦金融城特色的密集塔楼建筑群，里斯对这个区域的发展起到了重要作用（摄影：GJMarshy）（cc by-sa）

> 如果有适当比例可以融入和渗透的空间，人们就会汇集在这些地方，并开始攀谈。一旦有人来交流，空间便产生了。

也是为了娱乐来到伦敦的，工作只是为了能够支付派对的费用。

那现如今这些人搬进了什么样的建筑和空间里？

城市中越来越多的建筑正被用于多功能的业态、快闪式的商业和共享工作空间。We-Work是整个伦敦金融城物业面积最大的运营商，这表明创业或共享商业模式正在成为伦敦市物业运营的主要模式。人们现在需要的建筑肯定不是自我膨胀式的高层公司大楼，而是更灵活的建筑，它们可能不到10层，并且容易到达地面。因为地面和我们在地面上创造的空间是人们交流消息的地方。没有人们的互相交流，生意就无法产生。所以，你的员工去喝咖啡、去健身房、去吃饭、去做户外工作的时间越多，他们就越有可能无意中听到一些有用的消息，最终也许会促进公司的业务发展。

像芬乔奇街20号（20 Fenchurch Street）这样的项目是如何解决"通过在高区建造一个空中花园，以充分利用有限空间中的社会融合优势"这种问题的？

芬乔奇街20号是个相当特别的设计：在建筑物的顶部建造了一个公共公园（图2）。它是对大众开放的，而不仅

图2　伦敦芬乔奇街20号的空中花园（摄影：Colin）（cc by-sa）

仅是一个商业交流场所。或者可以说，在空中获得额外的地面空间和更大的发展区域，这样的设计是一种补偿交换，且更容易获批。而且这个场所几乎没有可能在地面上提供额外的空间。当然，受到新冠疫情封控的影响，目前这个公园不是很成功。虽然是露天公园，但人们必须使用规格相对较小的电梯才能到达。因此，它在新冠疫情期间无法对大众开放。我相信它会再次成功的，就像新冠疫情出现之前一样。

但这当然不能替代地面空间。当人们开始谈论城市高层建筑之间的空中花园和连廊时，我总是很忧心；这会让我想起1920年代电影《大都会》的开场片段，我们看到了未来城市的可怕景象，富人住在云端，穷人住在地面或地下，城市还在运转。我实在不愿意想象我们的城市正在朝那个方向发展。这就是为什么我如此信奉地面空间，因为它是创造场所的地方。比如，你可以正确地演奏一首伟大音乐中的所有和弦的片段，但听起来不会很鼓舞人心。因为能让一首伟大的音乐作品达到最佳演奏效果的关键是片段之间的空间，或者说，它就在空气中；就是来自曲调的和弦或音符之间的间隙以及曲调的各个部分之间的间隙。这就是赋予它整体韵味的原因。以此类推，一个空间的韵味也是如此，但不会来自建筑物。你可以在没有建筑学背景的情况下创造一个美妙的空间，只要建筑物的规模合适且组合恰当。总之，人们会去这些拥有合适比例且易于融入的空间并开始攀谈。一旦有人来交流，一席之地便产生了。

考虑到这些因素，高层建筑在何时何地适宜建造？

纽约市要建造高层的理由是曼哈顿周围被水环绕。无法向外拓展，只能垂直向上建造。伦敦金融城也只有一平方英里的面积，我们不能将大量的办公空间强加给伦敦周边的城市。唯一的解决办法也是向上建造。伦敦的另一个金融中心金丝雀码头（图3）同样被水包围，我们不得不在垂直方向上挖掘。例如，中国香港适宜建造的土地很少，而需要住房的人口很多，因此，他们必须在垂直方向上栖居，而不是在水平方向上发展。

但我认为世界上大多数城市都可以减少建造高层且规划得更好。我认为人们其实只想单纯地想要建造高层，然后说一句事后辩护，"哦，我们创造了额外的密度"。一栋八层的"甜甜圈"式住宅围绕街区的四面建造，底层为面朝外部的商店和公共空间，中央庭院为居民服务。有一个屋顶空间供居住在街区内的人们使用。这样的设计充分利用了街区的最大发展潜力，同时保留了充足的日照和新鲜的空气进入城市的街道和空间。

如果不这样做，而是将相同数量的人安置在下一个街区的高层建筑中，那所选的这个街区通常位于这个区域的中心位置或一个角落。这栋高层建筑周围的空间将无法被利用起来，因为它被交通噪声和烟雾所包围。它没有私密性，也没有围合感。所以，人们并不会像相约在院落里那样相约在这里。另外，还必须减去垂直穿行于建筑物中的电梯和服务设施的楼板面积。当你完成所有这些并建造两倍高度时，你可能根本没有增加密度。所以高层和高密度不一定是一回事。

你如何看待现在正在建造的高层建筑？

我自己住在伦敦金融城边缘的一个住宅区的27层，周边有很多街区，其中许多仍在建设中。当我看着这些街区时，我想：好吧，对于办公来说还行吧，因为这些建筑物往往至少每25年就会被拆除。随着租约的改变，许多高层有机会重新修缮，比如铺设电缆、安装新电梯、在外墙安置新的密封条，并对建筑进行全面翻新，也许每60年彻底翻新一次建筑的外墙，因为外墙覆盖层可能只有60年的使用寿命。

但这些高层是作为住宅建造的。它们以125年的租约出售给住宅业主。现在，早在住宅租约到期之前，外表皮就会从建筑物上剥落下来。因此，我们需要认真考虑如何维护我们的高层建筑。几年前，许多人在可怕的格伦费尔塔大火中丧生，这引起了人们对高层建筑的高度关注。但这不仅仅是安全方面的问题；建筑物在125年寿命的各个阶段都可能出现巨大的成本开支，而我们没有任何财务机制来应对这些情况。这些开支包括用于外立面翻新、内部主要基础设施的更新，如电缆和电梯等。住宅服务费永远无法覆盖此类费用。似乎没有人考虑过这个问题。而且我认为，现在的城市里到处都是废弃的、无人居住的高层建筑，我们很快将面临一场巨大的灾难。

这是一个相当反乌托邦的画面，但在这种情形下并不难想象。当我们谈到高层建筑能使用100年时，我总是感到震惊，这时间听起来相当长。有史以来被拆除的最高塔楼是位于纽约的联合碳化物公司总部（摩根大通的旧总部），它的高度约为200 m，我们并不知道当其他更高的塔楼达到使用寿命时，人们该如何拆除它们。

不过，基于高层建筑隐含碳以及从可持续性上的考量，我们无论如何都不应该拆除它们。但是我们并没有认真考虑一个事实：一个建筑的结构如果设计得好，也许可以使用150年，甚至更长时间，但是外立面肯定无法达到这个使用寿命。外墙覆层、防水、机械设备或电缆亦是如此。这些设施的使用寿命要短得多，而且更换起来非常昂贵。

回忆我的学生时代，在1970年代初，当时英国皇家建筑师协会（RIBA）主席亚历克斯·戈登（Alex Gordon）

图3 伦敦金丝雀码头的塔楼建筑群，在废弃的码头用地上建造。适用于金融交易操作业态的大空间建筑物（摄影：Ana Paula Grimaldi）

提出了一项主张，作为学生的我将其牢记在心，但是从那以后我就再也没有发现建筑界在朝这个方向进步。他当时说，任何新建筑都需要"长寿命、宽松适宜和低能耗"。我们似乎真的无法改进这个主张。首先，高层建筑经久耐用的时间长短是其可持续性的关键。同时，它还必须具有适应性，有足够的富余来拥抱技术的发展。但是，高层建筑不能因为当下的用途而被过于紧凑地组合——这就是"宽松适宜"的要求。当然，关于"低耗能"，今时今日的人们都知之甚多。

不过最近在伦敦有一两个有趣的案例，由于拆除现有建筑带来的碳影响，新开发项目未获得开发许可。清理场地并重新开发的做法正在遭到抵制；人们开始认识到我们需要先研究考量失去一座建筑的影响，再考虑是否用另一座建筑取而代之。我认为这种意识的觉醒不仅仅在英国开始蔓延，而是正在全世界范围内普及。人们会被告知："不可以，你必须保留你现有的建筑。我们负担不起释放那么多的碳对环境造成的影响。"

在一个由会计师和政治家管理的文明中，我们必须对所做的一切进行成本效益分析，我认为我们需要更进一步地进行生活效益分析。我们需要研究每一个提议带来的影响，研究如何创造更好的场所和空间，或者让其变得更好。■

（翻译：崔佳文；审校：刘益，王莎莎）

本文来自CTBUH 2022国际会议，彼得·韦恩·里斯在"追求卓越：我们的塔楼够好吗？"主题会议上发表开幕词。

顾建平：超高层建筑后疫情时代的挑战

顾建平

上海中心大厦高达632 m，是目前中国最高建筑。大楼内装有全球最大阻尼器以及275台500 W风力发电机，全球第二快电梯、20 m/s的电梯。为了推动可持续高密度城市主义的发展，CTBUH采访了上海上实北外滩新地标建设开发有限公司总工程师，原上海中心大厦建设发展有限公司董事、总经理顾建平先生。

上海上实北外滩新地标建设开发有限公司总工程师，原上海中心大厦建设发展有限公司董事、总经理。顾建平先生于2006年开始参与中国第一高楼上海中心大厦项目的前期启动和策划、方案定位以及以后的建设和运营工作。他在地产开发与建设，特别是超高层综合体开发与建设、运营方面具有丰富的经验而备受国际权威行业组织的肯定，在2018年被授予CTBUH年度Fellow的称号。

后疫情时代，对于类似上海中心这样的超高层建筑有哪些挑战？

中国在2003年出现过一次流行病毒，当时就提醒我们大楼的建筑空间设计以及空调系统应该如何保障安全。

所以在设计时对于新风系统我们做了三道过滤。第一道是PM_{10}的过滤，第二道是$PM_{2.5}$的过滤，第三道则采用了纳米光子的技术进行空气的消毒灭菌。正因为这样一些系统的超前设计，即使在疫情期间，我们整个大楼的空调也可以一直运转。所以说，我们对未来的建筑，特别是大密度的人流集聚的空间设计，需要更加超前地思考这些问题。

上海中心的存在对于陆家嘴或者是整个上海具有怎样的意义？

作为一个城市最高的楼（图1），从它的外观来讲，可能会影响这个城市的天际线，使这个核心的CBD区域的城市空间发生一些很大的变化（图1—图3）。

想象一下，上海中心是一个竖起来的外滩，是一个垂直的城市。从水平方向的角度想象一下比较典型的城市形态，城市可能有不同的道路，道路与建筑之间有一些小的广场。从垂直方向来说，上海中心的空中花园（图4）就类似于这些城市的小广场。

当人们进入一个比较封闭的建筑时，他的工作生活会被限制在非常有限的空间里。但是我们希望在有限的空间里去创造更多能够让人们进行交流、放松心情，并能够去和外界有更多的接触，和自然有更多亲近关系的空间。

超高层建筑时常因为其经济性及能源消耗问题被诟病，上海中心有什么可圈可点的技术可以分享？

我们有一个逆周期的做法，因为2008年11月29日上海中心开工的时候，世界金融危机正好发生，我们认为当时恰恰是经济开始下滑的时候，所以在材料、人工、设备等方面都会把价格控制在我们预判的范围里面。

建造完成以后，运营也会有非常高的成本。上海中心一开始就采用了美国的LEED和中国的《绿色建筑评价标准》（GB/T 50378—2019）两个标准。通过40多项节能环保技术的应用以及设计，大概可以比同类的超高层建筑的能耗相对降低20%左右。同时在整个大厦运营期间，我们还引入了博马（BOMA）标准，这是国际业主和资产管理者协会的一个标准，使我们整个物业管理的水平能够有比较明显的提升。

所以即使在疫情非常严重的时期，我们也有一些世界顶级的大租户入驻甚至还有扩充，像JP Morgan（摩根大通），还有法国巴黎银行，都新签了入驻的合同。所以

图1 上海中心大厦鸟瞰图 © 上海中心大厦建设发展有限公司

图2 上海中心大厦阻尼器 © 上海中心大厦建设
发展有限公司

图3　上海中心大厦空中大堂构架 © 上海
中心大厦建设发展有限公司

> 不是简单地从一个
> 维度去看大楼的成
> 本和经济性，而是
> 从多角度、多维度
> 去思考，作一个综
> 合的判断。

图4　上海中心大厦的空中花园 © 上海中心大厦建设发展有限公司

我认为我们不是简单地从一个维度、一个方面去看大楼的成本和它的经济性，而是从多角度、多维度去思考，作一个综合的判断。

由上海中心引出的，未来还有哪些先进技术值得期待呢？

第一个是新的建筑材料。建筑一定会使用大量的建筑材料，新型的建筑材料应该是未来这个行业一个非常好的发展趋势。未来如果有一种新的材料，能同时做到采光好、质量轻、安全、寿命长这几点，那么对整个建筑行业会有很大的推动。

第二个就是数字化。现在5G技术以及更多网络信息化的新技术不断出现，这些技术可能会对人们的生活、建筑的建造带来巨大的帮助。

第三就是一些无接触的服务。以前做一些事情，可能需要买票，需要人与人接触，今后的建筑里面也会大量地使用无接触服务来提高安全性。未来可能还会有更多新的技术，能够让我们的建筑变得更安全、更舒适。■

任力之：人性化的高性能垂直城市

受访者　任力之

同济大学建筑设计研究院（集团）有限公司副总裁、总建筑师，同济大学博士，教授级高级工程师，中国建筑学会资深会员，英国皇家特许注册建筑师，香港建筑师学会会员，国家一级注册建筑师，第四届亚太经合组织（APEC）建筑师中国监督委员会委员，中国建筑学会建筑文化学术委员会常务理事，中国建筑学会策划与后评估专业委员会常务理事，中国建筑学会高层建筑人居环境学术委员会常务理事。从业37年来，任力之先生主持设计近300个文化类、超高层与大型综合体类、教育与科研类以及历史保护类等各类实践项目，设计作品横跨亚洲、欧洲和非洲。

　　任力之先生长期深耕超高层建筑领域，积累了丰富的工程经验，参与的超高层建筑项目遍及中国各个重要城市。为此，CTBUH亚洲总部办公室副主任、同济大学建筑与城市规划学院教授王桢栋先生采访了同济大学建筑设计研究院（集团）有限公司副总裁、总建筑师任力之先生。

　　全球性的健康危机、气候变化使密度、能源、健康等话题再次成为城市问题的焦点，您认为未来城市将以何种生长更新模式来应对这些问题？

　　在超高层建筑数量依然持续增长的今天，我觉得建设垂直城市的呼声将可能会超过传统意义上的高层和超高层这样的一些声音。

　　以垂直城市理念应对城市问题的意义在于：首先是疫情以后，人性化的垂直城市表现了极大的适应性；其次是垂直城市符合功能模式的那种系统性、联动性，在实现城市增长的同时，也会助力建构多维便捷的都市生活。

　　此外垂直城市也意味着高层建筑空间和功能的多维度，明显缩减城市生活中的时间和能源的成本。垂直城市理念能够在应对城市问题方面发挥巨大的价值，其基本的保障是来自一个完善的城市规划和设计的机制。从构建垂直城市系统的角度，优化相关的规划设计方法，使它从具有系统性、复杂性的垂直城市概念，向更具可操作性的实践层面进行转变。

　　相比于传统的城市更新方式，您认为垂直城市的核心价值特质将主要体现在哪些方面？

　　面对日益增加的人口资源压力，垂直城市的理念为城市的发展提供了一个更加可持续的路径。在未来，城市性、文化性以及高性能，将是垂直城市空间体系的一个核心价值。

　　首先，城市性的体现有赖于将垂直城市的开放性共享空间与城市的高质量的基础建设、基础设施、公共服务系统要素形成互联。衔接城市公共空间系统，并且支持它融入更大范围的都市功能网络。

　　其次，应该从文化性的层面出发，建立垂直城市的空间蓄势、社会结构文化基因以及艺术语言这些方面的深层次的联系，并且从文化的物化形态、精神形态到整体的这种群体心态方面形成和它相对应的一种社会的价值观、建筑的艺术观和相关的一些创作理论。

采访者　王桢栋

同济大学建筑与城市规划学院教授，博导，国家一级注册建筑师，美国MIT访问学者，上海浦江人才，兼任CTBUH亚洲总部办公室副主任。王桢栋教授长期专注于城市综合体和超高层建筑领域研究，主持和参与多项相关国家级课题。他在2022年被授予CTBUH年度Fellow的称号。

> 以人性化与高性能为基点，在垂直城市更新中建构健康、安全、韧性的空间环境，复合、高效、可持续的空间体系，以及能够映射社会、文化、艺术特质的场所价值，是垂直城市更新实践中值得被秉持并审慎反思的理念与原则。

垂直城市的这种高性能特点有赖于积极地推进高层建筑的技术创新和信息技术生态技术等（比如建立建筑结构，机电景观一体化这种高精度的空间信息系统）多学科技术的交叉互动。

因此，以人性化与高性能为基点，在垂直城市更新中建构健康、安全、韧性的空间环境，复合、高效、可持续的空间体系，以及能够映射社会、文化、艺术特质的场所价值，是垂直城市更新实践中值得被秉持并审慎反思的理念与原则。

超高层建筑的巨大尺度在抵抗城市蔓延的同时也与城市在一定程度上产生割裂感，您认为超高层建筑能够从哪些层面与城市建立更紧密的联系？

我们削弱超高层建筑与城市之间的这种割裂感的途径之一，就是将其内部和外部的城市性进行一种深度整合，使得这种大尺度的超高层建筑能够真正成为合理介入城市空间体系的一种开放系统，也就是构建一体化的垂直城市。

首先，通过提升建筑在多界面的空隙率，加深建筑内外的关联度，比如建立多层级的公共平台、空中连廊、开放式的立面以及可进入的近地空间等。其次，应当充分利用超高层建筑的空间结构在功能复合方面的潜在优势，搭建与都市公共生活的有机联系。另外，高层建筑与城市空间网络的联系，也得益于以高性能的垂直城市为目标的城市规划决策，同时也应当与智慧城市技术充分结合，将高层建筑纳入涉及城市公共空间的开发、人口数据、公共行为建成环境等动态指标中。

前面您提到了未来垂直城市系统的高性能特征，您认为在有助于实现其高性能属性的建筑技术中，哪些有更大的发展空间和应用前景？

高性能的垂直城市有赖于涵盖功能空间、结构体系、垂直交通、消防安全和运行维护等多方面的一些技术支撑。未来垂直城市构建的关键点不仅在于为发展高密度的经济体提供一种空间的框架，也更加着力于提升城市系统性能。

在垂直城市发展中，深入研究多能互补的系统应用，全面应用绿色建材替代传统材料，提升绿色建筑评定标准等策略，都将有利于垂直城市的发展，实现高性能意义上的脱碳技术突破，实现可持续高性能的垂直城市从被动性低能走向碳中和，借助信息技术和智能数据等来实现的空间系统优化也将成为垂直城市性能提升的一种技术转型趋势。

您在以往的超高层建筑项目中采用何种方式实现高密度空间环境的人本性特征？在疫情后的未来城市垂直空间结构中，人本价值的呈现可能会出现怎样的变化？

人性化，作为垂直城市的一种基本属性，兼顾高密度所产生的空间效率和适应密度所提供的生态性、舒适性以及愉悦，是我们在以往的超高层建筑事件中持续关注的问题，比如上海中心大厦的空中花园（图1和图2）系统，在实现差异化的微气候调节的同时，提供了一种开放共享的交往平台，从而优化了以体验为核心的多样化的工作和生活的模式。

我们在重庆江北嘴国际金融中心A-ONE（图3）的设计中，将首层的大堂开放（图4），与城市的景观要素共同形成可以进入的一个公共空间，顶部打造面向市民开放的城市观景休闲平台，从多维度的角度构建了具有吸引力的垂直公共空间体系。

通过这些事件，我们可以看出垂直城市的设计目标主体已经从空间转向了使用者本身。后疫情时代，人们对于健康、安全、幸福感的追求达到了一种空前的高度，在未来，垂直城市也将在提供活力、智能和包容的环境体验方面发挥更加核心的作用。■

图1 上海中心大厦俯瞰图 © 同济大学建筑设计研究院（集团）有限公司

图2 上海中心大厦空中花园 © 同济大学建筑设计研究院（集团）有限公司

图3　江北嘴国际金融中心A-ONE © 同济大学建筑设计研究院（集团）有限公司

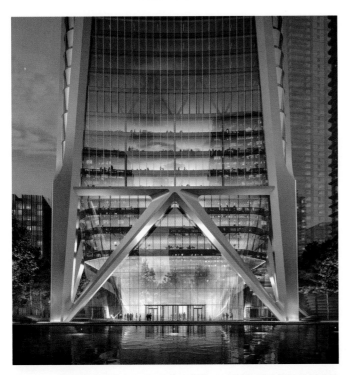

图4　江北嘴国际金融中心A-ONE首层大堂 © 同济大学建筑设计研究院
（集团）有限公司

陈周文：城市的理想人居环境

陈周文

陈周文先生拥有30年的建筑设计与项目开发管理经验。他于2008年加入深圳鹏瑞集团，并作为主要管理者全程参与了深圳湾1号项目的开发建设。深圳湾1号共470 000 m²，是集办公、酒店、公寓和零售于一体的标志性项目。陈周文先生曾是CTBUH会议演讲者，也担任CTBUH指导委员会委员，并于2023年被授予CTBUH年度Fellow的称号。

陈周文先生毕业于清华大学建筑学院，拥有超过30年的设计和项目开发管理经验，曾在万科企业股份有限公司等多家地产开发及设计机构担任高级管理人员，参与设计、开发了许多大型综合项目。

陈周文先生于2008年加入鹏瑞集团，作为主要管理者全程参与了深圳湾1号项目的开发建设，铸就了470 000 m²集办公、酒店、公寓和商业于一体的标志性城市综合体。目前正致力于集团的又一力作广州·鹏瑞1号，项目包含奢华酒店、大平层公寓、高端商业、艺术中心等复合业态，以全面超越深圳湾1号为目标，为广州打造一座具有国际影响力的地标综合体。

获得CTBUH Fellow奖对您意味着什么？

非常感谢CTBUH授予我这个头衔。我已经从事建筑设计与管理超过30年，并完成了许多高质量的建筑项目。CTBUH是一个具有权威性的专业组织，我被授予CTBUH Fellow头衔是CTBUH对我专业的认可，也是我的荣誉。这将鼓励我继续做好自己的工作，为建筑领域的发展多作贡献。

最早您是如何参与到CTBUH事业中的？

我们公司成功开发了高质量的城市地标项目深圳湾1号（图1和图2）。在2015年，CTBUH授予了该项目若干个奖项，我也开始知道和了解CTUBH并成为会员，我们就此开始了合作。

图1　深圳湾1号俯瞰图 © 鹏瑞集团

图2 深圳湾1号 © 鹏瑞集团

在高层建筑产业领域您认为现在有哪些方面是积极发展的，但却是在10年前可能没有预料到的？

我认为高层建筑在如下方面有显著的进程和提高，包括低碳环境保护、可持续发展、工业生产、垂直复合功能以及智能建筑等方面。这些领域的快速提高和应用在10年前是不可想象的。

您认为行业领域在当下有哪些方面需要继续推进？CTBUH在哪些方面可以给予协助？

在将来，产业需要从多个方面持续地升级，以满足人类舒适的居住和工作需要，这些方面包括能源的高效利用、富足的艺术和文化生活、多样化的社会空间需求、环境和社会目标（ESG）以及人工智能的使用等。CTBUH可以充分利用全球布局的专业资源，与不同的机构和开发企业合作开展项目研究，以及组织多样的专业论坛或沙龙促进业内的国际交流，进而促进产业发展。

您如何看待目前深圳与高层建筑的关系？这种关系是如何变化的？

深圳的土地资源极其紧缺，因此有效地利用每一寸土地是重中之重。就像纽约曼哈顿一样，高层建筑是最合适

图3 广州·鹏瑞1号项目效果图（一）© 鹏瑞集团

的城市建筑类型。随着经济和财富的持续增长，建筑也在持续寻求向上发展的空间。

您目前正在忙于什么项目？

我们目前在广州国际金融城开发鹏瑞1号项目（图3—图6），该项目同样是一个高端地标综合体。广州鹏瑞1号项目的实施是基于深圳湾1号的成功实践，并旨在从定位、

图4 广州·鹏瑞1号项目效果图（二）© 鹏瑞集团

图5 广州·鹏瑞1号项目效果图（三）© 鹏瑞集团

图6 广州·鹏瑞1号项目效果图（四）© 鹏瑞集团

产品、便利设施、投入等各个层面超越深圳湾1号，为广州打造具有全球影响力的地标综合体。该项目包含顶级公寓、豪华酒店、商业空间、艺术中心和其他功能区域。我们通过人工智能算法得出塔楼平面布局的最优方案，该设计为使用者提供了富足的室外空间，可以一览珠江美妙的一线风光。我们的目标是为广州的理想人居环境创造一个全新的标杆，在自然和城市之中为市民寻找完美的平衡点。我们也希望市民在繁忙的城市中可以拥有一个"绿洲栖息所"，从而获取舒适的身心生活状态。■

（翻译：徐宁；审校：王莎莎）

7

附 录

全球高层建筑高度评定标准：测量及定义高层建筑

世界高层建筑与都市人居学会（CTBUH）简介

全球高层建筑排行榜

全球高层建筑高度评定标准：
测量及定义高层建筑

世界高层建筑与都市人居学会（Council on Tall Buildings and Urban Habitat, CTBUH）制定了测量和定义高层建筑的国际性标准，如下所述，并被业界公认为授予"世界最高建筑"等头衔的仲裁机构。

1 高层建筑、超高层建筑和巨型高层建筑

1.1 高层建筑

"高层建筑"并没有绝对的定义，它是相对主观的，影响因素主要有以下几点：

1）高度与环境相关

一座14层高的建筑也许不会在芝加哥或香港这样高层建筑云集的城市中被认定为高层建筑，但如果它位于欧洲城市或郊区，就可能明显高于城市高度标准，而在环境里脱颖而出。

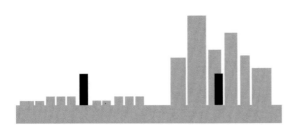

2）比例

尽管许多建筑没有突出的高度，但它们用纤细的形象阐释了"高层建筑"的含义。与此相反的是，很多建筑占地面积庞大，虽然很高，但因其过大的体量/楼层面积而使其高度并不凸显，从而被排除在高层建筑领域之外。

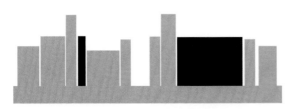

3）结合相关技术

一座包含高层建筑相关技术的建筑可以被归为"高层"的产物（例如，采用了高层建筑业中的某些垂直交通技术或结构性抗风支撑）。

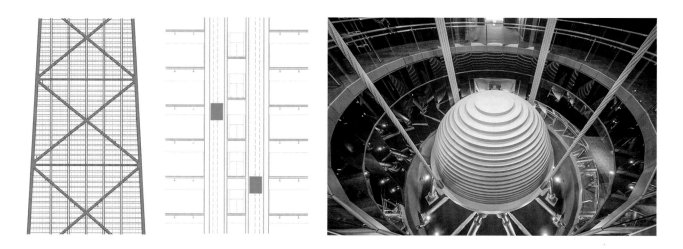

如果一座建筑在上述某个或某几个范畴之内，它就可以被称作"高层建筑"。尽管因为不同功能的建筑层高不同，所以很难用层数来衡量高层建筑（例如办公楼与住宅楼），但14层及以上，或50 m以上通常可以当作"高层建筑"的门槛。

1.2　超高层建筑与巨型高层建筑

高度更加突出的高层建筑可以再被分为两个子集："超高层建筑"（supertall building）是高度超过300 m的建筑，"巨型高层建筑"（megatall building）是高度超过600 m的建筑。

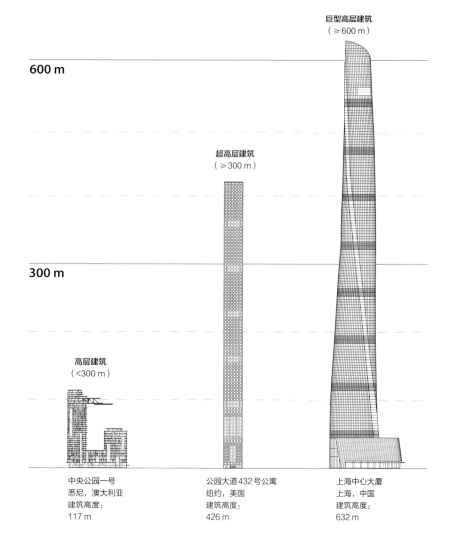

2 高层建筑高度测量

高层建筑高度的测量类型一共有三种，是从最底层的[1]、主要的[2]、开放的[3]、步行的[4]入口水平面开始测量至建筑顶端，或最高使用楼层，或尖顶的高度为结束。

2.1 建筑顶端

建筑物的建筑顶端，包括塔尖，但是天线、标志、旗杆或其他功能–技术型设备[5]不包括在内。此种测量方法的使用最为广泛，并且是用来判定"世界最高建筑"排名的依据。

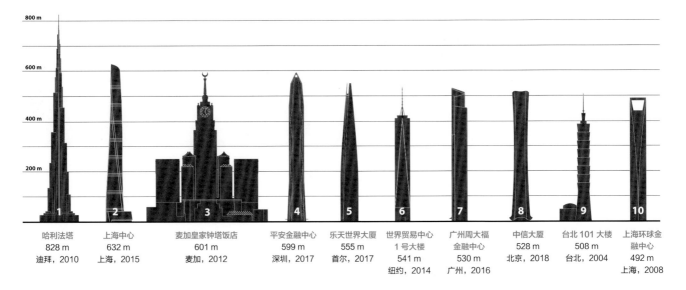

哈利法塔	上海中心	麦加皇家钟塔饭店	平安金融中心	乐天世界大厦	世界贸易中心1号大楼	广州周大福金融中心	中信大厦	台北101大楼	上海环球金融中心
828 m	632 m	601 m	599 m	555 m	541 m	530 m	528 m	508 m	492 m
迪拜，2010	上海，2015	麦加，2012	深圳，2017	首尔，2017	纽约，2014	广州，2016	北京，2018	台北，2004	上海，2008

2.2 最高使用楼层

最高使用楼层，指建筑物内最高可使用楼层[6]的楼面层。

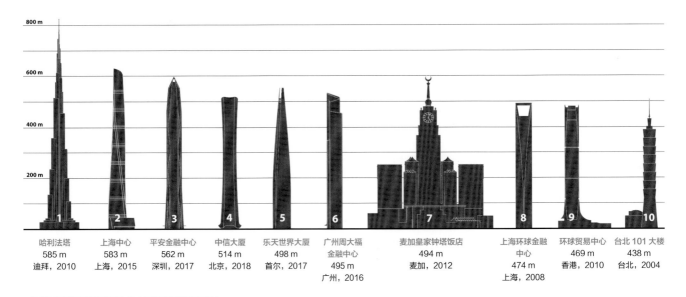

哈利法塔	上海中心	平安金融中心	中信大厦	乐天世界大厦	广州周大福金融中心	麦加皇家钟塔饭店	上海环球金融中心	环球贸易中心	台北101大楼
585 m	583 m	562 m	514 m	498 m	495 m	494 m	474 m	469 m	438 m
迪拜，2010	上海，2015	深圳，2017	北京，2018	首尔，2017	广州，2016	麦加，2012	上海，2008	香港，2010	台北，2004

[1] 最底层：与入口大门的最低点相接的竣工楼面层。

[2] 主要入口：明显位于现有或之前存在的地面层之上的入口，且允许搭乘电梯进入建筑内的一个或多个主功能区，而非仅仅是到达那些毗邻于室外环境的地面层商业空间或其他的功能空间。因此，那些位于类似下沉式广场这样空间的入口不算在内。同时要注意的是通往停车、附属或服务区域的入口也不被认定为主要入口。

[3] 开放入口：入口须直接与室外空间相连，所在楼层可直接与室外接触。

[4] 步行入口：供建筑的主要使用者或居住者使用的入口，而位于类似服务或附属区域的入口不包括在内。

[5] 功能–技术型设备：考虑到这些设备会根据当前流行的技术而被拆除、添加或更换，我们经常会在高层建筑上看到这些设备，例如天线、标志、风力涡轮机等需要定期添加、缩短、延长、移除和（或）替换的设备。

[6] 可使用楼层：这是为了供居住者、工人以及其他建筑使用者可以长期安全并合法使用的空间，并不包括服务区或者设备区这类只是偶尔有人进入做维护工作的空间。

2.3 尖顶

尖顶指建筑物的最高点，与最高构件的材料或功能无关。

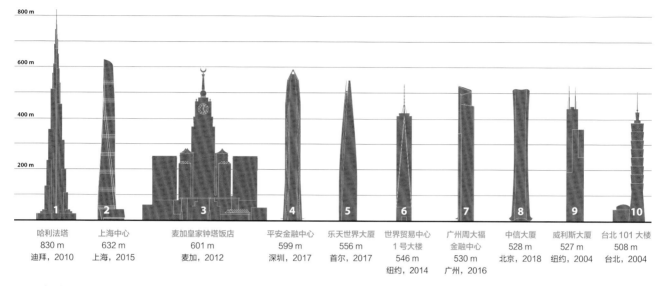

1	2	3	4	5	6	7	8	9	10
哈利法塔 830 m 迪拜，2010	上海中心 632 m 上海，2015	麦加皇家钟塔饭店 601 m 麦加，2012	平安金融中心 599 m 深圳，2017	乐天世界大厦 556 m 首尔，2017	世界贸易中心 1号大楼 546 m 纽约，2014	广州周大福 金融中心 530 m 广州，2016	中信大厦 528 m 北京，2018	威利斯大厦 527 m 纽约，2004	台北 101 大楼 508 m 台北，2004

案例：威利斯大厦 vs. 吉隆坡石油双子塔的官方高度

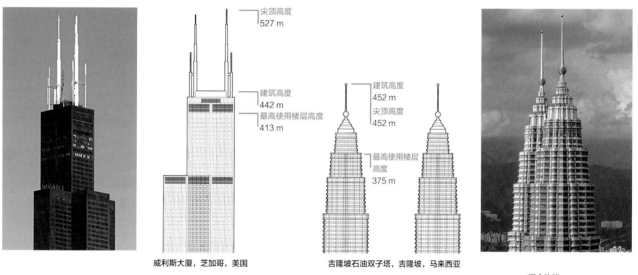

威利斯大厦，芝加哥，美国　　吉隆坡石油双子塔，吉隆坡，马来西亚

3 高层建筑特征

3.1 单一功能建筑 vs. 混合功能建筑

单一功能高层建筑是指其总高度的85%及以上仅作单一功能使用。

混合功能高层建筑是指包含两种或两种以上功能的建筑，且每种功能服务的空间占塔楼总空间的很大比例[1]。辅助空间，例如停车及机械设备层不算一种混合功能。所有功能在CTBUH的"全球高层建筑排行榜"列表中降序排列（例如，"酒店/办公"表示酒店功能高于办公功能）。

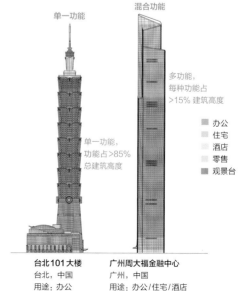

单一功能

混合功能

多功能，
每种功能占
>15% 建筑高度

单一功能，
功能占>85%
总建筑高度

■ 办公
■ 住宅
■ 酒店
■ 零售
■ 观景台

台北101大楼
台北，中国
用途：办公

广州周大福金融中心
广州，中国
用途：办公/住宅/酒店

---

① "很大比例"可以看作是达到以下任一方面的15%以上：总楼层面积；总建筑高度，按功能所占用的楼层数计算。需要注意的是超高层建筑的特殊性。例如，高达150层的大厦中有20层是酒店功能，尽管没达到15%，但此大楼仍会被归为混合功能建筑。

3.2 大楼 vs. 高塔

一座建筑要被称作"大楼"，它的可使用楼层必须超过总高度的50%。没有达到这个比例的电信塔或观光塔不能参与"全球高层建筑排行榜"的排名。

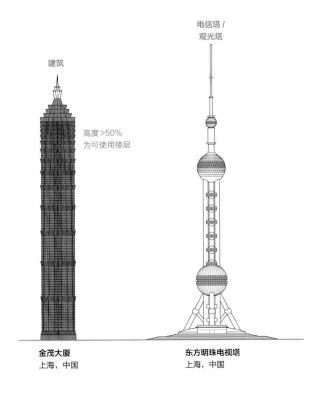

建筑

电信塔 /
观光塔

高度>50%
为可使用楼层

金茂大厦
上海，中国

东方明珠电视塔
上海，中国

3.3 接合建筑

一座建筑要被认定为接合建筑（而不是一个建筑综合体中不同的建筑）需要满足这样的标准：建筑高度的50%以上互相连接。也有例外情况，如：当建筑的整个形体是一个连续的拱形，以单体的形式呈现，就被认为是接合建筑。

东京都厅舍
东京，日本

CCTV总部大厦
北京，中国

圣雷莫大厦（The San Remo）
纽约，美国

3.4 楼层数

计算所有地面以上的楼层，包括地面层本身和重要的夹层/主要设备层；若夹层/主要设备层的楼层面积相比下部的主要楼层面积小很多的话，就不计入层数。屋顶设备房或位于主要屋顶区域之上的设备房不计入层数。

因为一些原因，CTBUH的楼层数计算方法与其他已公开的项目信息有所不同。例如：世界上某些地区通常不算特定的楼层（香港的建筑没有4层、14层、24层）；建筑的业主/营销团队可能为了特定目的不统计建筑实际楼层数。

4 建筑状态

4.1 设计阶段

1）方案阶段

"方案阶段"的状态必须满足以下所有标准：

（1）有具体的场地，且项目开发团队须取得所有权；

（2）有专业度足够高的设计团队，团队能从概念阶段向前推进方案；

（3）有已办好或正在办理中的规划许可/合法的施工许可；

（4）有推进施工直至建成的完整计划。

被列入"方案阶段"建筑列表的项目必须有可靠的消息源（例如正式的新闻通告、城市规划申请等）。由于早期阶段的设计项目通常改动较多，业主对消息也有所限制，方案阶段的高度数据一般是不确定的，要到深化设计及建造阶段才会确定下来。

2）愿景阶段

"愿景阶段"只是一个理论性的建筑设计概念，或没有实现它的意愿，或处于开发的早期阶段但不满足"方案"阶段的标准。

3）竞赛入围

"竞赛入围"是一座建筑的设计概念阶段，许多方案被提交给一个真实场地上真实项目的建筑竞赛。竞赛的获胜方案将随项目进入正式方案、施工和竣工阶段时改变建筑状态分类。未获胜的概念方案仍将被归类为"竞赛入围"。

4）方案取消

当建筑有正式方案并有推进的意愿，却没有继续进行任何建造时，它将被归为"方案取消"类别。

4.2 施工阶段

1）施工中

"施工中"状态起始于施工现场清理完毕，并开始地基/打桩工作时。

2）结构封顶

"结构封顶"状态是指建筑正在施工中，且最高的基本结构框架已经就位。建筑性的部分，如女儿墙、屋顶覆盖或塔尖可能还未完成。

3）建筑封顶

"建筑封顶"状态是指一座建筑正在施工中，已经结构封顶、围护材料完全覆盖[1]，且最高的建筑性构件（例如塔尖、女儿墙等）已经就位。

4）竣工

一座"竣工"的建筑必须满足以下所有标准：

（1）结构和建筑主体已封顶[2]；

（2）围护材料完全覆盖；

（3）投入运营，或至少部分投入使用。

5）停滞

一个"停滞"的项目，指施工现场的工作被无限期暂停，但有计划在未来按照原设计方案完成施工。

6）未完成

一个"未完成"的项目，指施工工作被无限期终止且从未复工。场地可能进驻有别于原始设计的另一座建筑。原有施工遗留的部分结构可能会被保留也可能不被保留。

4.3 运营阶段

1）改造方案中

改造方案要对现有建筑的功能、高度或外观进行重大改变，不像"建筑升级"侧重于在对功能、高度或外观不进行重大改动的条件下升级建筑系统。"改造方案中"的状态需要一个由足够专业的设计团队提出的正式设计概念，也需要得到或积极争取改造

---

① 在某些建筑区域的内部装修仍在进行时，为了固定施工升降机或起重机而去除覆层面板，这种情况并不影响"完全覆盖"的状态。

② 建筑主体已封顶意味着所有结构和完工的建筑元素都已就位。

计划正式的规划许可/法律许可。[①]

2）改造中

一座现有建筑在"改造中"意味着对现有建筑的功能、高度或外观进行重大改变的施工工作正在进行。[①]

3）改造完成

一座现有建筑已经"改造完成"意味着对现有建筑的功能、高度或外观进行重大改变的施工工作已经完成。[①]

4）拆除中

一座"拆除中"的建筑是指其应当正在进行受控的拆除工作，结构高度逐渐降低。

5）拆除完成

一个"拆除完成"的项目是指以有计划或无计划的方式彻底毁坏的建筑，由此不复存在。

5 结构材料

5.1 钢

主要的垂直/水平结构构件和楼板体系都采用钢材建造。需要注意的是，如果一座建筑的楼板体系是混凝土板条或厚板架在钢梁上，也算作"钢"结构，因为混凝土构件不构成主要结构。

5.2 钢筋混凝土

主要的垂直/水平结构构件和楼板体系都采用现浇钢筋混凝土建造。

5.3 预制混凝土

主要的垂直/水平结构构件和楼板体系都采用钢筋混凝土预制构件建造，在现场进行装配。

5.4 木材

主要的垂直/水平结构构件和楼板体系都采用木材建造。全木结构可能会在木材构件之间使用局部非木材连接。需要注意的是，如果一座建筑的楼板体系是混凝土板条或厚板架在木梁上，也算作"木材"结构，因为混凝土构件不构成主要结构。

5.5 混合结构

混合结构建筑中有不同的结构系统，一个叠在另一个之上。例如，钢/混凝土表示钢结构系统位于混凝土结构系统之上，与混凝土/钢相反。

5.6 复合材料

复合材料是指建筑主要结构单元结合两种或以上材料。例如，使用钢柱和钢筋混凝土梁楼面系统、结合混凝土核心筒的钢框架体系、混凝土外包钢柱、钢管混凝土、结合混凝土核心筒的木框架体系。在已知情况下，CTBUH数据库会将复合材料建筑的核心筒、柱子和楼板中的材料分开列出。

6 高度与数据委员会

CTBUH高度与数据委员会的创建是为了建立并在必要时完善官方的高度标准，以此定义和测量高层建筑。因此，委员会定期举行会议来讨论高层建筑行业的最新发展，对标准的可能添加或修订以及偶尔根据现行标准为特别复杂的建筑进行详细评估，以确定其高度和（或）类别。■

（翻译：王欣蕊；审校：王莎莎）

提交单体建筑进行评估和阐述，请完成以下表格http://www.skyscrapercenter.com/submit 或联系 skyscrapercenter@ctbuh.org.

---

① 改造工程与以下工程不同：升级，可能涉及大量的建筑工程，但不会显著改变建筑物的功能、高度或外观；重包覆，主要是建筑物立面的大量工作，但不会显著改变建筑物的高度或外观；重设计，仅限于正在施工的建筑停止施工、进行重新设计，仅限于使用未完工项目的现有地上结构进行再设计。

世界高层建筑与都市人居学会（CTBUH）简介

世界高层建筑与都市人居学会（Council on Tall Buildings and Urban Habitat, CTBUH）是一个面向所有对未来城市感兴趣者的全球领先非营利组织。学会主要研究在城市密度和城市垂直化日益增长的同时，如何让城市更加可持续化和健康化，尤其是在大规模城市化和全球气候变化影响日益严重的背景下。政策、建筑、人口、城市密度、城市空间、内部空间和基础设施之间的关系是学会研究的重点。

CTBUH于1969年在美国成立，拥有超过200万专业人士的会员网络，会员的职业几乎遍布全球所有国家的所有建筑行业，包括投资者、业主/开发商、使用者/租户、政府机构、城市规划师、建筑师、工程师、承包商、基础设施专家、成本顾问、楼宇经理、法律公司、材料系统供应商、学术界等。学会在芝加哥、上海和威尼斯设有办公室，每年通过区域分会和专家委员会、年度会议和全球评奖，以及资助的研究项目和学术合作等，在世界各地开展数百个多学科项目，并通过广泛的线上线下资源进行传播。学会的网站（www.ctbuh.org）为会员提供了可随时查询使用的世界各地20 000多座高层建筑及其所在城市的详细图像和技术信息。

学会最为公众所熟知的，是制定了测量高层建筑高度的国际性标准，同时也是授予诸如"世界最高建筑"头衔的全球公认仲裁机构。此外，其"卓越建筑"计划通过颁发认证牌和牌匾来表彰重要项目的成就。在全球范围，CTBUH为专注于城市及建筑的创建、设计、建造和运营的所有公司和专业人士提供前沿信息共享和合作网络的平台，朝着可持续的垂直城市化方向前进。

CTBUH全球理事

肖恩·米尔斯（Shonn Mills）	CTBUH主席；Whitby Wood Mills 管理总监
史蒂夫·沃茨（Steve Watts）	CTBUH副主席；Turner & Townsend alinea 合伙人
哈维尔·金塔纳·德·乌尼亚（Javier Quintana de Uña）	CTBUH首席执行官
斯科特·邓肯（Scott Duncan）	SOM 建筑事务所合伙人
卡特琳·费尔斯特（Katrin Förster）	ABB 全球大客户经理
莫尼布·哈穆德（Mounib Hammoud）	吉达经济公司（Jeddah Economic Company）首席执行官
大卫·塞尔（David Seel）	罗伯特·伯德集团（Robert Bird Group）管理总监
查鲁·塔帕（Charu Thapar）	仲量联行执行总监
谢锦泉[Kam Chuen (Vincent) Tse]	WSP 亚洲区建筑机电部管理总监
王少峰	中建国际建设有限公司总经理

CTBUH中国区理事

顾建平	上海上实北外滩新地标建设开发有限公司总工程师
严 明	上海中心大厦建设发展有限公司副总经理
杨 劲	中信和业投资有限公司董事长
吴长福	同济大学建筑与城市规划学院教授
李炳基	仲量联行大中华区物业与资产管理总经理
张俊杰	华东建筑设计研究总院院长
黄向明	天华集团董事
潘向东	CTG 城市组总设计师
刘天伦	科进柏城中国区建筑机电董事总经理
田 健	奥的斯高速梯中心运营总监
赵礼嘉	开利空调北亚区市场总监
安东尼·伍德（Antony Wood）	CTBUH总裁；伊利诺伊理工学院教授
杜 鹏	CTBUH 亚洲区总监；美国托马斯杰斐逊大学建筑学院教授

欢迎访问CTBUH官网https://www.ctbuh.org和CTBUH微信公众号，了解更多资讯。
如需垂询，请发送邮件至：china@ctbuh.org。

CTBUH全球合作与支持单位（截至2023年6月30日）

高级支持

ABB	通力工业	深圳市鹏瑞地产开发有限公司
AECOM	Meinhardt Group International	SOM建筑事务所
奥雅纳全球公司	奥的斯电梯公司	新鸿基地产发展有限公司
Buro Happold	鹏瑞利集团	台北金融大楼股份有限公司
中国建筑集团有限公司	PERI	Thornton Tomasetti, Inc.
中信和业投资有限公司	中国青岛国信海天中心	蒂升电梯公司
gad建筑设计有限公司	阿法建筑设计咨询（上海）有限公司	同济大学
日立电梯（中国）有限公司	三星C&T公司	WSP
HOK, Inc.	迅达集团	
KPF建筑事务所	上海中心大厦建设发展有限公司	

中级支持

Adrian Smith + Gordon Gill Architecture	Gensler建筑设计事务所	Rise Global LLC
Aedas 建筑事务所	GP建筑设计事务所	RWDI
Aurecon Pty Ltd	GPT集团	现代设计集团上海建筑设计研究院有限公司
AXA IM Alts	Gresham Smith	深圳市欧博工程设计顾问有限公司
贝科集团	香港置地	Simpson Strong-Tie
碧谱	碧甫照明设计有限公司	Leviat集团	Stantec
Brookfield Properties Australia Pty Ltd.	Mott MacDonald	铁狮门地产公司
CallisonRTKL	佩里克拉克建筑师事务所	同济大学建筑设计研究院（集团）有限公司
CTG 城市组	Perkins & Will	Windtech Consultants
Drees & Sommer	Permasteelisa Group	扎哈·哈迪德建筑事务所
华东建筑设计研究总院有限公司	Ramboll	
Emaar Properties, PJSC	Rider Levett Bucknall	

初级支持

拾稼设计	开利暖通空调	GERB Vibration Control Systems
3MIX	筑境设计	冯·格康，玛格及合伙人建筑师事务所
Access Advisors	Charles Russell Speechlys	goa大象设计
AF Buildings Denmark	郑中室内设计（深圳）有限公司	Goldman Sachs
AI PlanetWorks	成都万华投资集团有限公司	绿地集团
AKAIA Architecture	中国建筑科学研究院	Grimshaw Architects
安利马赫集团	中国建筑设计研究院	广州城博建科展览有限公司
ALT Limited	中国建筑西南设计研究院有限公司	恒隆地产
李景勋、雷焕庭建筑师事务所	中建三局投资发展公司	杭州之江有机硅化工有限公司
Archetype Group	CoxGomyl	Hassell
清华大学建筑设计研究院有限公司	Cundall Johnston & Partners LLP	Hearst
华南理工大学建筑设计研究院	Design Link Architects Pte Ltd	Heller Manus Architects
Aspect Studios	德盈集团	Hickory
EID Arch姜平工作室	Dynamic Isolation Systems, Inc.	Hill International
Autodesk	Eckersley O'Callaghan	Hines
B+H Architects	创羿（上海）建筑工程咨询有限公司	日立电梯
BCG	Ennead Architects	HKS国际建筑设计公司
BDP Quadrangle	筑远工程顾问有限公司	香港华艺设计顾问（深圳）有限公司
北京市建筑设计研究院有限公司	ENZYME APD LIMITED	英海特工程咨询
北京清华同衡规划设计研究院有限公司	永峻工程顾问股份有限公司	Ivanhoe Cambridge
贝诺建筑设计公司	卓越置业集团有限公司	澧信工程顾问有限公司
博格建筑事务所	中国建筑兴业集团有限公司	Jensen Hughes
Bollinger + Grohmann Ingenieure	Farrells	上海江欢成建筑设计有限公司
Bouygues Batiment International	FM Global	济南高新控股集团有限公司
远大科技集团	弗思特建筑科技有限公司	耶格卡恩建筑设计有限公司
Broadway Malyan	福斯特建筑事务所	仲量联行
奥雷·舍人建筑事务所	Front Inc.	侨鑫集团有限公司
李祖原联合建筑师事务所	星河产业集团	Larsen & Toubro, Ltd.
凯德集团	金地集团	Lead8

利安顾问（中国）有限公司
Lendlease
理雅（LERA）结构工程咨询有限公司
Lerch Bates, Inc.
梁黄顾建筑师（香港）事务所有限公司
穆氏设计有限公司
前田建设工业株式会社
Make 建筑事务所
Manntech
毛勒欧洲股份有限公司
蒙商银行股份有限公司
Michael Blades & Associates
妙盈科技
三菱电机
三菱地所设计公司
Mori Building Co., Ltd.
MVRDV 建筑事务所
NBBJ 建筑事务所
新世界发展有限公司
日建设计公司
Nomura Real Estate Development Co., Ltd.
Ortiz Leon Arquitectos
P&T Group
Progetto CMR

PTW Architects
RATIO I smdp
RIOS
RMJM Red
Robert Bird Group
严迅奇建筑师事务所有限公司
Rogers Strik Harbour + Partners
吕元祥建筑师事务所
Rothoblaas s.r.l.
Royal Institution of Chartered Surveyors
　（RICS）
孙文设计事务所
SAA 建筑设计
萨夫迪建筑设计事务所
施莱希·贝格曼工程设计咨询公司
Schmidt Hammer Lassen Architects
德国旭格集团
上海骏地装饰设计工程有限公司
上海耀皮玻璃集团股份有限公司
城脉控股有限公司
深圳市满京华投资集团有限公司
Shimizu Corporation
瑞安集团
深业泰然（集团）股份有限公司

Snøhetta
山东港口青岛港集团有限公司
博埃里建筑设计事务所
SWA Group
Swire Properties Ltd
Syska Hennessy Group
Taisei Corporation
Takenaka Corporation
腾远设计事务所有限公司
天华集团
天津市政工程设计研究总院有限公司
Tractel Secalt S.A.
Tuan Sing Holdings Limited
TÜV SÜD Dunbar Boardman
UNStudio
繁境建筑设计（上海）有限公司
Victaulic
VS-A Group
WilkinsonEyre
WOHA Architects
伍兹贝格建筑事务所
务腾顾问公司
YKK AP Facade Pte. Ltd.

—— 学术支持 ——

奥胡斯大学
贝尼布拉克市政当局
加拿大木材委员会
卡迪夫大学
芝加哥高层建筑委员会
查尔姆斯理工大学
德国建筑博物馆
美国消防设备制造商协会
斯图加特大学轻型结构与概念设计研究所

耶路撒冷市政当局
卡累利阿应用科技大学
美国西北大学
宾夕法尼亚大学
后张法预应力研究所
普瑞特艺术学院
罗格斯大学
新加坡管理大学
摩天大楼博物馆

芝加哥大学
托马斯杰斐逊大学
多伦多都会大学
不列颠哥伦比亚大学
伊利诺伊大学厄巴纳－香槟分校
卢森堡大学
墨尔本大学
新南威尔士大学
耶鲁大学建筑学院

另有428家CTBUH支持单位，了解所有支持单位的完整列表，请访问https://www.skyscrapercenter.com/companies。

主编简介

杜 鹏

杜鹏博士是美国托马斯杰斐逊大学（Thomas Jefferson University）建筑学院城市设计硕士学位（Master of Urban Design）主任，城市数据分析与地理设计硕士学位（MS in Urban Analytics and Geodesign）主任，CTBUH亚洲区总监。他的研究聚焦在多学科背景下的零碳建筑与城市设计、可持续的高层建筑研究与设计、数字化的城市设计方法、城市能耗模拟与城市数据分析，已经在相关领域出版7本书籍并主编4本学术期刊。在加入托马斯杰斐逊大学之前，杜博士还在伊利诺伊理工大学（Illinois Institute of Technology）和德州理工大学（Texas Teach University）全职任教，并在威尼斯建筑大学（IUAV）访问教学。杜博士是美国绿色建筑LEED认证专家，同时也是健康建筑WELL认证专家。

安东尼·伍德（Antony Wood）

安东尼·伍德博士是CTBUH总裁，负责学会的思想领导、研究和学术工作。在此之前，他于2006—2022年担任CTBUH首席执行官。伍德是芝加哥伊利诺伊理工学院高层建筑和垂直城市主义硕士项目的实践教授和主任，上海同济大学高层建筑客座教授。作为一名专业的英国建筑师，他的专业领域是高层建筑设计，尤其是可持续设计方面。在成为一名学者之前，伍德曾于1991—2001年在香港、曼谷、吉隆坡、雅加达和英国担任建筑师。伍德的博士论文探讨了高层建筑中涉及多学科方面的空中连接。他还作为作者，出版了大量书籍和论文，并定期在世界各地演讲。

王桢栋

王桢栋博士是同济大学教授，博导，国家一级注册建筑师，上海市浦江人才，美国麻省理工学院访问学者，2022年CTBUH年度Fellow，兼任CTBUH亚洲总部办公室副主任、中国建筑学会建筑教育分会副秘书长、上海市建筑学会副秘书长等职务。长期专注以城市综合体和高层建筑为代表的大型公共建筑及高密度城市开发领域研究，主持国家级课题3项，参与5项，出版专著4本，发表相关论文五十余篇，主持和参与十余项大型公共建筑和城市设计项目。曾获CCDI优秀青年教师奖、上海青年五四奖章、上海市教学成果奖二等奖、上海科技进步奖三等奖、华夏建设科学技术奖二等奖、全国优秀城乡规划设计奖一等奖和上海市优秀城乡规划设计一等奖等荣誉。

副主编简介

王莎莎

CTBUH亚洲区行业研究经理，主要进行高层建筑及高密度城市发展的信息研究和行业推广，同时关注中国城市化建筑中的健康绿色发展路径。其于新南威尔士大学获得建筑学硕士学位，作为建筑师曾从事数年设计实践，主要涵盖商业综合体和高层建筑领域。

瞿佳绮

CTBUH亚洲区副总监，负责CTBUH中国事业拓展与日常运营，专注于超高层建筑低碳路径和高密度城市可持续发展策略研究。其是美国注册土木工程师，并拥有同济大学学士学位以及康奈尔大学结构工程硕士学位。